水生物处理新技术

毛玉红　编著

中国铁道出版社有限公司

2020·北 京

内容简介

本书全面系统地介绍了在国内外研究应用的水生物处理新技术。全书分3篇共10章：水处理基本知识、污水处理领域基本生物处理新技术、微污染水领域生物处理新技术。主要内容为：水处理基本知识概述、生物处理基本原理、生物处理化学计量学和动力学、活性污泥生物处理新技术、生物膜生物处理新技术、厌氧生物处理新技术、生物脱氮除磷新技术、膜生物反应器技术、生物强化处理技术、微污染水生物处理新技术。

本书从基础理论入手，通过更多的技术方法介绍，理论与实践并重，方便读者从更深层次理解与掌握水生物处理技术。本书可作为高等学校水科学相关专业教材，也可用作从事给水排水、环境保护领域教学及科技工程人员的参考书。

图书在版编目(CIP)数据

水生物处理新技术 / 毛玉红编著.—北京：中国铁道出版社，2015.4(2020.01 重印)
ISBN 978-7-113-20063-3

Ⅰ.①水… Ⅱ.①毛… Ⅲ.①生物处理—研究
Ⅳ.①X703

中国版本图书馆 CIP 数据核字(2015)第 045527 号

书　　名	水生物处理新技术
作　　者	毛玉红

策　　划	曹艳芳		
责任编辑	曹艳芳	编辑部电话：010-51873017	电子邮箱：chengcheng0322@163.com
封面设计	崔　欣		
责任校对	王　杰		
责任印制	郭向伟		

出版发行：中国铁道出版社有限公司(100054，北京市西城区右安门西街 8 号)
网　　址：http://www.tdpress.com
印　　刷：北京虎彩文化传播有限公司
版　　次：2015 年 4 月第 1 版　2020 年 1 月第 2 次印刷
开　　本：710 mm×960 mm　1/16　印张：14　字数：264 千
书　　号：ISBN 978-7-113-20063-3
定　　价：36.00 元

版权所有　侵权必究

凡购买铁道版图书，如有印制质量问题，请与本社读者服务部联系调换。电话：(010)51873174(发行部)
打击盗版举报电话：市电 (010)51873659，路电 (021)73659，传真 (010)63549480

前 言

我国是一个缺水严重的国家,尽管我国淡水资源总量丰富,但人均水资源是世界上最贫乏的国家之一。有人预计,2030年,中国将进入世界中度缺水国家的行列。随着我国城市化、工业化进程的加快,我国的污水排放量与日剧增,水体污染严重。由于污水处理设施还存在缺口,很多水厂的处理效率及技术管理水平也不高,进一步加剧了我国水环境的污染。水环境污染所造成的水危机已经严重制约了我国国民经济的发展,影响了人们生活水平的提高。

水生物处理是水污染防治和水资源可持续发展的重要技术手段,在水环境保护和缓解水资源短缺中起到至关重要的作用。面对我国巨大的水环境市场,在选择污水处理技术时,生物处理无疑是一种非常经济有效的技术手段,也更符合我国国情。目前,以活性污泥为代表的生物污水处理技术相当成熟,已广泛应用于城市和工业污水处理中,在防治水体污染中发挥了巨大的作用。但由于废水排放量的急剧增加,传统工艺在多功能性、经济节能性及高效稳定性等方面已难以协调满足日益复杂的废水水质现状及不断提高的处理要求,研发和应用新型的污水生物处理新技术、新工艺,已成为水处理工作者的重要课题。

20世纪80年代以来,随着生物技术、材料科学和计算机科学的发展,水生物处理新技术、新工艺的研究、开发和应用得以迅速发展,在污水处理、回用水处理、微污染水净化等实际工程中得到良好的应用,显示出良好的应用发展前景。为更好地将基础性的科学原理与工艺设计和运行管理等工程应用结合起来,以适应不断提升的水质要求和提高对实际工艺管理水平,我们总结分析了大量文献资料,并结合多年来的教学实践经验,编写了此书。

全书共分 3 篇,即水处理基本知识、污水处理领域基本生物处理新技术、微污染水领域生物处理新技术。从反应电子迁移的角度阐述了污染物在各种生化降解过程中的定量化学计量关系,然后再介绍了目前国内外研究和应用较多的各领域中的水生物处理新技术,将生化反应原理与工艺技术要点结合起来,方便读者从原理入手了解各种新技术。本书由兰州交通大学毛玉红主编、统稿。高军锋编写了第 4 章~第 9 章。研究生冯俊杰、王冬敏、王艳丽进行了前期的图表、文字整理,并参加了校对工作,大部分图表由冯俊杰协助完成。编写过程中还得到了李杰教授的帮助,参与前期文字整理工作的还有高亚亚、高静妮、庄智勤,在此一并感谢。本书的出版得到了国家自然科学基金项目(No.51268025)的资助,作者谨此致以衷心的感谢。

由于编者水平有限,书中难免存在一些疏漏及不妥之处,敬请读者予以批评指正。

毛玉红
2015 年 2 月于兰州

目 录

第1篇 水处理基本知识 ... 1

第1章 概 述 ... 1
1.1 水体污染及控制 ... 1
1.2 污水处理的目标和规划 ... 3
1.3 污水资源化、再生利用及污水深度处理 ... 4
1.4 水体富营养化及污染控制问题 ... 7
1.5 水源微污染问题及水源突发污染应急处理方法 ... 9
1.6 水生物处理技术的发展和前景 ... 15

第2章 生物处理基本原理 ... 19
2.1 水环境中的微生物 ... 19
2.2 在生物处理中发挥作用的微生物类群 ... 19
2.3 生物处理概述 ... 23
2.4 水处理系统中的微生物 ... 26
2.5 水处理指示性微生物 ... 37
2.6 生物处理中的重要过程 ... 38

第3章 生物处理化学计量学和动力学 ... 50
3.1 反应计量方程式 ... 50
3.2 反应速率 ... 53
3.3 各类生化反应方程 ... 55
3.4 化学计量式简化及其应用 ... 68

第2篇 污水处理领域基本生物处理新技术 ... 71

第4章 活性污泥生物处理新技术 ... 71
4.1 氧化沟 ... 71
4.2 间歇式(序批式)活性污泥法(SBR) ... 76
4.3 投料活性污泥法 ... 87
4.4 OCO废水生物处理技术 ... 96
4.5 BIOLAK法废水生物处理技术 ... 101

4.6 好氧颗粒污泥反应器 ··· 104
第5章 生物膜生物处理新技术 ··· 107
   5.1 复合生物膜技术:活性污泥—生物膜技术 ·································· 107
   5.2 曝气生物滤池 ··· 108
   5.3 生物接触氧化工艺 ··· 121
第6章 厌氧生物处理新技术 ··· 126
   6.1 概　述 ·· 126
   6.2 厌氧生物滤池 ··· 127
   6.3 升流式厌氧污泥床(UASB) ··· 132
   6.4 膨胀颗粒污泥床(EGSB) ··· 147
   6.5 内循环 IC 厌氧反应器 ·· 150
   6.6 两相厌氧生物处理技术 ··· 152
第7章 生物脱氮除磷新技术 ··· 157
   7.1 污水生物脱氮新技术 ··· 157
   7.2 污水生物脱氮除磷新技术 ··· 164
第8章 膜生物反应器技术 ··· 170
   8.1 MBR 工艺的研究进展及其发展应用 ····································· 170
   8.2 MBR 的工艺原理和分类 ··· 173
   8.3 MBR 主要设计、运行参数的探讨与选择 ·································· 176
第9章 生物强化处理技术 ··· 182
   9.1 生物强化处理技术的作用机理 ··· 182
   9.2 高效菌及其添加技术 ··· 183
   9.3 微生物固定化技术 ··· 185
   9.4 低强度超声波强化污水生物处理技术 ··································· 187

第3篇 微污染水领域生物处理新技术 ·· 197

第10章 微污染水生物处理新技术 ·· 197
   10.1 当前净水工艺的问题及主要对策 ······································ 197
   10.2 微污染水生物处理基本原理 ·· 198
   10.3 生物预处理 ··· 203
   10.4 强化混凝生物化、强化过滤生物化 ···································· 204
   10.5 深度处理生物化 ··· 205
   10.6 生物法组合工艺 ··· 207

参考文献 ·· 214

第1篇 水处理基本知识

第1章 概　　述

1.1 水体污染及控制

1.1.1 污染物来源、分类及水污染类型

受到各种复杂因素的影响，水体中通常不是纯净的，含有物理、化学和生物的成分。水中各种成分及含量不同，其感官性状(色、臭、味、浑浊度等)，物理化学性能(温度、反应值、电导率、氧化还原电势、放射性等)、化学成分(无机物和有机物)，生物组成(种群、数量)甚至其底泥状况等指标均会反映出差异。人类在进行生产和生活等活动过程中，不可避免地会排出污染物，它们会通过不同途径进入水体使水体的物理化学性能和生物种群产生一系列变化，而使水体受到污染。表1-1中列出了水体中主要污染物的来源。根据污染物的具体类别，又可将水体污染分为感官性污染、热污染、放射性污染、无机污染、有机污染、有毒物质污染、富营养化污染、油污染、病原微生物污染等9种类型。

表1-1　水体中主要污染物分类和来源

种类	名　　称		主　要　来　源
物理性污染源	热		热电站、核电站、冶金和石油化工等工厂的排水
	放射性物质(如铀及其裂变、衰变产物)		核生产废物、核试验沉降物，核医疗和核研究单位的排水
化学性污染源	无机物	铬	铬矿冶炼、镀铬、颜料等工厂的排水
		汞	汞的开采和冶炼、仪表、水银法电解以及化工等工厂的排水
		铅	冶金、铅蓄电池、颜料等工厂的排水
		镉	冶金、电镀和化工等工厂的排水
		砷	含砷矿石处理、制药、农药和化肥等工厂的排水
		氰化物	电镀、冶金、煤气洗涤、塑料、化学纤维等工厂的排水
		氮和磷	农田排水；生活污水；化肥、制革、食品、毛纺等工厂的排水
		酸、碱和盐	矿山排水；石油化工、化学纤维、化肥造纸、电镀、酸洗和给水处理等工厂的排水、酸雨
	有机物	酚类化合物	炼油、焦化、煤气、树脂等化工厂的排水
		苯类化合物	石油化工、焦化、农药、塑料、染料等化工厂的排水

续上表

种类	名称		主要来源
化学性污染源	有机物	有机氯和有机磷	农田排水;树木利用和保存加工厂、农药化工厂的排水
		油类	采油、炼油、船舶以及机械、化工等工厂的排水
生物性污染源		病原体	生活污水;医院污水、屠宰、畜牧、制革、生物制品等工厂的排水;灌溉和雨水造成的径流
		霉素	制药、酿造、制革等工厂的排水

1.1.2 水污染造成的危害与防控措施

水是人类赖以生存的不可替代的宝贵资源,一旦水体遭受污染,其造成的损失将是不可估量的,随便列举几条,其带来的危害都是毁灭性的:

1)水体污染使优质水源更加短缺,工业、农业、生活用水供需矛盾日益加剧。

2)水体污染使人体中毒、免疫力下降、癌症等人类健康问题增多,导致疾病及死亡率增加。

3)水体污染后,水体生态系统会遭到致命破坏,迫使渔业资源减少甚至物种灭亡。

4)水体污染后,净水、供配水设施的负荷增加,运营费用加大、处理成本增加,直接提高了水的使用成本,会导致一系列的社会经济问题。

5)水体污染会加速生态环境的破坏与退化,严重影响地下水水质,加剧水资源短缺危机。

所以必须对水体采取有效的、前瞻性的污染防控措施,利用现代的水处理新技术,采取分散或集中处理相结合的方式,将工业废水和城市污水处理到水体能承受的程度,在污水处理厂内最大限度地消减污染物,保护水体免受污染。我国水中优先控制污染物黑名单见表1-2。

表1-2 我国水中优先控制污染物黑名单

序号	类别	数量	优先控制污染物
1	挥发性卤代烃类	10	二氯甲烷;三氯甲烷;四氯化碳;1,2-二氯乙烷;1,1,1-三氯乙烷;1,1,2-三氯乙烷;1,1,2,2-四氯乙烷;三氯乙烯;四氯乙烯;三溴甲烷
2	苯系物	6	苯;甲苯;乙苯;邻二甲苯;间二甲苯;对二甲苯
3	氯代苯类	4	氯苯;邻二氯苯;对二氯苯;六氯苯
4	多氯联苯	1	氯化联苯,根据氯原子的取代位置和数量不同,共有210种化合物,统称为PCBs
5	酚类	6	苯酚;间甲酚;2,4-二氯酚;2,4,6-三氯酚;对硝基酚

续上表

序号	类别	数量	优先控制污染物
6	硝基苯类	6	硝基苯;对硝基甲苯;2,4-二硝基甲苯;三硝基甲苯,对硝基氯苯;2,4-硝基氯苯
7	苯胺类	4	苯胺;二硝基苯胺;对硝基苯胺;2,6-二氯硝基苯胺
8	多环芳烃类	7	萘,荧蒽,苯并(b)荧蒽,苯并(k)荧蒽,苯并(a)芘;茚并(1,2,3-c,d)芘;苯并(g,h,i)芘
9	酞酸酯类	3	酞酸二甲酯;酞酸二丁酯;酞酸二辛酯
10	农药	8	六六六,滴滴涕,敌敌畏,乐果,对硫磷,甲基对硫磷;除草醚;敌百早
11	丙烯腈	1	丙烯腈
12	亚硝胺类	2	N-亚硝基二乙胺;N-亚硝基二正丙胺
13	氰化物	1	氰化物
14	重金属及其化合物	9	砷及其化合物;铍及其化合物;镉及其化合物;铬及其化合物;汞及其化合物;镍及其化合物;铊及其化合物;铜及其化合物;铅及其化合物

1.1.3 水中优先控制污染物

随着工业技术发展,环境排放的污染物与日俱增,其中大多数是化学污染物。此外,世界上每年约有1 000多种新的化学品进入市场。以农药为例,全球使用量以12.4%的速度递增。科学研究表明,这类化学污染物,大多数是有毒有害的,然而,这些化学污染物,特别是有毒有机化学污染物在环境中的行为(光解、水解、微生物降解、挥发、生物富集、吸附、淋溶等)及其可能产生的潜在危害迄今尚无所知或知之甚微。科学研究进一步证明,有一些有毒污染物往往难于降解,并具有生物积累性和三致(致癌、致畸、致突变)作用或慢性毒性,有的通过迁移、转化、富集,浓度水平可提高数倍甚至上百倍,对环境和人体健康是一种潜在威胁,因而日益受到人们的关注。但是由于有毒物质品种繁多,不可能对每一种污染物都制定控制标准,因而提出在众多污染物中筛选出潜在危险大的作为优先研究和控制对象,称之为优先污染物(Priority pollutant)或称为优先控制污染物。美国环保局(USEPA)于1976年率先公布了129种优先污染物。我国在进行研究和参考国外经验的基础上也提出来首批14类共68种化学污染物列为优先污染物。这些污染物在水体中不易降解。难于被常规净水工艺去除,在环境中有一定的生物积累性,大部分本身具有毒性,部分具有"三致"作用,可构成对人类健康的潜在威胁。

1.2 污水处理的目标和规划

1.2.1 我国城市排水和污水处理

截至2013年底,我国城市污水处理率为89.21%。设市城市除西藏日喀则和海南三沙外,均建成投运了污水处理厂,形成污水处理能力 1.24 亿 m^3/d。建成雨水管网 17.0 万 km、污水管网 19.1 万 km、雨污合流管网 10.3 万 km。建成污泥无害化处置能力 1 042 万 t/d。建成污水再生处理能力 1 752 万 m^3/d。

1.2.2 环境目标和处理目标

污水处理的最终目标与所在地区整体的环境目标密切相关。就目前的技术水平而言,可使污废水净化至所要求的任何程度,但净化要求每提高一步意味着可能要采取另一种昂贵得多的净化方法。因此这一环境目标必须同我们的经济能力相适应。技术管理人员在地区的环境整体目标确定后应制订为达到这一环境目标所要求的处理目标,同时寻找能达到该处理目标的适合于本地区实际情况(如占地、人力、财力等)、又是最为经济的治理工艺的方法,并加以实施。对新建项目,应对建设项目进行环境影响评价,并在报告书中提出该建设项目的环境目标和与之相应的处理目标。

随着地区条件的变化,如经济的不断发展,用于环保的经费相应增加以及人们对环境质量的要求进一步提高,还可不断调整或提高这一环境的总目标,并相应地提高治理目标。

1.2.3 发展规划

随着工农业生产的发展、城市人口的增加、生产工艺及生活方式的改变,被处理污水的水量、水质也不断在变化,技术管理人员必须对这一变化有一个清醒的估计,制订出污水处理的近期目标及长远的发展规划,例如确定现阶段的处理要求及目标,编制运行的预算(日常运行费用)、根据处理水量的增长及水质的变化制订基建计划并进行必要的准备。

1.3 污水资源化、再生利用及污水深度处理

1.3.1 污水再生利用的目的及意义

(1)再生利用的目的

近年来,世界上水资源短缺、缺水问题突出的国家,都将用水领域的总体战略目标进行了相似的调整,将单纯的水污染控制转变为全方位的水环境的可持续发展。随着经济发展和城市化进程的加快,我国大部分城市严重缺水,为应对水资源短缺的严峻形势,缓解水危机的最有效措施就是污水再生利用。国务院召开的全国节水会议指出:大力提倡城市污水再生利用等非传统水资源的开发利用,并纳入水资源的统一管理和调配。在国民经济和社会发展第十个五年计划纲要中也首次出现了"污水

处理回用"一词。纲要中明确规定：重视水资源的可持续利用，坚持开展人工降雨、污水处理回用、海水淡化。

城市污水其实也是一种资源，污水再生利用的目的就是回收淡水资源以及污水中的其他能源和有用的物质。"污水资源化"将污水作为第二水源是解决水危机的重要途径。从目前的情况看，污水再生利用的目的主要是以回收淡水资源为主。对于水资源的开发利用，科学合理的次序是地面水、地下水、城市再生水、雨水、长距离跨流域调水、淡化海水。由于地面水和地下水的短缺导致的水资源危机的出现，使城市再生水的开发利用受到了广泛的关注和重视。因此，大力开发城市再生水、提高循环利用率，进行污水再生利用已是当前缓解水资源危机的第一选择。

(2)再生利用的意义

污水再生利用事实上也是对污水的一种回收和削减，而且污水中相当一部分污染物质只能在水再生利用的基础上才能得到回收。由污水再生利用所取得的环境效益、社会效益是很大的，其间接效益和长远效益更是难以估量。以污水为原水的再生水净水厂的制水成本甚至远远低于以天然水为原水的自来水厂，尤以远距离调水更为突出。这是因为省却了水资源费用、取水及远距离输水的能耗和建设费用等。再生利用工程的水量越大，其吨水投资越小，成本越低，经济效益越明显。国内外同类经验与预测均表明，对城市污水厂二级处理出水，采用混凝-沉淀-过滤-消毒技术处理，在管网适宜的条件下，回用水量在 10 000 m^3/d 以上的工程的吨水投资都应在 600 元左右，处理成本在 0.6 元以下。按城市自来水价 4.2 元/m^3 计，回用每吨污水最少可节约资金 3.6 元。按现在国内外通行惯例，再生水价格一般为自来水价格的 50%～70%，按 60% 计，则再生水价格应为 2.5 元/m^3，用户每吨水可节省 1.7 元，供水方吨水获利 1.9 元。供水方两年内可收回投资，供需双方经济效益都十分显著。所以污水资源化至少有如下几个方面的意义：①作为第二水源，可以缓解水资源的紧张问题。②污水再生利用大大降低了污水排放量，减轻江河、湖泊污染，保护水资源不受破坏。③节约社会成本，减少用水费用以及污水净化处理费用。

1.3.2 污水再生利用方式

地理、气候和经济等因素影响着世界各地水再生利用的方式与程度。在农业生产为主的地区，农业灌溉是水再生利用的主要方式；在干旱地区，如以色列、澳大利亚、美国的加利福尼亚和亚利桑那等州，农业灌溉和地表补充是水再生利用的主要方式；日本将再生水主要用作城市商业、工业、中水与环境景观用水。总的说来，污水再生利用方式主要有以下几种。

(1)农业灌溉

大约从 19 世纪 60 年代起，法国巴黎等世界上许多城市就一直将城市污水回用于农业灌溉。污水再生利用应将农业灌溉推为首选对象。其理由主要有两点：①农业灌溉需要的水量很大，全球淡水总量中大约有 60%～80% 用于农业，污水回用农业有广阔的天地；②污水灌溉对农业和污水处理都有好处，能够方便地将水和肥源同时供应到农田，又可通过土地处理改善水质。不过，要将污水安全地回用于农业，还需解决水质、利用时间和监督管理等方面的问题。

(2) 工业生产

从大多数城市的用水量和排水量看，工业是用水大户。但是，面对淡水紧缺、水价渐涨的现实，工厂除了尽力将本厂废水循环利用，提高水的重复利用率外，对城市污水回用于工业也日渐重视。对于用水量较大且对处理要求不高的部门是最理想的回用场所，如间接冷却用水。间接冷却用水对水质的要求只有碱度、硬度、氯化物以及锰含量等，且其对水量要求很大，城市污水的二级处理出水就能满足要求。工艺用水中的冲灰、除尘等要求水质较低，污水简单处理后就可以回用。对于原料加工过程工艺用水、锅炉补给水等高质用水，对水质有不同要求，要进行相应的高级处理方能回用。

(3) 城市生活用水

城市生活用水量比工业用水量小，但是生活杂用水的水质要求较高。世界上大多数地区对生活饮用水源控制严格，例如美国环保局认为，除非别无水源可用，尽可能不以再生污水作为饮用水源。如今，再生水用于城市生活一般限于两方面：①市政用水，即浇洒、绿化、景观、消防、补充河湖等用水；②杂用水，即冲洗汽车、建筑施工以及公共建筑和居民住宅的冲洗厕所用水等。

(4) 回注地层

污水回注于地下有助于土地渗液的进一步回收利用。补充地下水应注意防地陷；防止地下水污染，防止海水倒灌等。

1.3.3　污水的深度处理技术

在二级处理水中，还含有相当数量的污染物。如 BOD_5 20～30 mg/L，COD 60～100 mg/L，SS 20～30 mg/L，NH_3-N 15～25 mg/L，TP 3～4 mg/L，此外，还可能含有细菌和重金属等有毒有害物质，若直接排放于水体，可导致水体富营养化。为了更好地去除上述污染物质，提高出水水质，进而达到再生回用要求，以实现污水资源化，需要对污水进行深度处理。

深度处理的对象与目标：①去除处理水中残存的悬浮物（包括活性污泥颗粒）、脱色、除臭，使水进一步澄清；②进一步降低 BOD_5、COD、TOC 等指标，使水进一步稳定；③脱氮、除磷，消除能够导致水体富营养化的因素；④消毒、杀菌，去除水中的有毒有害物质。深度处理的去除对象、处理方法、目的见表1-3。

表 1-3 深度处理的去除对象、处理方法、目的

去除对象		相应指标	处理方法	目的
有机物	悬浮态	SS VSS 色度 臭味	混凝沉淀、过滤	排放水体再生利用
	溶解态	BOD COD	混凝沉淀、活性炭吸附、臭氧氧化	
植物性营养盐类	氮	TN KN NH_3-N NO_2-N NO_3-N	吹脱、生物脱氮	防止富营养化
	磷	TP PO_4-P	混凝沉淀、生物除磷	
微量成分	溶解性无机物	电导度及 Ca Na Cl 离子	反渗透、电渗析、离子交换	再生利用
	微生物	细菌 病毒	臭氧氧化 消毒	

1.4 水体富营养化及污染控制问题

因受化肥与生活污水污染,地表水源水中氮磷普遍偏高,常规净水工艺较难达标。生物处理是去除原水中氮磷最有效的方法。我国有丰富的湖泊水和人工水库水资源,随着水源的污染,水体富营养化严重,导致藻类大量繁殖,水质恶化。含藻水处理工艺比较复杂,难度也较大,此类问题有一定的普遍性,本节重点讨论水体富营养化问题,以及相应的水质特征与处理技术。

1.4.1 富营养化及其污染来源

富营养化是指湖泊等水体接纳过多的氮、磷等营养物,使藻类及其他水生生物过量繁殖,水的透明度下降,溶解氧降低,造成湖泊水质恶化,从而使湖泊生态功能受到损害和破坏。湖泊、水库水体的水流滞缓,滞留时间又长,十分适于植物营养素的积聚和水生植物的生长繁殖。当水体中营养素积聚到了一定的水平,即会促使水生植物生长过于旺盛,形成富营养化污染。富营养化的湖泊、水库水体中,在阳光和水温达到藻类繁殖的季节,大片水面会被藻类覆盖,形成常见的"水华",它不仅使水带有嗅味,并会遮蔽阳光,隔绝氧溶解于水中。枯死的藻类沉积水底,又是新生的污染源,它们进行厌氧发酵,消耗溶解氧,并不断释放氮、磷,供水生植物作为营养物。由于氮、磷的循环积累,造成湖库水污染逐步加重。如 2007 年 6 月,太湖蓝藻大面积爆发,其直接原因是太湖水体水质富营养化。导致太湖富营养化的主要原因是入湖污染物总量显著增加。据江苏省环境监测中心提供的报告,仅 2007 年,江苏省入湖河流共向太湖输入约 70 t 磷和 2 000 t 氮。

近年来,我国湖泊时有蓝藻、绿藻等的季节性爆发现象,甚至水质较好的千岛湖、洱海也每年爆发水华。水质富营养化问题给生态环境造成严重危害,经济损失也十

分惨重。要控制水的富营养化,首先必须弄清所有能进入水体的氮、磷等营养素的污染源的污染负荷。

湖泊、水库水体营养物负荷通常有如下几种产生途径:沉积物释出(水体内负荷)、点、面污染源直接带入,大气中氮的干湿沉降、土地中氮磷通过降雨径流带入等。研究表明,大气中的氮干湿沉降对水体的氮污染也有重要贡献作用,但是过去常被人们所忽视。若考虑磷负荷时,应确定其背景值,即未受人类活动影响时的天然负荷。

1.4.2 水体富营养化的危害

湖泊、水库的富营养化严重影响了其功能的发挥和有效作用,造成经济上、环境上的巨大损失。富营养化现象主要由藻类和有机物引起,是湖泊水库主要的环境问题,由富营养化带来的不利影响主要有以下几个方面:

1)富营养化导致水质恶化,如果作为城市集中饮用水源,会给饮用水处理增加困难。城市湖泊、水库作为城市集中饮用水源时,必须维持其优良水质,确保其经一般常规处理后就能达到饮用水水质标准。一旦由于藻类的大量繁殖引起水库、湖泊水源的水质恶化,会给饮用水的净化处理带来许多困难,进而严重影响饮用水水质。如藻类和水生微生物的大量孳生繁殖会堵塞滤池,甚至还会穿透滤池在配水系统中繁殖,造成滤网、闸门、水表等堵塞失效,使配水系统水流不畅或阻塞;其次,藻类分泌出的有机物不仅会妨碍絮凝作用,导致出水浑浊,还会分解生成难以降解的腐殖酸(即为三卤甲烷前驱物THM),如用氯消毒即生成具有致癌、致畸和致突变作用的有害物如三卤甲烷(THMs),从而影响加氯消毒过程。另外,湖泊底部沉积物的厌氧发酵不但产生甲烷等气体,干扰水处理过程,还会使水中 Fe^{2+}、Mn^{2+} 浓度因还原作用而增加。

2)富营养化湖泊、水库中溶解氧浓度因藻类覆盖水面而降低,湖库中鱼虾及水生生物常会缺氧窒息致死,导致水产养殖业减产甚至完全破坏。

3)富营养化使湖泊、水库的水带霉臭味,因此丧失水体的游泳价值和观赏价值。

4)富营养化使水体水质不能符合工业冷却水及工艺用水的水质要求,易造成冷却设施堵塞失效。

1.4.3 富营养化水体的处理

在控制水体富营养化中引入生物处理起因于原水中的氮磷和异臭问题,不过作为去除硝酸氮的措施,可以考虑生物处理、离子交换以及电渗析、反渗透等膜技术。近年来,生物处理在防止水体产生富营养化中的应用日益增多,其对富营养化水体的净化作用也引起了越来越多的关注。我国在武汉东湖进行了生物预处理研究,在安徽巢湖、无锡太湖、绍兴青甸湖等地也进行过大量研究,此外,成都的活水公园也是一个利用生物处理去除水体中不同的藻类、臭味、悬浮物的典型实例。

1.5 水源微污染问题及水源突发污染应急处理方法

作为城市集中饮用的水源，必须维持其优良水质，确保其经一般常规处理后就能达到饮用水水质标准。一旦出现污染，会给饮用水的净化处理带来许多困难，进而严重影响饮用水水质。限于我国现阶段经济发展水平和污染控制的实力，水环境的恶化趋势在短期内很难扭转。随着水体污染加剧，水源水污染有恶化趋势。据统计，我国90%以上的城市水域严重污染，近50%的重点城镇水源不符合饮用水水源的标准。而绝大多数水厂采用常规处理工艺，使处理后饮用水水质的化学安全性得不到有效保证。

1.5.1 饮用水水质新标准

饮用水的安全性对人体健康至关重要。进入20世纪90年代以来，随着微量分析和生物检测技术的进步，以及流行病学数据的统计积累，人们对水中微生物的致病风险和致癌有机物、无机物对健康的危害的认识不断深化，世界卫生组织和世界各国相关机构纷纷修改原有的或制定新的水质标准。

目前，全世界有许多不同的饮用水水质标准，其中具有国际权威性、代表性的有三部：世界卫生组织（WHO）的《饮用水水质准则》、欧盟（EC）的《饮用水水质指令》以及美国环保局（USEPA）的《国家饮用水水质标准》，其他国家或地区的饮用水标准大都以这三种标准为基础或重要参考，来制定本国或地区的标准。东南亚的越南、泰国、马来西亚、印度尼西亚、菲律宾、中国香港，南美洲的巴西、阿根廷，还有匈牙利和捷克等国家和地区都是采用WHO的饮用水标准；法国、德国、英国等欧盟成员国和我国的澳门则均以EC指令为指导，澳大利亚、加拿大、俄罗斯、日本同时参考WHO、EC、USEPA标准。

我国于2006年由国家标准委和卫生部联合发布了《生活饮用水卫生标准》（GB 5749—2006）强制性国家标准。该标准自2007年7月1日起实施。规定指标由原标准的35项增至106项，增加了71项，修订了8项，包括42项常规指标和64项非常规指标，常规指标是各地统一要求必须检测的项目。而非常规指标及限值所规定指标的实施项目和日期由各省级人民政府根据实际情况确定，但必须报国家标准委、建设部和卫生部备案。具体修改内容如下：

①微生物指标由2项增至6项：增加了大肠埃希氏菌、耐热大肠菌群、贾第鞭毛虫和隐孢子虫，修订了总大肠菌群。

②饮用水消毒剂由1项增至4项：增加了一氯胺、臭氧、二氧化氯。

③毒理指标中无机化合物由 10 项增至 21 项:增加了溴酸盐、亚氯酸盐、氯酸盐、锑、钡、铍、硼、钼、镍、铊、氯化氰。并修订了砷、镉、铅硝酸盐。毒理指标中有机化合物由 5 项增至 53 项:增加了甲醛、三卤甲烷、二氯甲烷、1,2-二氯乙烷、1,1,1-三氯乙烷、三溴甲烷、一氯二溴甲烷、二氯一溴甲烷、环氧氧丙烷、氯乙烯、1,1-二氯乙烯、1,2-二氯乙烯、三氯乙烯、四氯乙烯、六氯丁二烯、二氯乙酸、三氯乙酸、三氯乙醛、苯、甲苯、二甲苯、乙苯、苯乙烯、2,4,6-三氯酚、氯苯、1,2-二氯苯、1,4-二氯苯、三氯苯、邻苯二甲酸二(2-乙基己基)酯、丙烯酰胺、微囊藻毒素-LR、灭草松、百菌清、溴氰菊酯、乐果、2,4-滴、七氯、六氯苯、林丹、马拉硫磷、对硫磷、甲基对硫磷、五氯酚、莠去津、呋喃丹、毒死蜱、敌敌畏、草甘膦;修订了四氯化碳。

④感官性状和一般化学指标由 15 项增至 20 项:增加了耗氧量、氨氮、硫化物、钠、铝;修订了浑浊度。

⑤放射性指标中修订了总 α 放射性。

1.5.2 微污染水源的特点

"微污染"是我国近 10 年来才出现的给水处理术语。当水源所含的污染物种类较多、性质较复杂,但浓度比较低微时,通常被称为微污染水。微污染水源是指水的物理、化学和微生物指标已不能达到《地面水环境质量标准》中作为生活饮用水源水的水质要求。水体中污染物单项指标,如浑浊度、色度、臭味、硫化物、氮氧化物、有毒有害物质(如汞、隔、铬、铅、砷等)、病原微生物等有超标现象,但多数情况下是指受有机物微量污染的水源。

1.5.3 微污染水的主要危害

1) 有机物 微污染水中的有机物可分为天然有机物(NOM)和人工合成有机物(SOC)。天然有机物是指动植物在自然循环过程中经腐烂分解所产生的物质,也称作耗氧有机物;人工合成的有机物大多为有毒有机污染物。有机物在水中的存在使悬浮颗粒更稳定,增加混凝剂用量和活性炭吸附器的负荷。一些有毒有害的污染物不仅难于降解,而且具有生物富集性和"三致"(致癌、致畸、致突变)作用,对公众健康危害很大。另外,水体中的可溶性有机物(DOM)容易与饮用水净化过程中的各种氧化剂和消毒剂反应。最为常见的是与液氯反应,形成有害副产物三卤甲烷(THMs)、卤代乙酸(HAAs)以及其他卤代消毒副产物。

2) 氮 氮在水中以有机氮、氨、亚硝酸盐和硝酸盐形式存在,用金属铝盐作为混凝剂对氨氮的去除率很低。在水厂流程和配水系统中,氨氮浓度 0.25 mg/L 就足以使硝化菌生长,由硝化菌和氨释放的有机物会造成臭味问题。氨形成氯胺也要消耗大量的氯,降低消毒效率,而且可能生成氯化氰消毒副产物,影响水中有机物的氧化效率。氨氮在水中被氧化为亚硝酸盐及硝酸盐,亚硝酸盐的积累代替了血红细胞中氧的位置,最终导致窒息;高浓度的硝酸盐摄入后可引起中毒。

3)嗅和味　嗅和味较重的饮用水,即使经水厂处理后,口感仍很差。

4)三致物质　微污染水经氯化处理后,有可能形成"三致"物质,威胁人的健康。

5)铁、锰　湖库底部沉积物的厌氧发酵,会使水中 Fe^{2+}、Mn^{2+} 浓度因还原作用而增加。含铁、锰较高的饮用水会变成红褐色甚至出现沉淀物,会使被洗涤的衣服着色,并有金属味;另外,含铁、锰过高的水容易使铁、锰细菌大量繁殖,堵塞、腐蚀管道。

6)氟、砷　某些水源因地质条件或工业污染原因会含氟或砷,氟、砷会引起人体病变。

7)藻类及藻毒素　某些富有氮、磷的营养水体,当水温适当时会引起藻类爆发生长。藻细胞分泌的藻毒素不仅使水质产生嗅、味和恶感,而且会妨碍絮凝作用,导致出水浑浊,还会分解生成难以降解的三卤甲烷前驱物,如用氯消毒即生成 THMs,而影响加氯消毒过程,严重时完全不能饮用或使用。2007 年无锡太湖蓝藻爆发,使无锡太湖水源自来水厂无法供水,产生了严重的后果和恶劣影响。

1.5.4　微污染水处理技术

近年来,不少地区饮用水水源水质日益恶化,水源水和饮用水中能够测到的微污染物质的种类不断增加,人们在饮用水的水质净化中碰到了新的问题。我国 90% 的城市水源受到不同程度污染,并且多以有机污染为主。面对水源水质的变化,常规饮用水处理工艺已显得力不从心。微污染水经常规的混凝、沉淀及过滤工艺对有机物有一定的去除作用,但对微量有机物去除效果比较差,一般只能去除百分之几,且由于溶解性有机物的存在,不利于破坏胶体的稳定性而使常规工艺对原水浊度去除效果明显下降(仅为 50%~60%)。经常规工艺处理的微污染水,其致突变活性有时不但不会降低,反而会有所升高。另外,常规处理也不能有效解决地面水源中普遍存在的氨氮问题。目前国内大多数水厂采用折点加氯的方法来控制出厂水中的氨氮浓度,以获得必要的活性余氯。但当水中氨氮含量较高时,折点加氯法投氯剂量很大,不仅不经济,由此产生的大量氯化消毒副产物(有机卤化物)还会导致水质毒理学安全性下降。因此,常规的饮用水处理工艺已无法将受污染的水源水处理到符合新的生活饮用水卫生标准的程度,需要开发新的饮用水处理工艺。

针对不同的污染类型,人们在饮用水常规处理工艺的基础上研究开发了很多新的工艺和技术,归结起来主要有 4 个方向:①强化常规水处理工艺;②深度处理技术;③微污染源水预处理技术;④膜法组合工艺。

常规水处理工艺的强化包括化学强化(强化混凝)、生物强化混凝、生物强化过滤及生物强化全流程等技术。强化混凝法包括诸如投加絮凝剂,增加吸附、架桥作用;

完善混合、絮凝等设施,从水力条件上加以改进,使混凝剂能充分发挥作用;向水中投加过量的混凝剂并控制一定的pH值,从而提高常规处理中天然有机物(NOM)去除效果,最大限度地去除消毒副产物的前体物(DBPFP),保证饮用水消毒副产物符合饮用水质标准的方法等等。强化过滤是指通过选择合适的滤料,采取一定的技术措施,使得滤料在去除浊度的同时、又能降低有机物,降低氨氮和亚硝酸盐氮的含量。采用强化常规水处理技术处理后的出水水质较常规水处理的水质好,不仅对有机物的去除效果优于常规水处理,而且相比较于高成本的深度处理工艺,在满足科学合理方面,显得更为经济。但强化常规水处理工艺也会产生一些问题,如用增加混凝剂投加量的方式来改善处理效果,不仅使水处理成本上升,而且可能使水中金属离子浓度增加,也不利于居民的身体健康。特别是随着水环境污染加剧,城市饮用水中发现了更多的有毒有害有机污染物和氯化消毒副产物,人们面临又一个重大饮用水安全性问题——化学安全性问题。

深度处理是在常规处理后,采用适当的处理方法,将常规处理不能有效去除的常量和微量有机污染物或消毒副产物的前体物加以去除。目前主要应用的深度处理技术有:活性炭吸附、臭氧氧化、臭氧-生物活性炭(BAC)联用技术等。饮用水深度处理技术对于控制饮用水污染和提高水质都能发挥较好的作用,但也有交大的局限性。活性炭吸附对饮用水中的有机物(包括有机污染物)有一定的吸附去除作用已被公认,但是,活性炭对有机物的吸附去除作用受其自身吸附特性和吸附容量的限制,不能保证对所有的有机化合物有稳定的和长久的去除效果,且活性炭对极性强的小分子有机物和大分子有机物不能吸附。另外,活性炭价格比较贵,再生和更换困难,更加影响了它在水处理中的推广。臭氧通过其较强的氧化能力可以破坏一些有机物的结构,消除一些有机污染物的危害,但它同时也产生一些中间污染物,可能存在"三致"物(如甲醛,以及与水中溴化物反应生成致癌物溴酸盐等)。另外,在臭氧投量有限的情况下,不可能去除水中氨氮,因为当水中有机氮含量高时,臭氧把有机氮转化成氨氮,致使水中氨氮含量反而增高。也有部分有机物不易被氧化,臭氧对水中一些常见优先污染物如三氯甲烷、四氯化碳、多氯联苯等物质的氧化性差,易生成甘油、络合状态的铁氰化合物、乙酸等,导致不完全氧化产物的积累。

预处理通常是指在常规工艺前面,采用适当的物理、化学和生物的处理方法,对水中的污染物进行初级去除,主要包括吸附预处理、化学预氧化及生物预处理。吸附预处理是在混合池中投加吸附剂,利用其吸附性能,改善混凝沉淀效果来去除水中的污染物。常用的吸附剂有粉末活性炭、硅藻土和黏土等。化学预氧化处理是依靠氧化剂的氧化能力来分解和破坏污染物,达到转化和分解污染物的目的。目前常用的氧化剂有$KMnO_4$、臭氧和二氧化氯(ClO_2)、紫外光催化氧化等。(注:氯在给水处理中不能作为氧化剂使用,因为当使用氯气时有可能产生一些"三致"物质,如卤代有机物,而这些卤代有机物难以在后续工艺中有效地去除。)使用化学预氧化方法能有效去除水中有机污染物的数量,并使有机物的可生化性提高。生物预处理是借助微生物群体的代谢活动,去除水中污染物。我国目前正处于推广应用阶段,微污染水采用的反应器基本上都是生物膜类型的,主要有曝气生物滤池(BAF)、生物接触氧化池(BCO)、膜生物反应器(MBR)等。它的优点是对污染物的去除经济有效,不产生"三致"物质,减少混凝剂和消毒剂的用量。生物工艺的不足是其运行效果受到诸多因素的影响,尤其是原水水质、水温、操作管理水平等,与常规工艺相比,启动时间稍长,需一定的过渡期。

从历史进程看,如果将以除浊和灭活致病细菌为目的的常规处理工艺称为第一代城市饮用水净化工艺,那么主要以去除和控制有机物为目的的深度处理工艺则称为第二代城市饮用水净化工艺。近年来发现,经深度处理后,不论在滤池还是在活性炭柱中都会滋生大量的微生物,使其出水中微生物显著增多,这说明虽然深度处理工艺提高了水的化学安全性,却使水的生物安全性降低了。面对新出现的饮用水生物安全性问题,第一代和第二代工艺都无法将之完全解决,这就产生了第三代城市饮用水净化工艺:为解决生物安全性问题而发展起来的膜法组合工艺。目前的膜技术主要包括微滤(MF)、超滤(UF)、纳滤(NF)和反渗透(RO)。由于膜主要用于去除疏水、难降解的有机物以及细菌和病毒,并作为出水的把关措施;而对水中的溶解性有机物(DOC)尤其是低分子量有机物的去除率不高;另外膜较易受到污染;所以膜技术必须与其他处理工艺组合使用,形成膜前处理和后处理组合工艺。虽然水质安全得到很大保障,但这些方法设备都相对复杂,运行和操作条件要求较高,尤其是成本问题严重制约了它们的推广使用。

从目前的大量的研究结果来看,在自来水厂增加生物预处理和加强出水的深度处理是改善饮用水水质的有效途径。相比之下,生物预处理是一种经济有效且在毒理学上安全的方法,它对氨氮和其他有机污染物有良好的处理效果,尤其在与传统工艺(混凝、沉淀、过滤、消毒)联用后,对降低饮用水致突变活性效果也很好。而且该法投资少,见效快,适合我国国情,因此,生物预处理与传统工艺的组合是目前国内水厂改善出水水质的首选方法。

1.5.5 水源突发污染应急处理方法

近年来我国地面水源突发污染事故频发,2005年11月的松花江水源重大污染事故给沿江流域带来了不可估量的经济损失,对松花江下游及哈尔滨等城市的居民生活带来了较大不利影响,也对供水行业应对突发事件的能力提出了更高的要求,为保障城镇安全供水提出了新的任务。

饮用水突发污染时刻威胁着人民的正常生活,给城镇供水提出了更高的要求。

污染发生时,水厂的常规处理已不能制得合格饮用水,必须有相应的应急处理方案。随着经济的进一步发展,突发性水资源污染事故的发生概率可能会增加,因此,突发性污染事故的防范工作显得尤为重要。

城市水厂净水工艺都是按水源常年水质(三年以上)选定。且95%以上为常规工艺。水源突发污染,污染物种类、浓度及持续时间等都超出水厂设计预计,水厂净水工艺难以应对,致使出水污染物超标,甚至造成水厂不得不停产,危害很大,已成为城市饮用水水质安全的重大问题。在发生水源突发污染时,水厂现有净水工艺及大型净水构筑物临时难以改变,这时比较可行的是针对污染物投加多种药剂。

建立水源突发污染预警机制十分重要,应与环保部门联手,尽早摸清突发性污染的来源与分类,确认污染的来源与物种类等信息。针对不同污染物,需要尽快通过实验获得需要投加的药剂种类和剂量,以及相关工艺技术条件,以指导水厂生产。

悬浮物与微生物的污染突发事故常由暴雨、洪水引发。当浊度较高时,可增大混凝剂投放,或投加有机高分子阳离子絮凝剂,当浊度很高时,投加聚丙烯酰胺比较有效。受到微生物突发污染时,大剂量预氧化比较有效。但是,实际上上述措施并不能完全取得成功。将超滤设置于第一代或第二代工艺之后,应对该污染突发事故最为有效。因为超滤出水浊度一般都在 0.1 NTU 以下,且不受膜前浊度的影响。一旦膜前处理失败,膜前水质恶化,超滤仍能保障出水浊度及微生物达标,所以是应对这类突发污染最可靠的技术。

我国湖、库富营养化比较普遍,故藻类突发污染经常发生。对水源水体可采用生物法(养殖滤食性鱼类等)、物理法(深层曝气法等)、化学法(投药等)控制藻类。在水厂内可对原水进行预氧化;采用气浮比沉淀有更好的除藻效果。但是当水中藻浓度很高时,上述措施并不一定能取得成功,常导致相当数量藻类泄漏至出水中,使水质恶化。将超滤设置于第一代或第二代之后,应对藻突发污染最为有效。超滤能将藻类完全去除,一旦膜前处理不成功,超滤也能保证出水不含藻类,是应对藻类突发污染最可靠的技术。

嗅和味突发污染也经常发生。水源水的嗅和味有多种来源,其中藻臭比较常见。粉末活性炭是除臭除味的有效方法。臭氧氧化除臭效果很好,但只能用于有臭氧发生设备的水厂。高锰酸钾对部分臭和味有很好效果。粉末活性炭与高锰酸钾联用,两者在除臭除味方面有到互补性,即对粉末活性炭效果较差的臭和味物质,常可被高锰酸钾的氧化和吸附去除,反之亦然,所以可能成为一种通用的除臭除味方法。颗粒活性炭除臭和味,在活性炭投产前期效果很好,在后期成为生物炭时效果较差。

有机物突发污染,主要是种类繁多的微量有毒有害有机物的污染。粉末活性炭是去除微量有机污染物的有效方法。颗粒活性炭前期去除效果较好,后期效果较差,但仍有一定去除效果。臭氧氧化能去除大部分微量有机污染物,但只能用于有臭氧发生设备的水厂。高锰酸钾对许多微量有机污染物有去除作用,其中包括氧化作用和氧化生成的 MnO_2 胶体的吸附作用。高锰酸钾及其复合剂与粉末活性炭或颗粒活性炭联用,可达到臭氧与活性炭联用的除微量有机污染物的效果。

氨氮突发污染常发生在珠江和淮河流域。于暴雨季节发生支流泄洪在江河中形成高浓度氨氮和有机物污染团,氨氮浓度有的高达 10 mg/L,现有工艺皆难以应对。常规工艺能去除水中不超过 1 mg/L 的氨氮;深度处理工艺,因受水中溶解氧浓度的限制,能去除不超过 2~3 mg/L 的氨氮。生物预处理技术,可不断曝气向水中充氧,但对于接触氧化池或曝气生物滤池,因生物膜面积较小,可去除水中不超过 3~4 mg/L 的氨氮。试验表明,超滤膜-粉末活性炭生物反应器,因粉末炭表面积大,生物量巨大,能去除高达 10 mg/L 左右的氨氮,是去除水中氨氮最有效的技术。

重金属突发污染事件发生时,用混凝法可除去许多重金属。向水中加碱,提高水中的 pH,再配合混凝法,对多种重金属有良好去除效果。向水中投加煤质活性炭,对某些重金属有吸附去除作用。高锰酸盐复合剂技术是一种新的除重金属技术,对一些浓度很低,一般难以去除的重金属,例如镉、铊、钼等,都取得了好效果。

目前我国大多数城市水厂的药剂设备和投加设备不足,工艺比较落后,难以同时投加两种以上的药剂,极不适应应对水源水质突发污染的要求。为了应对水源水质突发污染,应尽快增设投加多种药剂的设备,并建立多种药剂的贮备仓库。

另外,还应对水源与取水口进行保护,提前考虑综合预防措施。在水厂设计或水厂改造中要加强水源保护和水质监测,充分考虑在取水口投加各种预处理药剂的可能性,在尽可能早的处理环节控制污染,让后续处理环节起缓冲与安全余量的作用,对水质的安全保障更加可靠,这也符合饮用水处理多级安全屏障的基本理念。在新水厂设计或旧水厂改造中还要考虑投加不同混凝剂和助凝剂的可能性、考虑较大幅度改变投加量的可能性、考虑改变投加点的可能性、考虑应对高浓度的突发污染可能投加的药剂量。在水厂改造和新建设计中,还应考虑处理系统水的应急排放的可能,一旦处理后出水不合格,应在其进入清水池之前能排放掉,避免污染清水池及管网,造成更严重的后果。在水源水受到突发污染的情况下,含有高浓度污染物的水厂生产废水及污泥如何安全回收或排放,以防止造成新的污染,也是值得重视的问题。

1.6 水生物处理技术的发展和前景

使用废水生物处理技术已有 100 多年历史,100 多年来,生物处理技术在不断发展进步,从简单到复杂,从单一功能到多功能,从低效率到较高效率,不仅有实用技术的发展和创新,也有理论上的进步和建树,可以毫不夸大地说,当今的废水生物处理工艺已有了量和质的长足进步与飞跃,与古老的生物处理技术相比,早已不可同日而语。但不断提高的水环境保护要求及日益明确的可持续发展方向,又显露出污废水生物处理的很多不足。在这种情况下,对废水生物处理技术的发展进步、功能作用及缺陷不足进行分析,并在此基础展望其前景,会是有益的。

1.6.1 水生物处理技术的发展概述

(1)时间历程

污水生物处理技术的发展,大致可以分为三个阶段:

第一阶段(1881年～1915年):为污水生物处理的早期阶段。主要发明有Moris池(1881年)、生物滤池(1893年)和活性污泥法(1914年)。

第二阶段(1915年～1960年):污水生物处理的普及阶段。此阶段生物处理技术被大量应用,先后有化粪池、生物滤池、活性污泥法以及处理污泥的消化池等,废水生物处理成了城市废水处理的主要工艺,为水污染控制发挥了重要的作用。同时,废水生物处理技术也在这个时期得到了不断的发展。对传统的活性污泥法不断进行改良,出现了阶段曝气法、生物接触稳定法、完全混合曝气法、延时曝气法、高效曝气法、纯氧曝气法等新工艺。普通生物滤池也逐步发展,产生了高负荷生物滤池、塔式生物滤池、生物转盘、生物接触氧化等新工艺;厌氧生物处理也从传统的低效率的消化池逐步发展出效率较高消化池、一级消化池、两相消化池等新工艺。

第三阶段(1961年至今):污水生物处理技术发展的新时期。在这个时期,由于环境污染的加剧和能源危机的出现,废水生物处理的研究和应用发生很大的飞跃:

1)在好氧生物处理方面,出现了氧化沟、AB法、SBR反应器、高浓度活性污泥法、深井曝气、好氧生物流化床等新工艺,以及高效曝气器、新型填料等设备;并发展了一些将悬浮生长的生物系统与附着生长的生物系统设置在一个反应器中的复合式反应器,如投加载体的活性污泥法;对于生物处理系统中的固液分离装置,近20余年来也有了十分引人注目的发展,特别是膜生物反应器系统的研究和应用。此外,在自然生物净化系统方面也进行了大量研究,并使其应用范围有了扩大。同时,在活性污泥微生物的研究方面还取得了极大的进展,如丝状菌的成因和控制等。

2)在厌氧生物处理方面也取得了极大的成就,取得的进步比好氧生物处理更为显著。近10多年来,先后出现厌氧接触法、厌氧生物滤池、厌氧附着膜膨胀床、升流式厌氧污泥床反应器、厌氧生物流化床、厌氧生物转盘等。厌氧生物处理的应用范围已从污泥消化扩大到高浓度有机废水的处理,进而到低浓度有机废水。厌氧处理方法将在污水处理中发挥越来越大的作用。

3)厌氧好氧等各类工艺的结合也不断推陈出新,由于发现了厌氧生物处理的巨大潜力,开发了一系列厌氧与好氧相结合的生物处理系统,使生物处理工艺的功能范围不断扩大。A-O系统组合不仅可用于控制活性污泥膨胀,还能处理高浓度有机废水、提高 B/C 值以便于处理难降解有机废水等,生物脱氮除磷工艺也是厌氧与好氧相结合的典型实例。显然,厌氧与好氧生物处理单元相结合后,超越了各自的功能和优点,这种结合是生物处理技术的一个飞跃,使生化物处理再上一个新台阶。

4)在自然生物净化系统方面也有很大的发展,使其应用范围扩大,形成科学体系,并不断地趋向完善。如发展了废水稳定塘系统(包括氧化塘、兼性塘、厌氧塘、水生植物塘等);发展了废水土地处理系统(包括慢速渗滤系统、快速渗滤系统、地表漫流系统、地下渗滤系统等)和废水、污泥湿地净化系统。

(2)技术历程

废水生物处理技术的发展和进步,也可以概括为微生物学、反应器、工艺流程的新组合等几方面的发展与革新。

1)微生物学方面:对普通活性污泥微生物、硝化菌和反硝化菌、除磷菌、厌氧微生物、高效菌等种群和特性进行了深入研究,为提高污废水生物处理技术能力和水平提供前提和保证。研究表明,如能应用生物工程的先进手段,提高在废水生物处理过程中起主导作用的微生物的质量,废水生物处理的能力和水平不仅还能提高,而且还很可能出现新的飞跃。

2)反应器方面:反应器是微生物栖息生长的场所,应为微生物创造适宜的条件,使微生物的生长状态最好,最大限度地发挥其作用。在传统活性污泥法及低负荷生物滤池的基础上,出现了为数众多的活性污泥法和生物膜法工艺。它们代表了微生物的两种生长状态——悬浮态和附着态。不同生长状态的微生物和不同结构类型、不同运行方式的反应器,有着很不相同的特性,具有不同的功能,能适应不同的需要。从反应器的特性看,大致可将现有废水生物处理反应器分为以下几类:①悬浮生长型、附着生长型;②推流式、完全混合式;③连续运行方式、间歇运行方式。显然,这些类型是互相交叉重叠的,各种反应器均向着保持最大微生物量与活性、提高基质与微生物间的接触和传质的方向发展,不过,现有反应器离尽善尽美还相差很远,它们都还没有为微生物创造理想的生长环境,微生物的数量还不够多,反应速率还较低。如何吸收先进的化工原理和设备的精髓,在原有反应器的基础上继续提高,或创造新一代的反应器,是人们面临的艰巨任务。可以预料,新的更高效低耗的反应器是必然会出现的,新一代反应器出现之时,必将是废水生物处理技术登上新的高峰之日。

3)工艺流程新组合方面:污水处理的经验表明,工艺流程的选择对处理效果、占地面积、运行管理、基建费用、处理成本等重要参数都有很大的影响。传统的以活性污泥法为主体的污水处理流程一般很长,往往需要前处理和后处理,还有污泥处理等。简化流程一直是改进活性污泥法的一项重要内容。几十年来,在这方面有很多成绩。如氧化沟工艺就摒弃了初沉淀池和污泥消化池,有的还取消了二沉池,使流程大大简化。SBR 把初沉、曝气和二沉池都合在一个池中完成,使流程精简到了极致。

改革污水处理流程的另一重要目标是改善废水处理流程的功能。如采用厌氧、缺氧与好氧组合后实现脱氮除磷，采用生物处理与化学处理技术相结合后实现了污废水初级回用，采用生物处理与膜技术相结合后实现了污废水高级回用等等。而物理化学处理技术常常作为从废水中回收有用物质的手段或是用于生物处理前的预处理。

1.6.2 水生物处理技术的前景与展望

虽然污水生物处理技术在其应用中发展迅速，但必须看到，由于工业和城市的飞速发展，在世界范围内的水污染至今还没有得到有效的控制，特别是在广大的发展中国家里。污水生物处理技术虽然在水污染控制中发挥了巨大的作用，但它离尽善尽美还相差很远，还不能满足需要。现有污水生物处理技术的还存在很多缺点：如微生物生长环境还不够理想，反应器中微生物数量也不够多，反应速率较低，剩余污泥量大；废水生物处理的基建投资和运行费用都很高；运行还不够稳定；对难降解有机物的处理效果还比较差等。

如何开发新的生物处理流程、新一代的反应器和新的设备，以满足水污染控制的需要，达到全球日益严格的水环境标准，符合可持续发展战略的思想，仍是人们面临的艰巨任务。因此，污水生物处理技术有待提高的潜力还很大，有巨大的需要进行研究的未开垦空间：

1）微生物潜力无穷　通过培养驯化及其他先进的生物技术，可以充分挖掘出微生物降解有机物的潜力。对难生物降解的有机物，通过采取各种措施，可能变为易被降解的；对降解速度慢的，也可能提高其降解速度。

2）新型反应器、新设备、新材料后劲十足　设计合理的反应器和设备，可以成倍地甚至数十倍地提高其反应效果，污水处理反应器、设备、材料的组合如能更多地吸收科技发展成果，其处理综合能力也必将得到飞跃。

3）新型组合工艺及新工艺的开发　研究在污水处理过程中节省能源、资源并最大限度地回收利用能源、资源的可持续发展的废水处理工艺，例如从废水中转换有机碳为甲烷能源、回收磷酸盐等。

第2章 生物处理基本原理

2.1 水环境中的微生物

自然界中有丰富的微生物资源,其种类的多样性,使其在物质循环和转化中起着巨大的生物降解作用,是整个生物圈维持生态平衡不可缺少的、重要的组成部分。微生物大量存在于空气、土壤、污水、垃圾、动植物尸体等各个角落,水中微生物也来源于上述场合。水体中含有微生物所需的各种营养,因而也是微生物的天然生境,所以水中的微生物种类也是多种多样的。微生物是肉眼看不见的、必须在电子显微镜或光学显微镜下才能看见的所有微小生物的统称,可将其按细胞结构的有无分为细胞结构性微生物和非细胞结构性微生物,其种属树状简图如图 2-1 所示。

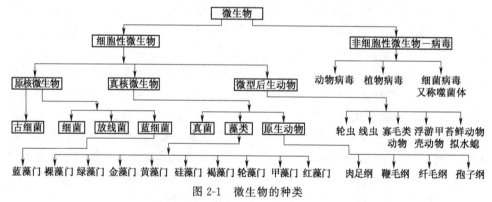

图 2-1 微生物的种类

2.2 在生物处理中发挥作用的微生物类群

生物处理中起主要作用的微生物属于细菌和古细菌类群,但原生动物和其他微型真核生物、藻类等也有一定作用。因此,清楚地了解各种微生物的作用是非常重要的。

2.2.1 细菌(Bacteria)

细菌类生物,个体微小,原核,细胞内无核膜。与所有生物一样,细菌从氧化反应中移出电子,获取能量和还原势。因此,电子供体的性质是分类的重要依据。生物处理中最重要的两类电子供体是废水中含有的或者在处理过程中产生的有机和无机化合物。以有机化合物作为电子供体和细胞合成碳源的细菌称为异养型的细菌,简称异养菌。有机物的去除和稳定化是生物处理最重要的用途,因而异养细菌在生物处理系统中占主导地位。如蜡状芽孢杆菌(Bacillus cereus)、生枝动胶菌(Zoogloea ramigera)、中间埃希氏菌(E. intermedia)、粪产气副大肠杆菌(Paracolobactrum aerogenoides)、放线形诺卡氏菌(Nocardia actinomorphya)、假单胞菌属(Pseudomonas)、产碱杆菌属(Alcaligenes)、黄杆菌属(Flavobacterium)、大肠杆菌(E. coli)、产气杆菌(Aero-bacter aerogenes)、变形杆菌(Proteus)等。以无机化合物作为电子供体,以 CO_2 作为碳源的细菌称为化学自养细菌,大多数废水处理工程师把它称为自养细菌,简称自养菌。生物处理中最重要的自养细菌是利用氨氮和硝酸盐氮的细菌,负责硝化作用的硝化细菌,还有亚硝化单胞菌属(Nitrosomonas sp.)和大量的亚硝化囊菌属(Nitrosocytis)细菌。其他的自养细菌在自然界和下水道中很重要,但在水处理工程系统中的作用微不足道。

能够利用电子受体是细菌的另一个重要特征。生物处理中最重要的电子受体是氧。只利用氧的细菌称为专性好氧细菌,简称好氧菌。硝化细菌是生物处理中最重要的专性好氧细菌。细菌谱系的另一极是专性厌氧细菌,它们只有在没有分子氧的情况下才发挥作用。在这两个极端种类之间的细菌是兼性厌氧细菌,简称兼性菌。有氧时,它们以氧作为电子受体;没有氧时,就转而利用其他的电子受体。因此,在生物处理中,这类细菌往往是占主要的。有些兼性菌具有发酵特性,即在无氧时能够以有机化合物作为替代性最终电子受体,产生还原性的最终有机物。其他兼性菌能够进行厌氧呼吸,以无机化合物作为替代性电子受体。在生物处理中,没有氧但却以硝酸盐作为电子受体的缺氧环境非常普遍,最重要的兼性菌是那些能够完成反硝化的细菌,即将 NO_3-N 还原为 N_2 的反硝化菌。其他的兼性和专性厌氧细菌能够还原除质子(H^+)以外的无机物,但其中的大多数在生物处理中并不重要。在厌氧处理中,质子被还原,产生氢气(H_2),氢气是形成甲烷的一种重要电子供体。

重力沉降是在处理水排放前从生物处理系统中去除微生物细胞的最常用方法。单个细菌非常微小(约 0.5~1.0 μm),如果都以个体生长,不可能用重力沉降法去除。幸运的是,在适当的生长条件下,悬浮生长的细菌呈絮体状或凝胶状生长,称为生物絮体,其大小为 0.05~1.0 mm。主要起这种作用的细菌称为絮体形成菌,许多细菌都可归为这种类型。

并非所有的细菌在生物处理中都是有益的,有些细菌是有害的。在好氧/缺氧系统中生长着两种有害细菌。其中一种细菌呈长束或细丝状,与生物絮体颗粒混在一起,会干扰污泥的沉降作用,称为丝状菌。尽管少量丝状菌能够提供生物絮体所需要的强度,免遭水力剪切作用的破坏,但数量太多时,会使生物絮体处于分散状态。当丝状菌大量出现时,沉降效率非常低,微生物不会凝聚成絮体,出水不能达到清澈排放的程度。另一种有害细菌能在曝气式生物反应器中形成大量泡沫。泡沫能将曝气池和沉淀池完全覆盖,影响废水处理进行,妨碍运行人员进行管理。厌氧系统中最常见的有害微生物是硫还原菌。通常厌氧处理用来生产甲烷,甲烷是一种有用的产物。但是,如果废水中含有高浓度硫酸盐,硫酸还原菌会争夺电子供体,产生硫化物。这不仅会减少甲烷的产量,而且在大多数情况下也会产生危险的有腐蚀性的也并不需要的产物,如 H_2S。废水处理工程师需要认识到这类有害微生物的生长特性,以便设计出能够减缓或防止有害微生物生长的处理系统。

  细菌分类也可以根据其在生物处理中的功能进行。许多细菌是初级分解者,对废水中的有机化合物进行降解。如果一种有机物在自然界中很常见(生物质性的),初级分解者通常会在好氧环境中将其彻底代谢,转化为 CO_2、水和新的细胞物质。这种彻底分解称为矿化过程,是大多数废水处理系统的目的。另一方面,如果这种有机物是人工合成的,是生物圈中所没有的(异性生物质性的),那么没有任何单一种细菌能够将其矿化。相反,这需要由一个微生物群来完成降解,包括以初级分解者产生的代谢产物为食的二级分解者。废水中的有机化合物越复杂,二级分解者就越重要。然而,二级分解者在厌氧环境中十分常见,即便是在降解生物质型化合物时,这是由于细菌本身需要引起的。废水处理系统的其他重要功能是通过硝化和反硝化分别产生和去除硝酸盐氮。因此,根据功能对细菌进行分类就一点也不奇怪,例如将细菌分为硝化菌和反硝化菌。硝化菌由一群高度特异化的细菌组成,包括有限数量的好氧菌和化学自养菌,而反硝化菌由多种多样的兼性异养细菌组成。最后,有些种类的细菌能够根据环境条件的循环变化储存和释放磷酸盐。由于这类细菌含有大量的磷酸盐,通常将它们称为储磷微生物(PAOs)。

  综上所述,细菌的分类方式与废水中污染物的分类相似,一种细菌可以发挥多种作用,各种分类都不是绝对的,而是相互重叠的。不过,上述这些简单的分类方式在描述生物处理过程时仍然是非常有帮助的,并将在本书中贯彻始终。

2.2.2 古细菌(Ar-chaca)

  古细菌和细菌类微生物同属于原核微生物,细胞内无核膜,但其细胞结构却与细菌截然不同。许多古细菌能够在极端环境如高温(高达 90 ℃)、高盐和强还原条件下生长,而且其生长不会受到极端环境的限制。最近的研究表明,古细菌丰富而广泛地存在于各种环境中。产甲烷菌是最早被人们认识和应用的古细菌,随着对古细菌认识的扩展,可能会发现更多有关古细菌的用途。产甲烷菌是专性厌氧微生物,它们可与水解菌、产酸菌等协同作用,将有机物降解为 CO_2、乙酸、H_2,再生成溶解度低但能量高的甲烷气体。在把有机物从水中去除的同时,以可利用的形式获得污染物中的能量。由于产甲烷菌可利用的基质非常有限,它们需要在含有细菌的复杂微生物群中生长,等水解、产酸菌先对污染物质进行分解,并释放出发酵产物,才能作为产甲烷菌可利用的基质。

2.2.3 真核生物(Eucarya)

在正常情况下,真菌在悬浮生长方式下竞争不过细菌,在活性污泥中不占主要地位,因此真菌通常不能构成微生物群的重要组分,丝状真菌是真菌中的主要类群。真菌在活性污泥中的出现一般与水质有关,它常常出现于某些含碳较高或 pH 较低的工业废水处理系统中,当氧和氮的供应不足或者 pH 低时,真菌能够快速繁殖,造成与丝状菌所引起的相似的膨胀问题。与悬浮生长方式相反,真菌在附着生长方式中常常起着重要作用,占微生物量的绝大部分。但是在某些条件下,附着生长式系统中的真菌也可能变得有害,如因急剧生长而堵塞孔隙和阻碍水流。

另一方面,大量酵母细胞和丝状真菌的存在至少证明某些种类能与细菌竞争溶解性有机物,利用污水中的营养物质,因此也具有净化作用。在一些特殊的工业废水中,真菌的这种作用可能更加明显。例如,假丝酵母属(Candi-da)、毕赤氏酵母属(Pichia)的酵母菌氧化分解石油烃类的能力很强;而酵母菌属(Saccharomyces)、镰刀霉属(Fu-sarium)的某种对 DDT 有一定的转化能力;Cally 于 1977 年的资料则指出,假丝酵母属(Candida)、芽枝霉属(Cladosporium)、小克银汉霉属(Cun-ninghamella)的真菌能较好地降解表面活性剂。适量的霉菌生长于活性污泥中,不仅能促进废水的净化作用,还能依靠它们的菌丝体将若干个小的活性污泥絮体连接起来,从而加速絮凝体的形成。但应注意的是,在霉菌异常增殖的情况下,也会导致丝状污泥膨胀的发生。地霉属(Geotrichum)对环境的适应力极强,它们在氮、磷不足或 pH 为 3~12 的大变幅范围内都能生存和增殖。

原生动物在悬浮生长方式中起着重要作用。它们能吞食胶体性有机物和游离细菌,降低二沉池出水浊度。原生动物也有助于生物絮凝作用,但对生物絮凝的影响不如絮体细菌。有些原生动物虽然能够利用溶解性有机化合物进行生长,但它们不能有效地与细菌竞争,因此,通常认为溶解性污染物的去除是由细菌的作用完成的。原生动物在附着生长式生物反应器中也起着重要的作用,其生物群落往往比悬浮生长式中的丰富。不过,原生动物在附着生长式生物反应器中的作用与悬浮生长式中的作用相似。

2.2.4 藻 类

在某些特殊情况,有的单细胞藻类可降解废水中的有机物。不过在活性污泥中,藻类的种类和数量都很少,这是因为在曝气池中活性污泥与废水搅动剧烈,不便于藻类进行光合作用所致。但是,科学家们曾在夏秋季节的城市污水处理厂曝气池混合液中观察到20多种藻类,其中大部分属于蓝细菌(蓝藻)和绿藻属。而且,在推流式曝气系统后的二次沉淀池和表面曝气池的澄清区内,由于具有良好的透光条件,藻类生长得就更多一些。它们对出水中残存的可利用物有进一步的净化作用。

藻类是含有光合色素的一类生物,在光照下能进行光合作用,利用无机的CO_2和氮、磷盐来合成藻体(有机物),在活性污泥中数量及种类较少,大多为单细胞种类;沉淀池边缘、出水槽等阳光暴露处较多见,甚至可见附着成层生长。在氧化塘及氧化沟等占地大、空间大、空间开阔的构筑物中数量及种类较多,呈藻菌共生状态,还可出现丝状、甚至更大型的种类。我们可在氧化塘等处理系统中,采用适当的方法采收藻类,以达到去氮、去磷的目的。藻类光合作用释放的氧又可提供污泥中的细菌氧化分解有机物之用。据报道,在氧化塘类处理系统中,除了可去除BOD外,氮去除率可达90%~95%,磷去除率达50%~70%。

2.3 生物处理概述

将水体自净过程中所有的生物反应过程经过人工措施强化,创造适宜条件,强化微生物的新陈代谢功能,最大限度地利用微生物加速污水中污染物的降解的一系列强化技术手段,就称为生物处理。生物法也称生化法,主要是通过微生物的生命过程把废水中的有机物转化为新的微生物细胞以及简单形式的无机物,从而达到去除污染物的目的,应用的微生物主要是细菌。

2.3.1 生物处理的作用

污水中的污染物可分为四类:溶解性有机物(SOM)、不溶性有机物(IOM)、溶解性无机物(SIM)、不溶性无机物(IIM)。生物处理过程是指对溶解性有机物的去除、不溶性有机物的稳定化、溶解性无机物的转化过程。大多数情况下,不溶性无机物的微生物转化速率很低,不具有生物处理的实际意义,不溶性无机物用一级物理单元(沉砂池、初沉池)分离去除,再进行处理即可。因此,初沉池出水中含有进水中的所有溶解性污染物组分和少量不溶性组分。大部分不溶性组分从沉淀池底部排出,呈浓悬浮状态,称作"污泥"。初沉池出水中有大量的溶解性有机物、无机物,都需要进一步处理,这时生物处理就发挥作用了。生物处理过程中没能去除的不溶性有机物,可通过二沉池分离去除,所以,二沉池出水相对清洁,通常只需很少或者不需任何额外处理就可以排放水体。被二沉池单元分离的不溶性物质,一部分被回流到生物处理单元中,剩余部分进入后续的污泥处理工艺,继续进一步的生物处理。

多数用来分解或转化溶解性污染物的单元操作都是生物处理单元。这是因为，在反应物浓度非常低时，生物处理比化学和物理单元更加有效。在生物处理中，溶解性污染物或者被转化为无毒无机物，如二氧化碳、水或氮气，或者被转化为容易分离的颗粒状的微生物细胞物质。

2.3.2 生物处理的分类

生物处理可以从生化转化、生化环境、生物反应器构型三方面进行分类。这种分类有助于工程师根据特定需要来选择最合适的生物处理单元。

(1) 生化转化

溶解性有机物的去除　微生物以 SOM 作为食物来源，将部分碳转化为新细胞物质，而将其余的碳转化为二氧化碳。二氧化碳以气体形式逸出，细胞物质通过沉淀分离被去除，使废水不再含有机污染物。

不溶性有机物的稳定化　污水含有大量的胶体性有机物，不容易用沉降法去除。在应用去除 SOM 的生化工艺进行处理的过程中，许多胶体性有机物质会被微生物捕获利用，并最终转化为稳定的不再受微生物活动影响的稳定产物。这种稳定产物的形成过程称为稳定化。稳定化过程可以与去除溶解性有机物的生化处理中同时进行，但大多数稳定化过程是在专门设计的处理系统中进行。

溶解性无机物的转化　主要是对无机营养物的去除，即生物脱氮除磷。

(2) 生化环境

生化环境可分为好氧、厌氧、缺氧环境。当有溶解氧存在或者溶解氧供应充足而不会成为限制因素时，属好氧环境。在好氧环境中，微生物生长效率最高，降解单位污染物所生成的细胞物质非常高。厌氧一般指有机化合物、二氧化碳和硫酸盐作为主要的最终电子受体，电位非常负，在厌氧条件下，微生物生长效率比较低。当环境中有硝酸盐和亚硝酸盐作为主要电子受体存在，并且在没有氧时，这样的环境称为缺氧环境。在硝酸盐和亚硝酸盐存在时，电位升高，微生物生长效率比厌氧条件下高，但是比不上好氧生长效率。

生化环境对微生物群落生态有着极为深刻的影响。好氧环境能够支撑完整的食物链，包括食物链底部的细菌和顶部的轮虫。缺氧环境比较受限制，而厌氧环境最受限制，只是细菌占主导地位。生化环境影响着处理效果，因为微生物在三种环境中可能有着迥然不同的代谢途径。在工业废水处理中，生化环境变得尤其重要，因为有些降解反应只能够以好氧方式而非厌氧方式进行，或者相反。

(3) 生物反应器构型

根据微生物在反应器中生长方式的不同，废水生物处理反应器分为两种主要类型：悬浮生长式和附着生长式。在应用悬浮生长式生物反应器时，需要搅拌以便使微生物始终处于悬浮状态,而且需要用物理单元操作如沉淀,将生物细胞从处理水中分离,再排放出水。与之相反,附着生长式的微生物在固体支撑物上以生物膜形式生长,需要处理的废水流过生物膜。然而,由于微生物能从支撑物上脱落,其出水通常也要求采用物理单元进行分离后再排放。

2.3.3 生物处理的实质

在设计良好的生物处理系统中,在供应适量氧气的条件下,有机物先被吸附到细菌表面,其中,中低分子有机物直接被摄入到菌体内,高分子有机物则由胞外酶将其小分子化后摄入细胞体内。摄入的一部分有机物利用分子态溶解氧,通过好氧呼吸分解成二氧化碳和水,反应中产生的能量供给细菌进行生命活动,另一剩余部分用于合成新细胞。这样,有机物就能够被微生物利用分解,污水得到净化,微生物获得能量合成新细胞,活性污泥得到增长。生物处理过程也即强化生物自然循环过程,在短时间内完成自然界需要很长时间才能完成的过程(自然进行常对环境产生危害)。

生物处理只改变和分解能被微生物利用的物质,亦即那些受到生物降解或生物转化的物质。如果溶解性污染物难以被微生物作用,那么这类污染物会以进入时相同的浓度从生物处理系统中排出,除非受到吸附和挥发这样的化学或物理过程的作用。进入悬浮生长式生物处理中的不溶性污染物会与微生物细胞混合在一起,二者实际上是很难分开。因此,可将微生物细胞和不溶性污染物组成的混合物视为一个整体,称作混合液悬浮固体(MLSS)。如果不溶性污染物是可生物降解的,其质量会减少;如果是不可生物降解的,那么它们离开系统的唯一方式是通过排放 MLSS。附着生长式处理对不可生物降解的不溶性污染物几乎没有影响,这类污染物会与从处理系统中排出的微生物一起被絮凝和沉降。

生物处理中涉及到的两个主要循环过程是碳循环和氮循环。实际上,大多数生物处理只利用了碳循环的一半,即氧化有机碳和释放 CO_2。有些生物处理利用藻类和植物固定 CO_2,释放氧气,亦即利用了碳循环的另一半,但这种应用并不广泛,因而本书不会论及。整个氮循环却几乎都被利用了。生活污水中,氮大多以氨(NH_3)和有机氮的形式存在;工业废水中,有时还含有硝酸盐氮($NO_3^- - N$)。有机氮以氨基(NH_2)形式存在,并且在有机物生物降解过程中被释放出来,称为氨化过程。微生物在生长过程中以氨的形式利用氮。如果工业废水含有不足以满足微生物生长需要的氨或有机氮,但含有硝酸盐氮或亚硝酸盐($NO_2^- - N$)氮时,后者会通过同化还原途径被转化为 NH_3,用于细胞合成。另一方面,如果废水中含有的氨氮($NH_3 - N$)超过了细胞合成的需要,则可能发生硝化作用,多余的 $NH_3 - N$ 经亚硝酸盐被氧化成为硝酸盐氮。将硝酸盐排入水体比排入氨更可取,因为接纳水体中的氨会发生硝化,消耗 DO,正如降解有机物要消耗 DO 一样。但是,在有些情况下,排放硝酸盐可能对接纳水体有毒害作用,因此有些出水标准就限制了硝酸盐排放浓度。在这种情况下,必须采用生物处理,将硝酸盐和亚硝酸盐由反硝化途径转化为氮气排除,以减少出水中的氮含量。生物处理中通常没有被利用的氮循环过程是固氮作用。在固氮过程中,N_2被转化为能够被植物、动物和微生物所利用的形式。

2.4 水处理系统中的微生物

随着水处理技术的不断发展,各种生物处理新方法、新技术不断涌现出来,单纯地从微生物学层面上对水处理中的微生物进行划分,已不能满足日益复杂、庞大的生物处理技术的要求。因为,微生物是生物处理过程的主要执行者,而在不同的生物处理方法系统中,微生物所处的环境都不相同,微生物的群落结构和相应的生理状态也不尽相同。即使是同一种属的微生物,在不同的反应器构型中其各方面的外在表现也随反应器而异。每一种生物处理都会形成一种独特的生态系统,这种生态系统取决于处理设施的物理设计、进水的化学性质和系统微生物引起的生化变化。为更好地掌控生物处理过程,还需要以处理系统为依托,对微生物生态系进行深入研究。研究生物处理中群落结构的一般性质,并将其与处理过程环境关联起来,其目的不是为了简单地罗列出存在的微生物,而是为了搞清楚每一种重要种群的微生物在生物处理中所起的作用。

虽然微生物的分类方式很多,但是从实用角度看,最重要的是从操作方式上分类,即按照生物处理运行方式对微生物进行分类。当然,由于一种微生物可以出现在各种各样的环境中,也能发挥多种作用,所以从操作方式上的分类也不是绝对的,也有可能相互重叠。但是,一些简单、概括的分类方式能为生物处理过程提供更好的解释,对生物处理系统的运行管理提供非常有帮助的指导。大部分文献主要是从生化处理环境以及生物反应器运行方式两方面对生物处理过程进行分类的。按生化环境中微生物与氧的关系,分为好氧处理系统与厌氧处理系统两大类;按微生物在反应器运行方式及处理目标又分为活性污泥系统、生物膜系统、脱氮除磷系统等类型。本节将微生物按上述分类方式中较常用的几类进行详细分类阐述。

2.4.1 生化环境与微生物

自然界中主要存在着有氧环境和无氧环境,水中微生物的生存环境与溶于水的分子氧也息息相关,根据微生物与分子氧的关系,可将微生物分为好氧微生物、兼性微生物、厌氧微生物三大类。好氧和缺氧环境中的生化过程是以呼吸作用为基础的,而厌氧环境中的生化过程是以发酵作用为基础的,所以微生物群落差别非常大。

在有氧存在的条件下才能生长的微生物称为好氧微生物(包括专性好氧微生物

和微量好氧微生物)。好氧微生物需要供给充足的溶解氧,一般其环境中溶解氧的质量浓度要维持在 2 mg/L 以上。伍赫尔曼研究发现,曝气池中溶解氧的质量浓度在 2 mg/L 时,直径为 500 μm 的絮凝体中心点处溶解氧的质量浓度只有 0.1 mg/L,仅有絮凝体表面的微生物得到较多的溶解氧,絮凝体内的多数微生物处于缺氧状态。因此好氧曝气池中溶解氧的质量浓度维持在 3~4 mg/L 为宜。若供氧不足,活性污泥性能变差,导致污废水处理效果下降。好氧微生物中有一些是微量好氧的,它们在溶解氧的质量浓度为 0.5 mg/L 左右生长最好,微量好氧微生物有贝日阿托氏菌、发硫菌、浮游球衣菌(在充足氧和缺氧条件均可生长良好)、游动性纤毛虫(如扭头虫、棘尾虫和草履虫)及微型后生动物(如线虫)等。

在无氧条件下才能生存的微生物称为厌氧微生物,它们进行发酵或无氧呼吸。厌氧微生物又分为两种,一种是要在绝对无氧条件下才能生存,一遇到氧就死亡的厌氧微生物(也称为专性厌氧微生物),如梭菌属、拟杆菌属、梭杆菌属、脱硫弧菌属和所有产甲烷菌(如甲烷杆菌科、甲烷球菌属及甲烷八叠球菌属)等。产甲烷菌必须在氧浓度低于 1.48×10^{-56} mol/L 时才能生存。另一种是氧的存在与否对它们均无影响,存在氧时它们进行产能代谢,不利用氧,也不中毒,例如大多数的乳酸菌不论在有氧或无氧条件下均进行典型的乳酸发酵。专性厌氧微生物的生活环境中绝对不能有氧,因为有氧存在时,代谢产生的 $NADH_2$ 和 O_2 反应生成过氧化氢和 NAD,而专性厌氧微生物不具有过氧化氢酶,会被生成的 H_2O_2 杀死。O_2 还可产生游离氧,由于专性厌氧微生物不具有破坏游离氧的超氧化物歧化酶(SOD)而被游离氧杀死。

既能在无氧条件下生存,又可在有氧条件下生存的微生物称为兼性(兼性厌氧或兼性好氧)微生物。这都归功于它们具有既具有脱氢酶也具有氧化酶,虽然能在不同条件下生存,但兼性厌氧微生物表现出的生理状态是不同的,在有氧条件下生长时,氧化酶活性强,细胞色素及电子传递体系的其他组分正常存在;在无氧条件下,细胞色素和电子传递体系的其他组分减少或全部丧失,氧化酶无活性,一旦转入有氧条件,这些组分的合成很快恢复。例如酵母菌在有氧条件下迅速生长与繁殖,进行有氧呼吸,将有机物彻底氧化成二氧化碳和水,并产生大量菌体;在无氧的条件下,发酵葡萄糖产生 C_2H_6O 和二氧化碳,若此时转入有氧条件,发酵速度迅速下降,葡萄糖的消耗速度也显著下降,所以氧对葡萄糖的利用有抑制作用。氧对葡萄糖利用的抑制现象,称为巴斯德效应。氧对葡萄糖利用的抑制机制是通过 $NADH_2$ 和 NAD 的相对含量及 ADP 和 ATP 的相对含量的变化实现的。在有氧存在时,$NADH_2$ 通过电子传递体系被氧化,不再有 $NADH_2$ 使丙酮酸还原成 C_2H_6O,则 C_2H_6O 的生成停止,这有利于酵母菌体的生长。兼性厌氧微生物除酵母菌外,还有肠道细菌、硝酸盐还原菌、人和动物的致病菌、某些原生动物、微型后生动物及个别真菌等。兼性厌氧微生物在许多方面起积极作用,在污废水好氧生物处理中,在正常供氧条件下,好氧微生物和兼性厌氧微生物两者共同起积极作用。在供氧不足时,好氧微生物不起作用,而兼性厌氧微生物仍起积极作用,只是分解有机物不如在有氧条件下彻底。兼性厌氧微生物在污废水和污泥的厌氧消化中也是起积极作用的,它们多数是起水解和发酵作用的细菌,能将大分子蛋内质、脂肪和碳水化合物等水解为小分子的有机酸和醇等的反硝化细菌,以及在污废水生物处理过程中将硝酸盐(NO_3^-)和亚硝酸盐(NO_2^-)转化为 N_2 释放到大气中的反硝化细菌均是典型的兼性厌氧微生物。

2.4.2 活性污泥微生物

在活性污泥生物处理系统中,微生物是一个群体,各种微生物之间必然相互影响,并共栖于一个生态平衡的环境之中。曝气塘和好氧消化池拥有和活性污泥相似的微生物生态系统,尽管其中不同类型微生物种群的相对重要性有所不同。活性污泥是由细菌、微型动物为主的微生物、悬浮物质、胶体物质混杂在一起所形成的具有很强吸附分解有机物能力和良好沉淀性能的絮体颗粒。其微生物学种类如图 2-2 所示。

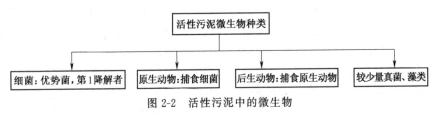

图 2-2 活性污泥中的微生物

在多数情况下,活性污泥中的主要微生物是细菌,特别是异养细菌占优势,是以有机化合物作为电子供体和碳源进行细胞合成的异养型好氧细菌,然后是以细菌为食的原生动物,正常情况下,真菌和藻类都很少。后生动物虽然以原生动物和生物絮体颗粒为食,但它们对悬浮生长式生物处理的贡献在很大程度还是未知的。这是因为,处理系统性能的变化很少是由于这些生物的出现引起的。按照各种微生物在活性污泥中发挥的作用不同,又可将活性污泥微生物分为五种主要类型:①絮体形成性微生物;②腐生性微生物;③硝化菌;④捕食性生物;⑤有害性微生物。

絮体形成性微生物在悬浮生长式生物处理中起着非常重要的作用。如果没有这类细菌,不但活性污泥不能从处理后的废水中分离出来,而且胶体型的有机污染物也不可能得到去除。研究表明,絮凝是由微生物的聚集生长和天然多电解质引起的。虽然其具体其原因还不太清楚,不过许多细菌都有絮凝作用,可凝聚成肉眼可见的棉絮状物,这种絮凝体叫做菌胶团,在正常的活性污泥中,细菌主要以菌胶团的形式存在,是氧化分解有机物的主力军。原生动物和真菌也能分泌细胞外化合物,形成絮凝作用,使细菌产生絮凝。这使絮体形成性微生物的分类变得更加复杂,不过,普遍认为主要的絮体形成性微生物是细菌,其中菌胶团细菌起着重要作用。

腐生性微生物负责分解有机物的微生物。这类微生物主要是异养菌,包括大多数絮体形成菌,也包括截留于絮体颗粒内的非絮凝性菌。腐生性微生物可分为初级分解者和二级分解者,如前所述。基质数量越多,种群多样性就越大。

硝化是将氨氮转化为硝酸盐氮的过程,主要由亚硝化菌和硝化菌来完成,两者在生长过程中密切相关。亚硝化菌将氨氮氧化为亚硝酸盐氮,羟胺为中间产物;硝化菌将亚硝酸盐氮进一步氧化为硝酸盐氮。硝化菌是自养菌,并不意味着硝化菌在氧化无机物获得能量时就不能利用外源有机物。研究表明,它们能够利用外源有机物,只是被利用的量很小,并且随着生长条件的变化而发生变化。所以,大多数描述硝化过程的化学计量方程将其忽略,只以 CO_2 作为唯一的碳源。硝化菌具有几个独特的生长特性,对硝化菌在生物处理中的生存及其性能来说是非常重要的。第一,硝化菌的最大生长速率比异养细菌的小。因此,如果悬浮生长式反应器运行中需要细菌快速生长,那么硝化细菌就会从系统中流失,硝化也会停止,尽管有机污染物的去除仍在进行。第二,氧化单位质量的氮所生成的生物量较小,所以,虽然它们对生物处理的性能有重要影响,但是在 MLSS 浓度中所占的比例却可以忽略不计。

主要的捕食性微生物是原生动物,它们以细菌为食。据报道,活性污泥中的原生动物约有 230 种,虽然不是废水生物净化的主要力量,但却是活性污泥中生物种群的主要构成部分,其在活性污泥中的质量比例可达 5%。由于它们独有的一些形态和生理性状上的特征,使得它们在废水净化过程中实际上发挥着非常重要的作用:①能吞噬游离细菌和吸收胶体性有机物以稳定群落,直接净化水质;②分泌细胞外化合物,形成絮凝作用,使水澄清;③作为指示性生物指示处理效果。

有害性微生物是指那些达到足够数量时会干扰生物反应器正常运行,会引起严重水处理障碍的微生物。其中一种有害现象是污泥膨胀现象,是由丝状菌和真菌活动引起的,丝状细菌不是分类学上的名词,而是一大类菌体细胞相连而成丝状的细菌的统称。尽管极少量的丝状菌有利于增强絮体颗粒,但数量太多则是有害的。即便丝状菌的质量百分比只占微生物群落的一小部分,也能使生物絮体的有效比重减小,极难用重力沉降法去除活性污泥。也即所谓的污泥膨胀现象。另一种有害现象是过度泡沫化。这种情况主要是由诺卡氏菌属(Nocardia)和 Microthrix parvicella 菌属细菌引起的。研究表明,诺卡氏菌虽然是一种常见的丝状微生物,但它通常不会引起污泥膨胀,因为其丝状体并不延伸到絮体颗粒之外,但诺卡氏菌和 M. parvicella 菌有疏水性极强的细胞表面,能够迁移并留在气泡表面,使气泡稳定,引发泡沫。发泡现象还与气-水界面的疏水性有机化合物浓度有关,不过这些化合物会在气-水界面被聚集于此的诺卡氏菌或类似的微生物所降解。

与废水中污染物的分类相似,以上列举的分类也不是绝对的,而是相互重叠的,一种微生物可以发挥多种作用,且任何给定系统中的微生物类型取决于反应器构型和外加的生化环境。尽管如此,这些简单的分类方式在描述生物处理过程时仍然是非常有帮助的。

2.4.3 生物膜中的微生物

生物膜是由多种多样的好氧微生物和兼性厌氧微生物,如细菌、真菌类、原生动物、后生动物等附着在滤料或某些载体上生长发育,并在上面形成一层黏性、薄膜状的微生物混合群体组成的微生态体系。如图 2-3 所示。膜状生物污泥是生物膜法的主体。污废水与生物膜接触,污废水中的有机污染物作为营养物质被生物膜上的微生物所摄取,污废水得到净化,微生物自身也得到繁衍增殖。参与生物膜净化反应的微生物在种类方面与活性污泥法基本相同,但在组成和数量上有较大差异,在微生物数量与出现频率方面较活性污泥有绝对优势。丝状细菌同菌胶团细菌一样,是生物膜中重要的组成成分。附着生长式反应器为后生动物等高级生物的捕食提供了界面,这类反应器除了有轮虫和线虫外,通常还有高度发育的大型无脊椎动物群,这种动物群的性质主要取决于生物反应器的物理特性。一般情况下,高级生物群的存在对系统性能没有不良影响。然而,在有些情况下,有捕食功能的摄食生物群能破坏负责去除污染物的初级生物膜的生长,引起处理系统性能下降。

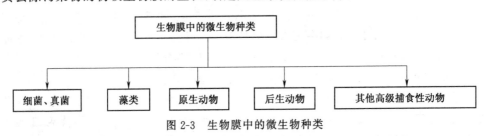

图 2-3 生物膜中的微生物种类

生物膜上微生物十分丰富,形成了由细菌、真菌和藻类到原生动物和后生动物的复杂的生态系统。对于混合菌群的微生物膜,好氧菌群一般位于膜外部表层,而厌氧菌则集中于生物膜内部深层,而且增长率较高的菌群一般集中生长在膜的外表层,增长率较低的菌群往往位于膜的内层。生物膜作为一个功能化的有机体,其种群的分布是按照系统的各种功能需求而优化组成的。生物膜的种群分布不是种群间的一种简单组合,而是根据生物整体代谢功能最优化原则有机组成配置的。一般生物膜系统种群分布具有如下特征:厌氧和兼性厌氧菌的比例高;丝状微生物数量较多;存在较高等的微型动物;存在成层分布现象,即随着反应器内负荷的变化出现优势菌分层分布现象。这些微生物的出现及是否占优势常与污水水质和生物膜所处的环境条件相关:如负荷适当时常出现独缩虫属、聚缩虫属、累枝虫属、集盖虫属和钟虫等;负荷过高,真菌类增加,纤毛虫类在绝大多数情况下消失,可以见到的有屋滴虫属、波豆虫属、屋波虫属等鞭毛类;负荷较低时可观察到盾线虫属、尖毛虫类、表壳虫属和鳞壳虫属。后生动物如轮虫和线虫等大量出现时,能使生物膜快速更新,生物膜中的厌氧层减少,不会引起生物膜肥厚,且生物膜脱落量也少;当扭头虫属、新态虫属和贝日阿托氏菌属等出现时,表明生物膜中的厌氧层增厚等。可见,微生物膜上的生物相可以起到指标生物的作用,由此可以检查、判断生物膜反应器的运转情况及污水处理效果。

2.4.4 厌氧处理中的微生物

厌氧消化的微生物学和生物化学理论研究经历了一个由浅入深的逐渐完善的过程。20世纪30年代,厌氧消化被概括地划分为产酸阶段和产甲烷阶段,在产酸阶段(又称酸性发酵阶段),由发酵性细菌对复杂有机物进行水解和发酵,形成脂肪酸、醇类发酵产物;在碱性发酵阶段(又称甲烷发酵阶段),由产甲烷菌(Methanogens-produdng bacteria,MPB)将第一阶段的发酵产物转化为甲烷,这就是所谓的两阶段理论。

20世纪70年代初,Bryant等人对两阶段理论进行了修正,提出了厌氧消化的三阶段理论,突出了产氢产乙酸的地位和作用。该理论认为,复杂有机物的厌氧分解分为三个阶段:第一阶段是水解和发酵;第二阶段是在产氢产乙酸菌的作用下,将第一阶段的发酵产物丙酸、丁酸、乙醇等转化为乙酸和氢气或二氧化碳;第三阶段是在产甲烷菌的作用下,将乙酸和氢气或二氧化碳进一步转化为甲烷气体。与此同时,Zeikus等人提出了厌氧消化的四类群理论,反映了同型产乙酸菌的作用。无论是三阶段理论,还是四类群理论,实质上都是对两阶段理论的补充和完善,较好地揭示了厌氧发酵过程中不同代谢菌群之间相互作用、相互影响的关系,更确切地阐明了复杂有机物厌氧消化的微生物生化过程。

厌氧处理中的微生物群落主要是原核性的,参与厌氧消化过程的微生物有发酵性细菌、产氢产乙酸菌、同型产乙酸菌和产甲烷菌。只有这四类细菌在厌氧反应器中保持协调的相互作用,厌氧消化过程才能彻底进行,有机物才能完全有效地转化为CH_4和CO_2。若其中某类细菌受到抑制,就会对整个过程造成影响,甚至使整个系统失效。产酸阶段的细菌——非产甲烷菌群(包括发酵性细菌、产氢产乙酸菌、同型产乙酸菌等)可将复杂的大分子有机物水解为简单的小分子有机物(如单糖、氨基酸、脂肪酸和甘油等),并进一步发酵为乙酸、丙酸、丁酸等挥发酸和乙醇等,往往使处理构筑物中混合液的pH值保持在较低的水平。这类细菌种类繁多,代谢能力强,繁殖速度快,世代时间短,只有几十分钟。产甲烷细菌是一个很特殊的生物类群,属古细菌。产甲烷细菌利用有机物或无机物作为底物,在厌氧条件下转化形成甲烷(而甲烷氧化细菌则以甲烷为碳源和能源，将甲烷氧化分解成 O_2 和 H_2O）。这类细菌具有特殊的产能代谢功能，可利用 H_2 还原 CO_2 合成 CH_4，亦可利用一碳有机化合物和乙酸为底物合成 CH_4。各阶段出现的不同的微生物群落见表 2-1。

表 2-1 厌氧处理各阶段出现的微生物

序号	阶段名称	阶段的作用	微生物种类与作用
1	水解发酵阶段	与好氧系统类似，不溶性有机物被代谢消耗之前，必须被溶解。此外，大的溶解性有机物分子必须变为小分子，以利于其透过细胞膜。水解是进行溶解和使分子变小的反应：大分子不溶性复杂有机物在细菌胞外酶的作用下，水解成小分子溶解性高级脂肪酸（醇类、醛类、酮类等）。氨基酸和糖通过发酵反应被降解	主要是兼性厌氧细菌与专性厌氧细菌。兼性厌氧细菌的附带作用是消耗掉污废水带来的溶解氧，为专性厌氧细菌的生长创造有利条件。此外，还有真菌（毛霉、根霉、共头霉和曲霉）以及原生动物（鞭毛虫、纤毛虫和变形虫）等，统称为水解发酵细菌群。碳水化合物水解成单糖是最容易分解的有机物；含氮有机物水解产生氨较慢，继碳水化合物及脂肪的水解后进行，先水解为多肽，然后再转化成氨基酸。脂类及水解产物主要有甘油和脂肪酸，不溶性有机物水解发酵速度较缓慢
2	产 H_2、产乙酸阶段	把水解发酵阶段的产物进一步转化为简单脂肪酸（乙酸、丙酸、丁酸）、氢气、碳酸以及新的细胞物质	兼性厌氧菌或专性厌氧菌（产氢产乙酸菌、硝酸盐还原菌和硫酸盐还原菌等），统称为产氢、产乙酸细菌群。此阶段速度较快
3	产甲烷阶段	乙醇、氢气、碳酸、甲酸和甲醇等被转化为甲烷、二氧化碳和新的细胞物质	包含三组生理性质不同的专性绝对厌氧产甲烷菌群：一组将 H_2 和 CO_2 合成甲烷；一组氧化氢并将乙酸脱羧生成甲烷；还有一组利用甲酸、甲醇、甲基胺裂解为甲烷

水解细菌和发酵细菌组成了一个相当多样化的兼性和专性厌氧细菌群。最初认为兼性菌占主要数量，但事实证明正好相反，至少在污泥消化器中是这样，其专性厌氧微生物的数量多出 100 多倍。这并不意味着兼性细菌就不重要，因为当进水中含有大量细菌，或者进入反应器的易发酵基质负荷剧增时，兼性细菌相对数量就增加。不过，最重要的水解反应和发酵反应确实是由专性厌氧微生物例如畸形菌（Bacteroide）、梭状芽孢杆菌和双歧杆菌完成的。

基质性质决定着细菌的种类，也决定着微生物群落及其相互作用关系。如 H_2 产生过程中接纳电子的过程，对于产生乙酸作为最终酸解产物是非常关键的。在标准条件下，由长链脂肪酸、挥发性酸、氨基酸和碳水化合物生成乙酸和 H_2 的反应具有正的标准自由能，在热力学上是不利的。因此，当 H_2 分压高时，这些反应将不会进行，只有发酵反应能进行，使溶解性有机物积累。当 H_2 分压为 10^{-4} 大气压或更低时，对这些反应是有利的，反应能够进行，产生能被转化为甲烷的最终产物（乙酸和 H_2）。这意味着，产 H_2 的细菌与利用 H_2 的产甲烷菌是专性相连的。只有产甲烷菌通过不断地产生甲烷来去除 H_2 时，H_2 才能维持足够低的分压，使得乙酸和 H_2 作为酸解反应的最终产物被不断产生。类似地,产甲烷菌与完成酸解反应的细菌专性相连,因为后者产生前者所需的生长基质。两类微生物之间的这种关系称为专性互生。

所以,在厌氧消化中甲烷的产生是这个微生物区系中各种微生物相互平衡、协同作用的结果,是由这些微生物所进行的一系列生物化学反应的偶联,而产甲烷细菌则是厌氧生物链上的最后一个成员。非产甲烷细菌与产甲烷细菌之间的相互关系最为重要。在厌氧消化系统中,非产甲烷细菌和产甲烷细菌相互依赖,互为对方创造良好的环境和条件。

非产甲烷细菌为产甲烷细菌提供生长繁殖的底物,为产甲烷细菌创造了适宜的氧化还原电位。非产甲烷细菌中的发酵细菌可对各种复杂的有机物,如高分子的碳水化合物、脂肪、蛋白质等进行发酵,为产甲烷细菌提供生长和代谢所需要的碳源和氮源,并将氧消耗掉,从而降低反应器中的氧化还原电位。同时,将酚、氰、苯甲酸、长链脂肪酸和重金属离子等对产甲烷细菌有毒害作用的物质消解,为产甲烷细菌清除了有毒物质。

产甲烷细菌为非产甲烷细菌的生化反应解除了反馈抑制,能连续利用由非产甲烷细菌产生的氢、乙酸、二氧化碳等生成 CH_4,不会由于氢和酸的积累而产生反馈抑制作用,使非产甲烷细菌的代谢能够正常进行。因此可以认为,在废水厌氧生物处理中,非产甲烷细菌和产甲烷细菌共同维持适宜的生存环境,构成互生关系。同时,双方又互为制约,在厌氧生物处理系统中处于平衡状态。

温度是影响厌氧微生物生长存活的最重要因素之一。无论是厌氧微生物还是好氧微生物,其生长发育都是一个极其复杂的生物化学反应,这种反应需要在一定的温度范围内进行。每一种厌氧微生物只在一定的温度范围内生长,根据生态幅,每种微生物都有 3 种基本生长温度:微生物生长的温度耐性下限叫最低生长温度,低于这个温度,微生物就不能生长;微生物生长最旺盛时的温度叫最适生长温度;微生物生长的温度上限叫最高生长温度,超过这个温度,则会引起细胞成分发生不可逆的失活而死亡。根据厌氧微生物的最适生长温度可将微生物分成 3 类:嗜冷性微生物、适温(中温)性微生物、嗜热性微生物。厌氧消化像其他的生物处理工艺一样强烈地依赖于温度。根据产甲烷细菌的特性,其在发酵时反应的温度可分为高温、中温和常温 3 种。高温发酵为 50~60 ℃,中温发酵为 30~40 ℃,常温发酵往往采用自然温度。废水或污泥厌氧消化工艺常采用人工控制的中温发酵或高温发酵。在一定的温度范围内,温度越高,消化速度越快,产气量也越大。但由于产甲烷细菌对温度有一定的最适范围,例如,适中温产甲烷细菌适宜生长温度为 30~40 ℃,高于 40 ℃时,甲烷产量相对降低;温度高于 50 ℃时,能促使高温产甲烷菌群大量生长繁殖,甲烷产量又能迅速增加。温度突然上升或下降对产气量都有明显的影响,因此,对厌氧消化构筑物必须采取适当的保温措施。

厌氧生物处理中主要的有害微生物是硫还原菌,其在废水中硫酸盐浓度高时会引起麻烦。硫还原细菌都是专性厌氧型细菌。它们形态多样,但有一个共同特性,即都能以硫酸盐作为电子受体。Ⅰ类硫酸盐还原菌能以不同有机化合物作为电子受体,将其氧化为乙酸,并将硫酸盐还原为硫化物,去磺弧菌是厌氧生物处理中Ⅰ类硫酸盐还原菌中常见的细菌。Ⅱ类硫酸还原菌能专性地将脂肪酸特别是乙酸氧化为 CO_2,同时将硫酸盐还原为硫化物,脱硫菌就是这类细菌中的重要一类。

2.4.5 生物脱氮除磷中的微生物

(1)氨化作用与氨化菌。

氨化是指含氮有机化合物(如蛋白质、氨基酸、核酸和其他含氮有机物)被生物降解时释放出氨的过程,这是生物降解过程的正常结果。在生物降解过程中,氨基被解离,以氨的形式从细胞中排出。氨化过程的速率取决于含氮基质的利用速率和基质中 C/N 的比例。因为有机氮不会受到硝化细菌的氧化,只有当有机氮被转化为氨并释放到介质中后,硝化细菌才能将氮氧化为硝酸盐。所以氨化对于废水处理中氮的控制是非常重要的。

环境中绝大多数异养微生物都能分解含氮有机化合物、释放出氨,主要有好氧性的荧光假单胞菌和灵杆菌,兼性的变形杆菌和厌氧的腐败梭菌等。其中,好氧或兼性的细菌:芽孢杆菌、假单胞菌具有较强的氨化能力。碱性土壤中节细菌(Arthrobacter)是氨化作用的主要菌群,酸性条件下真菌中的木霉、曲霉、毛霉的一些种也有很强的氨化能力。氨化作用无论在好氧还是厌氧条件下、中性、碱性还是酸性环境中都能进行,只是作用的微生物种类不同,作用的强弱不一。但当环境中存在一定浓度的酚,或木质素-蛋白质复合物(类似腐殖质的物质)时,会阻滞氨化作用的进行。

(2)硝化作用与硝化菌。

硝化作用是指 NH_3 氧化成 NO_2^-,然后再氧化为 NO_3^- 的过程。有两类细菌参与硝化作用,亚硝酸菌与硝化菌。常见的亚硝酸菌是亚硝化单胞菌(Nitrosomonas)、亚硝酸螺旋杆菌属和亚硝化球菌属等,能将 NH_3 氧化成 NO_2^-。硝酸杆菌(Nitrobacter)、螺菌属和球菌属等能将 NO_2^- 氧化为 NO_3^-。亚硝酸菌和硝酸菌统称为硝化菌,均是化能自养菌。这类菌都能利用无机碳化合物如 CO_2、CO_3^{2-} 和 HCO_3^- 作为碳源,从 NH_4^+ 或 NO_2^- 的氧化反应中获取能量,并合成细胞有机物质。两项反应均需在好氧条件下进行。在运行管理时应创造适合于自养性的硝化细菌生长繁殖的条件。硝化作用的程度往往是生物脱氮的关键。硝化反应的结果还会生成强酸(HNO_3),会使环境的酸性增强。据测定,每氧化 $1gNH_3-N$ 将耗去 7.149 的碱度(以 $CaCO_3$ 计)。

许多物质会抑制硝化作用,严重时可能使硝化反应完全停止。对硝化反应有抑制作用的物质有:过高浓度的 NH_3-N、重金属、有毒物质以及有机物。对硝化反应的抑制作用主要有两个方面:一是干扰细胞的新陈代谢,这种影响需长时间才能显示出来;二是破坏细菌最初的氧化能力,这在短时间里即会显示出来。一般来说,同样毒物对亚硝酸菌的影响比对硝酸菌的影响强烈。

由于硝化菌是一类自养菌,有机基质的浓度并不是它的生长限制因素。相反,硝化段的含碳有机基质浓度不可过高,BOD_5 一般应低于 20 mg/L,若有机基质浓度高,会使生长速率较高的异养菌迅速繁衍,争夺溶解氧,从而使自养性的生长缓慢且好氧的硝化菌得不到优势,结果降低了硝化率。

硝化细菌为了获得足够的能量用于生长,必须氧化大量的 NH_4^+ 或 NO_2^-,环境中的溶解氧浓度会极大地影响硝化反应的速度及硝化细菌的生长速率。在 DO>2 mg/L 时,溶解氧浓度对硝化作用的影响可不予考虑。但沉淀池需要一定的溶解氧以防止污泥的反硝化上浮,因此建议硝化池溶解氧浓度宜控制在 1.5~2.5 mg/L。

过高浓度的 NH_3-N 对硝化反应会产生基质抑制作用,在培养和驯化硝化菌时,更应注意 NH_3-N 的浓度,不使其产生抑制。对硝化菌有抑制作用的有机、无机物质主要是一些含氮、硫元素的物质,如有机硫化物、氰化物、苯胺、酚、氯化物、ClO_4、硫氰酸盐、K_2CrO_4、三价砷等。

(3) 反硝化作用与反硝化菌。

反硝化作用是指在缺氧(不存在分子态溶解氧)条件下,硝酸盐和亚硝酸盐被还原为气态氮和氧化亚氮的过程。参与这一过程的细菌称为反硝化菌。大多数反硝化细菌是异养的兼性厌氧细菌,包括假单胞菌属、反硝化杆菌属、螺旋菌属和无色杆菌属等,有分子态氧存在时,利用分子氧作为最终电子受体,氧化分解有机物。在无分子态氧的条件下,反硝化菌利用硝酸盐和亚硝酸盐中的 N^{5+} 和 N^{3+} 作为电子受体,O^{2-} 作为受氢体生成 H_2O 和 OH^- 碱度,有机物则作为碳源及电子供体提供能量并得到氧化稳定。反硝化菌是兼性菌,既可有氧呼吸也可无氧呼吸。当同时存在分子态氧和硝酸盐时,优先进行有氧呼吸,因为有氧呼吸将产生较多的能量。所以为保证反硝化的顺利进行,必须保持缺氧状态。

在硝化作用过程中耗去的氧能被回收并重复用到反硝化过程中,使有机基质氧化。反硝化过程还会产生碱度,据测定,1g NO_3^--N 被还原成 N_2,可产生 3.579 碱度(按 $CaCO_3$ 计),可使硝化作用所耗去的碱度有所弥补。因此,在污水处理中如何合理地利用反硝化技术来达到去碳、脱氮,并最大可能地减少动力消耗和减少药耗也是当前国内外重点研究的课题。

(4) 磷的吸收和释放。

在好氧、厌氧交替条件下,在活性污泥中可产生所谓的"聚磷菌"(PAOs),经过厌氧释磷后,聚磷菌在好氧条件下可超出其生理需要从废水中过量摄取磷,形成多聚磷酸盐作为贮藏物质。PAOs 只有在基质浓度高的厌氧环境和基质浓度低的好氧环境之间不断交替循环才能将大量磷储存为多聚磷酸盐颗粒。

如果把生物反应器系统设计为两个串联的区,第一个区为厌氧区,第二个区为好氧区,那么具有特殊新陈代谢能力的 PAOs 将会繁殖,并以聚磷酸盐形式储存大量无机磷酸盐,因此通过生物量排放可从废水中去除磷。PAOs 虽然在完全好氧系统中也会有相当的数量,但只有在厌氧和好氧两个区之间交替循环时,其大量储存磷酸盐的能力才得到发展。这是由于 PAOs 具有在厌氧条件下消耗磷酸盐储存碳,而在好氧条件下消耗碳源储存磷酸盐的独特能力。有两种概念模型:Comeau-Wentzel 模型和 Mino 模型,可用以解释 PAOs 的这种功能。这两个模型非常相似,主要的区别在于糖原的作用。Mino 模型包括了糖原的形成和利用,厌氧区从乙酰辅酶 A 合成 PHB 所需的还原力来自于糖原释放的葡萄糖的代谢;而 Comeau-Wentzel 模型却没有包括。不过人们更愿意推荐使用最简单的模型对生物除磷进行适度预测,因此 Comeau-Wentzel 模型被大多数人沿用至今。此外,模型还假设,PAOs 不能以硝酸盐作为最终电子受体,只能利用细胞中储存的 PHB 进行生长。下面进行简单阐述。

在厌氧条件下,PAOs 不生长,但分解聚磷酸盐释放出溶解性磷酸盐,将乙酸储存为 PHB。

废水中的有机物进入厌氧区后,在发酵性产酸菌的作用下转化成乙酸。聚磷菌在厌氧的不利环境条件下(压抑条件),分解体内储存的聚磷以获取能量。在此过程中释放出的一部分能量可供聚磷菌存活之用;另一部分能量可供聚磷菌主动吸收乙酸、H^+ 和 e^-,使之以 PHB 形式贮藏在菌体内,并使发酵产酸过程得以继续进行,聚磷分解后的无机磷盐释放至聚磷菌体外,此即观察到的聚磷细菌厌氧放磷现象。

当废水和其中的微生物进入好氧区时,废水中的溶解性有机物少,但 PAOs 体内含有大量 PHB 储存物;同时,废水中的无机磷酸盐丰富,而 PAOs 体内的聚磷酸盐含最低。因为在好氧区,PAOs 利用储存的 PHB 作为碳源和能源,进行正常的好氧代谢,PHB 储存物的好氧代谢提供了大量能量,通过电子传递,磷酸化产生 ATP,随着 ATP/ADP 比例增加,多聚磷酸盐的合成受到激励,因而能够从溶液中去除磷酸根和相应的阳离子,在细胞内重新储存多聚磷酸盐。

PAOs 在厌氧区与好氧区之间不断循环,获得了普通异养菌所没有的竞争优势。污泥中非聚磷的好氧性异养细菌虽也能利用废水中残存的有机物进行氧化分解,释放出能量可供其生长、繁殖,但由于废水中大部分有机物已被聚磷菌吸收、贮藏和利用,所以在竞争上得不到优势。可见厌氧、好氧交替的系统仿佛是聚磷细菌的"选择器",使它能够一枝独秀,其基本原理与过程如图 2-4 所示。

根据上述微生物生理现象,在生物除磷工艺中,先使污泥处于厌氧的压抑条件

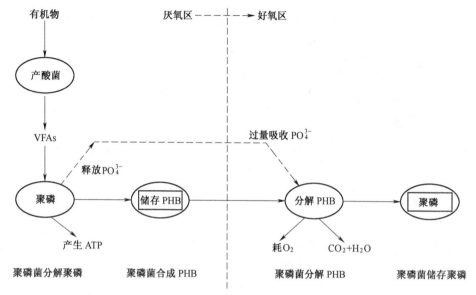

图 2-4 PAOs 生物除磷机理

下,让聚磷细菌体内积累的磷充分排出,再进入好氧条件下,使之把过多的磷积累于菌体内,然后使含有这种聚磷细菌菌体的活性污泥立即在二沉池内沉降,排出的上清液即是已取得良好的除磷效果处理水。

2.5 水处理指示性微生物

微生物的出现可以指示水的污染程度和水的处理效果,这种作用的微生物称为指示生物,其种类和作用见表 2-2。

表 2-2 污废水处理指示性微生物

微生物名称	指示作用	微生物特性	出现时间
固着型纤毛虫钟虫、吸管虫累枝虫、漫游虫	污水处理效果较好	细菌有机物 DO 三者处于平衡状态时,絮体上会固着絮凝性好,粒径大,本身有柄可以固定的靠搅动水流捕食	常在负荷由高趋向良好,细菌数量开始下降时占优势,漫游虫喜在较清洁水中生活
轮虫(少量出现)突发性数量增多	水净化程度高指示污泥性质	常出现在负荷低、DO 多的水中,以游离原生动物、解体的老化污泥为食	突发性数量增多则说明污泥结构松散老化现象严重
小口钟虫	指示细菌活力指示氧气不足	小口钟虫以细菌为食钟虫体耗小	细菌活力旺盛、浓度高时出现氧气不足状态下也会出现

续上表

微生物名称	指示作用	微生物特性	出现时间
鞭毛纲鞭毛虫肉足纲变形虫游泳型纤毛虫	水处理效果差或不好	主要以游离细菌为食,本身自由运动又会造成出水浊度,当它们大量出现时往往表示废水处理效果不好	活性污泥培养初期或中期自然水体的 a-中污带或 β-中污带
原生动物胞囊	污水处理不正常	水温、pH 过低或高,溶解氧、食物不足,排泄物积累过多,有机物浓度过高导致	抵抗不良环境的休眠体
扭头虫、草履虫、	存在厌氧或缺氧环境	在缺氧或厌氧环境中生活,耐污力极强	环境厌氧或缺氧时
线虫	水处理效果差	以有机物及絮体内细菌为食,头尾锐长,像蚯蚓样的后生动物,自由生活与水中	曝气池没有充分搅拌、污泥沉积过多
球衣菌 Sphaerotilus	污泥膨胀、水质恶化	在有机负荷高、DO 低的条件下增殖	一旦成为优势菌,就引起膨胀
硫氧化菌 Type021N	污泥膨胀、水质恶化	以硫离子和低级有机酸为食	有硫离子或存在腐败环境
发硫菌 Thiothrix sp	污泥膨胀、水质恶化	以硫离子为食	硫离子直接流入污水厂
波豆虫、屋滴虫	水质恶化	需要立即增加曝气量和剩余污泥量	负荷高 DO 缺乏、处理不充分
裸藻	指示水体富营养化	裸藻是水体富营养化时的生物	水体富营养化时大量出现
诺卡氏菌、红球菌	引起泡沫和浮渣障碍	放线菌,细胞形成菌丝,增殖产生泡沫	在曝气池形成泡沫,在二沉池形成浮渣

2.6 生物处理中的重要过程

尽管生物处理中微生物群落的性质和结构都非常复杂,但仍然存在着一些共性的基本过程。好氧生物反应器中发生的生化反应过程一般是这样的:细菌利用溶解性基质,消耗基质(S_{S1})而生长,产生更多的细菌,基质消耗和细胞生长之间的关系用可生长比率 Y 表示。与基质消耗和细胞生长相关联的还有溶解性微生物产物(S_{MP})的产生。与此同时,细胞会死亡,死细胞也不会原封不动地保持很久,而是会溶解。即微生物会经历衰减和溶胞,释放出溶解性基质(S_{S2})和颗粒态基质(X_S),因降解速率非常慢而可视为不可降解物质的细胞残留物（X_D）和与细胞相关的产物（S_D）也被释放出来。颗粒态细胞碎片（X_S）经过水解，产生更多的能被细胞利用的基质（S_{S2}）。大部分微生物产物可被生物降解，而其余微生物产物的降解速率极慢，好像惰性物质一样，会在反应器中积累，这些过程可用图 2-5 表示。

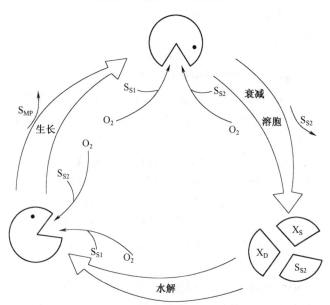

图 2-5　好氧反应器中细胞生长与基质利用的转换过程

这些过程的重要性及其影响取决于处理系统的物理形式和运行方式。能否为某种特定水质的污水选择和设计合适的生物处理工艺，取决于设计者对处理系统中各种过程重要性的认识程度和定量表达这些过程速率的能力。下面对上述过程进行详细阐述。

2.6.1　细胞生长、基质利用与生长比率

从最根本上说，生物处理是微生物以废水中的污染物质作为生长的碳源或能源，将污染物从废水中去除，将其转化为新细胞物质、CO_2、H_2O 或其他无机物形式。因为酶参与了微生物新陈代谢过程，所以通常将微生物利用的碳源称为基质，将细胞生长期间对污染物质的去除称为基质利用。在大多数（并非全部）生物处理中，生长是平衡的，微生物生长与基质利用是相关联的，那么去除 1 个单位基质就会产生 Y 单位生物量，Y 为比例因子；Y 也称为真正生长比率，或简称生长比率。至于生物生长与基质利用过程，将其中一个选为主要过程（或原因），而另一个则为次要过程（或结果），这种选择具有随意性，选择其中任一个为主要过程都是正确的。因为最终生物

生长与基质利用的速率表达式可以用生长比率 Y 相互转化。本书将细胞的生长作为基本过程,第 3 章的速率表达式就是据此给出的。

由于 Y 在生物生长与基质利用之间起着关键作用,所以 Y 有其内在特性。因此,清楚地认识影响 Y 值大小的因素是非常重要的。这就需要考虑微生物生长的能量动力,包括能量储存和合成对能量的需求。

(1) 能量动力学概述

微生物生长需要四要素:①碳源;②无机营养物;③能源;④还原力。微生物从氧化反应中获得能量和还原力,从基质中移出电子并在最后传递给最终电子受体。因此,基质中的有效能量取决于其氧化状态。氧化状态表明了基质被氧化时可转移的电子数量,不论有机物还是无机物,高还原性化合物比高氧化性化合物含有更多电子和更高的标准自由能。如 2.2 节所述,大多数生物处理是用来去除溶解性有机物和稳定不溶性有机物的。因此,本节将重点讨论异养细菌的碳氧化。化学需氧量(COD)表示将该化合物完全氧化为 CO_2 和水时所需要的氧量,是衡量污染强度的常用参数,也可作为衡量有机化合物中可利用电子的一种方式。

根据表 3-2 中半反应 3 可知:每 mol 电子转移时,参与反应的氧的当量为 8,所以每当量电子有 8 g COD,即 COD 和电子当量可以相互换算。如 1 mol 甲烷需要 2 mol 氧气才能氧化为 CO_2 和水,那么每产生 16 g 甲烷,释放到空气中,相当于从液体中去除 64 g COD。在标准温度和压力下,这相当于每稳定 1 kg COD 产生 0.34 m^3 甲烷。既然 COD 可以衡量有效电子数,那么,COD/C 比值高的化合物是高还原性的,反之,COD/C 比值低的化合物则是高氧化性的。甲烷中的碳处于最高还原状态,其 COD/C 比值为 5.33 mg COD/mg C;CO_2 中的碳处于最高氧化态,COD/C 比值为零,所有有机物的 COD/C 比值都介于这两个极端值之间。

异养细菌通过分解代谢氧化有机物中的碳,将有机物转化为代谢途径上的各种中间产物,这些中间产物所处的氧化状态比反应开始时的化合物或细胞物质本身都高。中间代谢产物在合成代谢中用于细胞合成,由于所处的氧化状态比由它们所合成的细胞物质高,必须有适当状态的电子用以还原这些中间产物。电子来源于分解代谢中的初始基质,并通过电子传递体传递到合成代谢中。电子传递体有烟酰胺嘌呤二核苷酸(NAD)和烟酰胺腺嘌呤二核苷磷酸盐(NADP),这些电子传递体在氧化态(NAD 和 NADP)和还原态(NADH 和 NADPH)之间相互转化。因此,NAD 和 NADP 是分解代谢的电子受体,生成 NADH 和 NADPH,并作为生物合成反应的电子供体。可利用的 NADH 和 NADPH 的数量称为还原力。

生物合成反应也需要能够与反应偶合的能量,以便于与中间产物结合形成新的化合物。这种能量主要由三磷酸腺苷(ATP)提供,也有少量能量是由其他形式核苷酸提供。ATP 由二磷酸腺苷(ADP)通过磷酸化反应产生;而当 ATP 为生物合成反应提供能量后,就释放出 ADP,进行循环利用。从 ADP 生成 ATP 的磷酸化反应有两种:基质水平磷酸化和电子传递磷酸化。只有少量 ATP 是以基质水平磷酸化方式产生的,大量 ATP 是在电子传递磷酸化过程中产生的。在基质水平磷酸化中,ATP 在分解代谢途径中直接通过偶合反应而生成。电子传递磷酸化发生于基质氧化过程,转移出的电子由 NADH 携带通过电子传递链(或最终呼吸链)传递给最终电子受体,形成质子传递动力。因此,质子传递动力的大小和由此形成的 ATP 数量取决于微生物本身和最终电子受体的性质。

微生物能量动力学中有一个重要概念需要受到重视。即当化合物被降解时,化合物中的所有电子最后均找到归宿:或者在形成的新细胞物质中,或者在最终电子受体中,或者在生长过程中分泌产生的溶解性有机中间产物之中。如果一种化合物被矿化,那么中间代谢产物的量将非常少,因此所有电子最后或皆归宿于新细胞物质,或者归宿于最终电子受体。因为生长比率是指分解单位基质所形成的细胞物质的数量,细胞物质数量取决于 ATP 数量,而 ATP 数量依赖于基质中有效电子数量、进行降解作用的微生物及其生长环境,因此生长比率也取决于基质的性质、相关的生物及其生长环境。

(2)生长环境对 ATP 形成的影响

氧化还原电位(Eh 或 ORP)的单位为 mV,有正电位和负电位之分。自然界中的氧化还原电位的上限是 $+820$ mV,属于富氧环境,下限是 -410 mV,属于充满氢(H_2)的环境。污水中氧化还原电位的高低可以间接反映其中氧化性物质和还原性物质的相对比例。各种微生物要求的氧化还原电位不同。一般好氧微生物要求的 Eh 为 $+300\sim+400$ mV;兼性厌氧微生物在 Eh 为 $+100$ mV 以上时进行好氧呼吸,在 Eh 为 $+100$ mV 以下时进行无氧呼吸;专性厌氧细菌要求 Eh 为 $-200\sim-250$ mV,其中专性厌氧的产甲烷细菌要求的 Eh 甚至更低,为 $-300\sim-400$ mV,最适 Eh 为 -330 mV。

好氧活性污泥法系统中 Eh 在 $+200\sim+600$ mV 之间时属正常的氧化还原环境。一些异常情况也可能引起氧化还原电位的变化,如某一高负荷生物滤池出水的 Eh 随着滤池处理效果的降低而下降,从 $+311$ mV 降低到 -39 mV,而二次沉淀池出水的 Eh 更低,达 -89 mV,原因是二次沉淀池出水中含有大量的 H_2S。另外,pH 值对氧化还原电位也有影响。pH 值低时,氧化还原电位低;pH 值高时,氧化还原电位高。

多数细菌和真核生物的电子传递链具有一些共同特征。它们具有高度组织性,常常位于细胞膜上,含有黄素蛋白和细胞色素,从 NADH 之类的电子供体接受电子并逐步传递给最终电子受体。电子传递链保留偶合电子传递所释放的部分能量,并形成质子传递动力。质子传递动力驱动一些过程,例如由 ADP 和无机磷酸盐合成

ATP：主动传输,鞭毛运动等。真核生物的电子传递链位于线粒体内,不同真核生物之间的电子传递链非常一致,而细菌的电子传递链在细胞质膜内,不同细菌种类之间的电子传递链组分以及链节数等方面差异非常显著。尽管如此,电子传递链组分之间的序列结构是由它们的标准氧化还原电位决定的。表2-3给出了线粒体内电子传递链一系列电对的电位。电子传递按氧化还原电位增加的方向进行,直到有最终受体的最后反应得到适量酶的催化。

表 2-3 生物系统中一些氧化还原电对的标准氧化—还原电位

氧化还原电对	E'_P(mV)	氧化还原电对	E'_P(mV)
$H_2/2H^+-2e^-$	420	铁氧蛋白还原/氧化	-410
$NADPH/NAD^+$	324	$NADH/NAD^+$	-320
黄素蛋白还原/氧化	-300	辅酶b还原/氧化	$+30$
泛醌还原/氧化	$+100$	辅酶c还原/氧化	$+254$
辅酶a_3还原/氧化	$+385$	$O^2/\frac{1}{2}O_2+2e^-$	$+820$

ATP的产生是与通过电子传递磷酸化沿电子传递链的电子传递相联系的,尽管其并不直接参与电子传递中发生的特定生化反应。ATP产生过程由质子传递动力通过化学渗透所驱动。在细菌的细胞质膜和真核生物的线粒体膜中,电子传递链的各组分在空间上以这样一种方式进行组织,使得质子(氢离子)移动透过膜,电子沿电子传递链传递,趋向$+E'_0$值更大方向。在细菌中,电子传递是从细胞质(胞内)到周质空间(胞外);在真核生物中,电子传递是从线粒体内部到外部。电子传递跨越细胞膜,产生质子梯度。这个梯度导致质子通过膜上ATP酶所形成的质子通道反向扩散倒流跨过细胞膜。质子倒流驱动ADP和无机磷酸盐合成ATP,传递单位电子给最终受体所合成的ATP数量取决于电子传递链的性质和空间结构,这是因为它们决定了沿传递链转移单位电子所需要移动的质子的数量。在线粒体中,传送1对电子能产生3个ATP。然而,在细菌中这一数值取决于所涉及微生物的电子传递链结构。这就是为什么氧化一种给定基质所合成的ATP数目取决于完成氧化的微生物的原因。

当环境是好氧性质,氧气就作为最终受体,起作用的酶为氧化酶。在没有分子氧的情况下,其他最终电子受体会接受来自电子传递链的电子。表2-4给出了各种供体及其氧化还原单位。为了通过电子传递磷酸化产生ATP,供体氧化还原对的氧化还原电位必须小(更负)于受体氧化还原对的电位,而且在供体贡献电子的位置与最终受体之间的电子传递链必须有至少一个质子位移点。在反硝化生物处理中,硝酸盐和亚硝酸盐是重要的最终电子受体,而且以氮氧化物作为电子受体的细菌在生物化学方面和分类学方面都是多种多样的。硝酸还原酶负责将硝酸还原为亚硝酸。这种酶位于膜上；并且通过专门的细胞色素 b 与电子传递链相偶合。在将亚硝酸盐还原为氮气的过程中，参与的酶有亚硝酸还原酶、氧化氮还原酶和氧化亚氮还原酶，这些酶似乎通过专门的 C 型细胞色素电子传递链相连。所有反应都可能伴随着质子传递动力的产生，但是传递单位电子所合成的 ATP 数目少于以氧气作为最终受体时产生的 ATP 数目，这是因为它们的有效自由能变化量比较小。因此，以硝酸盐作为最终电子受体的细菌的生长比率低于在好氧条件下细菌生长比率。

表 2-4 各种受体电对和供体电对的标准氧化还原电位

氧化还原电对	$E'_P(mV)$	氧化还原电对	$E'_P(mV)$
受体电对		$\frac{1}{2}O_2/H_2O$	+820
NO_3^-/NO_2^-	+433	NO_2^-/NO	+350
延胡素酸根/琥珀酸根	+33	SO_4^{2-}/SO_3^{2-}	−60
CO_2/CH_4	−244	供体电对	
$H_2/2H^+$	−420	$HCOOH/HCO_3^-$	−416
$NADH/NAD^+$	−320	乳酸根/丙酮酸根	−197
苹果酸/草酰乙酸根	−172	琥珀酸根/延胡素酸根	+33

在严格厌氧条件下，也就是既没有氧气也没有氮氧化物，许多原核生物通过与发酵反应相连的基质水平磷酸化产生 ATP。在发酵反应中，一种有机基质氧化伴随着另一种有机基质还原，第二种基质通常是分解代谢的产物，来自基质的氧化。其发酵代谢途径达到了内部平衡，既不产生净还原力，也不需要净还原力。因为只通过基质水平磷酸化产生 ATP，而初始基质中的大部分有效电子最后都归宿于被还原的有机产物中，细菌在这种生长方式中接收的能量相对比较少，因此转化单位基质的生长比率就低。然而，如前所述，H_2 的产生能够产生更多氧化产物，如乙酸。因此，当细菌产生 H_2 时，能产生更多的 ATP，转化单位基质的生长比率得到提高。

产甲烷菌是专性厌氧微生物，有非常严格的营养要求，由氧化乙酸和 H_2 获得能量。尽管甲烷是通过氧化 H_2 来还原 CO_2 产生的，但产甲烷菌缺乏标准电子传递链的组分，不能够将 CO_2 像硝酸盐和氧气那样作为最终电子受体。所以，CO_2 还原为甲烷涉及一系列复杂过程，需要一些独特的辅酶。然而，在甲烷生成过程中，有足够自由能差，理论上可产生 2 分子 ATP，而且涉及标准的化学渗透动力学机理，如钠离子传递动力和质子传递动力也在起作用。不论其确切机理怎样，重要的是要认识到，古细菌产生 ATP 的方式不同于细菌和真核生物通过呼吸和发酵作用产生 ATP 的方式。此外，与厌氧环境中生长的细菌一样，产甲烷菌的生长比率也低。

(3) 影响合成所需能量的因素

在没有其他能量需求时,微生物合成新细胞物质所需能量是初始基质中的有效能量与所形成的细胞物质中的能量之差。以通用单位表示,则为初始基质的 COD 与所形成的细胞 COD 之差。因此,用于合成的能量与生长比率是密切相连的。如果各种细菌产生 ATP 的效率是相同的,那么就可能从热力学理论上预测用于合成的能量和相应的生长比率。然而,实际情况却不那么简单,不同微生物传递单位电子所产生 ATP 的数量是不同的,说明它们的产能效率是不同的;而且,各种微生物的合成途径和分解途径也并不相同。这就很难准确地利用热力学途径来预测微生物的生长比率。但不管怎样,研究表明,热力学概念还是非常有助于理解为什么不同基质和不同最终电子受体会有与之相联系的不同合成能量和生长比率。所以,从理论上预测用于合成的能量或生长比率还是有好处的,最好以形成单位细胞物质所耗费的吉布斯(Gibbs)能量 G 表示。

细胞在生长过程中,需要能量以合成大分子所必需的单体,这些大分子构成了细胞结构和功能组分。这能否说明,微生物在仅仅含有一种有机化合物作为碳源和能源的最低限度培养基中将会比在提供了所有必需单体的复杂培养基中需要更多的能量呢?答案是否定的,实际上也没有这样的结论。例如,一个细胞合成其必需的全部氨基酸所需要的能量只相当于合成新细胞物质所需总能量的 10%。这是因为,大分子物质太大,不能直接输送到细胞内;所以即使培养基中提供了所有必需单体,大分子物质也必须在细胞内形成。因此,尽管生长介质的复杂性对合成所需能量有一些影响,但是并不太大。

碳源的氧化状态和分子大小是更为重要的影响因素。细胞内碳的氧化状态与碳水化合物中碳氧化状态大致相同,如果碳源的氧化状态比较高,就必须用还原力将其还原到合适水平。如果碳源的还原状态比较高,那么正常的生物降解过程就可以将它们氧化至适宜的水平,不需要额外能量。因此,氧化状态高于碳水化合物的碳源通常需要更多的能量才能被转化为细胞物质,这可以视为一条通用的规则。丙酮酸在新陈代谢中位置独特,因为它位于许多分解代谢途径的末端和许多合成代谢途径及无定向代谢途径的首端。这样一来,它提供的碳原子能够容易地转化为其他分子。三碳化合物在许多化合物的合成中起着重要作用,如果碳源多于 3 个碳原子,则无需太多能量就可以将其分解到适当的大小;但是,如果少于 3 个碳原子,就必须消耗能量以生成合成所需要的三碳化合物。因此,含有较少碳原子的基质在合成过程中需要更多的能量。

CO_2 是自养微生物的主要碳源,是刚刚讨论过的因素中的一个极端例子。CO_2 是一碳化合物,其中的碳处于高氧化状态。因此,自养型生长中用于合成的能量比异养型生长高得多,结果是,单位有效能量电子所产生的生物量就相当地低。

(4) 生长比率

生长比率(Y)被定义为当所有可用的能量都用于合成时,去除单位基质所生成的细胞物质的数量。其中,基质通常被当作电子供体,尽管对基质可以做不同定义。如果电子供体是有机化合物,那么通常用污水中所去除的溶解性 COD 来表达 Y。这是因为,其一,废水是各种性质并不明确的有机化合物的混合物,而化学需氧量(COD)数值较容易测定,所以 COD 是表示水中有机物浓度的一种方便的方式。其二,当异养细菌氧化有机物获得能量时,有机化合物被矿化,其中的全部有效电子必须归宿于所形成的细胞中或最终电子受体中。因此,COD 不仅是有效电子的一种衡量方式,也可作为表示细胞浓度的一种方便方式。所以,COD 从基本原理上是与有效电子相关联的,1 个当量的电子等于 8 g 氧。因此,以每克 COD 所表示的 Y 值乘以 8 就可转换为以当量有效电子表示的 Y 值(参考表 3-2)。如果电子供体是无机化合物如氨和亚硝酸态氮,则通常以提供电子的元素的质量来表示 Y。此外,不论电子供体的性质怎样,生物量通常以干重表示,即悬浮固体质量(MLSS),或者无灰有机物的干重,即挥发性悬浮固体质量(MLVSS)。在溶解性基质上生长时,微生物含有的灰分约为 15%。因此,以 VSS 表示的 Y 值将略低于以 SS 表示的 Y 值。

在后面的讨论中,将以 COD 而不是以 SS 或 VSS 来表示生物量,这是有好处的,因为只有这样表示,生长比率才可以表示为去除单位基质 COD 所产生的细胞 COD。本节将一直采用这种表示方式。如果假定细胞中有机性(无灰部分)的经验分子式是 $C_5H_7NO_2$,则可计算其 COD 等于 1.42 g COD/g VSS;另外,如果假定细胞的灰分为 15%,则细胞的理论 COD 值为 1.20 g COD/g SS,这一数值可用于生长比率各种表示方式之间的换算。

基质性质会影响生长比率。Hadjipertrou 等总结了细菌 Aerobacter aerogenes 的数据。细菌在含有几种基质的简单培养基中自由生长,结果发现 Y 值在 0.40 mg 与 0.56 mg 细胞 COD/mg 基质 COD 之间变化(原数据并不是基于 COD,本书已做了换算)。以去除单位基质 COD 所生成的细胞 COD 来表达生长量,实际上是表示了通过细胞合成而保存的基质的有效能量。由此可以看出,有 40%~56% 的有效能量被保存下来,而消耗的有效能量为 44%~60%。

微生物种类也会影响 Y,但其影响不如基质那样大。Payne 搜集了 8 种细菌在单一葡萄糖培养基中好氧生长的 Y 值,结果发现这些 Y 值在 0.43~0.59 mg 细胞 COD/mg 基质 COD 之间变化。数据清楚地显示出微生物种类所产生的影响(与前面一样,这些数值在原始报告中不是以 COD 为基础的,本书做了换算)。

2.6.2 维持、内源代谢、衰减、溶胞和死亡

生长比率是指细胞将获得的所有能量都用于生物合成所产生的结果。然而,合

成所用能量并不是微生物唯一的能量需求,进行生命活动也需要维持能。

细胞过程,不论是机械的还是化学的,都需要能量来实现。除非提供有效的能量供给,否则这些必不可少的过程就会停止,细胞就会瓦解和死亡。机械过程包括游动、渗透调节、分子迁移、离子梯度的维持和一些真核生物的胞质流动。渗透调节对所有细胞,甚至对那些受硬质细胞壁保护的细胞都颇为重要。微生物细胞存在泵机理,例如伸缩泡,能够抵消渗透压作用,迫使水进入细胞中。细胞膜对于许多小分子例如氨基酸都是具有渗透性的。因为在细胞内部浓度高,这些小分子就会趋向于扩散到介质中去。主动运输机理将这些分子带进细胞,抵消浓度梯度。类似的机理对于维持细胞膜内外离子梯度也是必不可少的,这种梯度与负责合成 ATP 的质子传递动力密切相连。通常,认为要维持这种离子梯度就要消耗维持能。还有,真核生物内的胞质流动和物质运动往往是发挥其正常功能所要求的,也需要能量。

化学因素也需要维持能。微生物细胞代表着化学组织,细胞内的许多成分与形成它们的原始基质相比具有更高的自由能,一般情况下,这种组织必定需要能量以克服正常的无序趋势,也就是要克服熵。需要维持能的化学过程包括细胞壁、鞭毛、细胞膜及分解代谢结构等的再合成过程。例如,有一项研究表明,用于蛋白质和核酸再合成的能量是大肠杆菌维持能的主要部分。

微生物学文献中争论的焦点在于,细胞生长速率对维持能需求的影响。早期的研究表明,维持能的需求与生长速率无关,但一些的研究结果却正好相反。本书将沿用早期的结论:即废水生物处理的维持能需求与生长速率无关。

假定维持能确实存在,那么用什么能源供给维持能呢?这个问题的答案在于微生物的生长条件。假如有外部(外源)能量供给,一部分能量将用于满足对维持能的需求,其余的能量将用于合成。当能量供给速率降低时,可用于新细胞生长的有效能量越来越少,因此,净生长比率或可见生长比率会递减。当能量供给速率和必要维持能正好达到平衡时,则不再有净生长,因为所有有效能量将用于维持现状。如果能量供给速率进一步降低,则供给速率和维持能的需求之差将由细胞内部有效能源的降解来满足,即由内源代谢来满足。这将会导致细胞质量发生衰减。最后,假如没有外部能源可以利用,则所有维持能需求必须由内源代谢来满足。当全部内源能量都被耗尽时,细胞就会退化和死亡,或进入休眠状态。

内源代谢基质的性质取决于微生物种类和其生长条件。例如,当大肠杆菌在葡萄糖-无机盐培养基中快速生长时,储存糖原。然后,如果将这些细胞放在没有外源基质的环境中,它们将利用糖原作为内源能源。直到糖原耗尽后,氨基酸和蛋白质才会被分解代谢。另一方面,当大肠杆菌在胰蛋白胨培养基中生长时,几乎不积累糖原。结果,内源代谢就立即利用含氮化合物,而其他微生物仍利用另外的化合物,包括核糖核酸(RNA)和脂类聚-β-羟基丁酸(PHB)。

令微生物学家感兴趣的是,当有足够外源基质满足微生物的维持能需求时能量流动的途径。这种情况下,内源代谢能否继续进行,而基质降解释放出的部分能量再供给正由内源代谢降解的能量储存?或者换而言之,内源代谢是否停止而外源基质降解释放出的能量直接用于维持功能?所有证据仍然不是结论性的。实际上,尽管这些问题有重要的科学意义,但其在工程师建立生物处理数学模型所采用的宏观能量平衡中所起的作用很小。事实上,一些模型通过引进溶胞和再生长概念而避免了所有这类问题。

在生物处理中,单位基质实际生成的生物量,称为实际生长比率(Y_{obs}),它总是小于 Y。其中一个原因是维持能需求。维持能消耗越多,用于合成的能量就越少,降解单位基质所形成的生物量就越少。然而,其他因素也会造成这种差异。例如,捕食作用的影响。在一个复杂的微生物群落内,如活性污泥中的原生动物和其他真核生物捕食细菌,会降低净生物量。现举例说明捕食作用产生的影响:假设以葡萄糖为生长基质的细菌的 Y 值为 0.60 mg 细菌 COD/mg 葡萄糖 COD,如果利用了 100 mg/L 葡萄糖 COD,就会形成 60 mg/L 细菌生物量。再假设捕食细菌的原生动物的 Y 值为 0.70 mg 原生动物 COD/mg 细菌 COD,如果原生动物捕食了所有生长于葡萄糖上的细菌,则会产生 42 mg/L 原生动物生物量。所以,如果我们只观察所生成的净生物量,不对实际情况进行区分,就会得出这样的结论:分解 100 mg/L 葡萄糖产生了 42 mg/L 生物量。那么,这样算下来,其实际生长比率为 0.42,低于以葡萄糖为基质的细菌的真正生长比率。由于从宏观上区分造成实际生长比率低于真正生长比率的各种因素是不可能的,只能将它们统统归为"微生物衰减",这也是在生物处理中用模型模拟其作用最常用的方式。

在生物处理中引起生物量减少的另一个过程是溶胞。细菌的生长要求生物合成与细胞壁物质分解协同进行,使细胞得以长大和分裂。负责细胞壁水解的酶称为自溶素,其活性必须受到严格调控,使其在细胞分裂时与生物合成酶相协调。当这种调控失调时,会引起细胞壁破裂(溶胞)和有机体死亡。当细胞壁破裂时,细胞质和细胞内的其他成分被释放到介质中,成为其他生物细胞的生长基质。而且,细胞壁、细胞膜以及其他细胞结构单位也会受到介质中水解酶的作用,溶解并变成可利用的基质。只有最复杂的结构单位才作为细胞残物存留下来,它们被溶解的速度极慢,在大多数生物处理中似难降解物质。溶胞作用如何造成生物量减少的论证与前面有关捕食影响的论证相似。细菌利用溶胞释放出的溶解性产物的生长比率量与利用其他生物性基质的生长比率为同一个数量级。因此,假如有 100 mg/L 生物量被溶解,则只有 50~60 mg/L 新细胞来自于利用溶胞产物的再生长,溶胞和再生长的净效果使得系统内的生物量降低。一般来说,饥饿本身不会引发溶胞作用,虽然其引发后果还不清楚,但在用模型模拟与微生物群落生长缓慢相关的实际生长比率衰减时,仍然多以溶胞作为主要机理。

最后一个影响生物处理中活性生物量的因素是死亡。传统意义上，一个死细胞曾被定义为在琼脂平板上失去分裂能力。基于这一定义的大量研究表明：生长缓慢的微生物中，大部分都不是活的或者说都是死的。正如 Weddle 和 Jenkins 所总结的那样，废水处理系统中的大部分 MLSS 是非活性的。不过，在他们之后，一项研究利用了更复杂的技术以鉴定死细菌，结果表明，在生长速率低的细胞中实际上只有极少部分是死的，相反，许多细胞只是无法用标准技术进行培养，但它们仍是活的。此外，近期的研究工作表明，死细胞不会原封不动地保持很久，而是会溶解，形成前面已讨论过的基质和细胞残留物。细胞残留物的存在使得系统中活微生物质量少于悬浮固体质量。废水生物处理系统实际上只有一部分 MLSS 是活细胞，这可归因于细胞残留物的积累而不是死细胞的存在。

总之，由于几种机理作用的结果，生化反应器表现出两个重要特征：①实际生长比率低于真正生长比率；②活性细菌只占生物量的一部分。对形成这些特征的各类机理可以进行概念性的简化，即细菌不断地经历着死亡和溶胞，将有机物释放到其生长环境中。其中部分有机物降解速度非常缓慢，仿佛难生物降解一样，因而作为细胞残留物积累起来。因此，实际上只有一部分生物量是活细胞，其余细胞类有机物被细菌用作食物来源，进行新细胞物质合成。异养微生物的 Y 值范围非常广，但其真正生长比率总是小于 1，由于新形成的生物量小于溶胞分解释放的量，使整个过程的实际生长比率小于只利用原始基质的真正生长比率。而实际上由于合成所需能量的限制，Y 值很少超过 0.75 mg 细胞 COD/mg 基质 COD。

2.6.3 溶解性微生物产物的形成

生物反应器出水中的许多溶解性有机物都是源于微生物，是其分解进水中的有机基质而产生的。这一现象的主要证据来自已知成分的单一溶解性基质的微生物培养实验。在分析出水中的有机基质时，也分析到了所产生的有机化合物。出水中大部分有机物并不是原始基质而是具有较高分子量的物质，这表明它们源于微生物。这些溶解性微生物产物产生于两个过程，一个与生长相关，另一个与生长无关。与生长相关的产物直接形成于细胞生长和基质利用，与另一种生长比率因子相关联，即微生物产物生长比率 Y_{MP}；降解 1 个单位基质产生 Y_{MP} 单位的微生物产物。已经发现多种有机化合物的 Y_{MP} 值小于 0.1。与生长无关的产物的形成与衰减和溶胞相联系，并产生与微生物相关的产物。这类产物是由于溶胞释放溶解性细胞组分以及细胞颗粒组分溶解产生的。虽然对这两类溶解性微生物产物的性质了解甚少，但是一般认为它们是可生物降解性的，尽管有些产物的降解速率非常低。相对于生物处理其他方面而言，有关溶解性微生物产物的产生和归宿的研究特别少，几乎没有人用模型模拟过其对废水处理系统排放的有机物的贡献。不过,认识到这些产物的存在对于准确理解生物处理是必要的。

2.6.4 颗粒态和高分子有机物的溶解——水解反应

细菌只能吸收和降解低分子量的有机物。所有其他有机物必须经过胞外酶作用,被转化为低分子量有机物才能被输送穿过细胞膜。许多有机聚合物,特别是那些源于微生物的聚合物,比如细胞壁成分、蛋白质和核酸等,是由一些重复性的亚单位组成的,连接这些亚单位之间的化学键可以通过水解而断裂。因此,通常将这种颗粒态和高分子溶解性有机化合物分解为亚单位的微生物生化过程称为水解,其中的一些反应可能比较复杂。

水解反应在废水处理生化反应器中有两个重要作用。第一,它负责将溶胞作用释放的细胞成分溶解,防止其在系统中积累。因为溶胞作用在所有微生物系统中都会发生,所以水解反应是非常重要的,尤其对于只接收溶解性基质的生物反应器。第二,许多生物处理都会遇到颗粒态有机物,此时水解对于进行所需要的生物降解是必不可少的。总之,水解反应对生物处理效果具有重要影响,在生物处理中处于重要位置,需要对其功能进行彻底的了解。不过旨在理解水解反应动力学和机理的研究相对比较少,还需进行深入研究。

第3章 生物处理化学计量学和动力学

化学计量学研究化学反应中反应物与产物之间的定量关系,动力学研究反应进行的速率。因为化学计量学定量地关联了一种反应物(产物)的变化引起另一反应物(产物)的变化之间的关系,所以当已知一种反应物(产物)的反应速率时,就可以用化学计量学确定另一种反应物(产物)的反应速率。

3.1 反应计量方程式

化学计量方程通常以摩尔(mol)作为单位,但摩尔并不是最方便的单位。这是因为,为了模拟生物处理,必须写出其中各种组分的质量平衡方程。以质量为单位建立反应的化学计量方程会更方便。为此,需要清楚地掌握如何将以摩尔为单位的计量方程换算为以质量为单位的计量方程。再者,如第2章所述,微生物从氧化/还原反应中获得能量,其中,电子从电子供体移出,最后传递到最终电子受体。这表明,建立电子平衡方程也会是方便的。不过通常情况下,废水中电子供体物质的确切组成是很难搞清楚的,因而要建立电子平衡方程也是很困难的。但是,可以通过试验测定化学需氧量(COD),而化学需氧量可作为有效电子的一种衡量。通过建立氧化态发生变化的所有成分的 COD 平衡式,就可以达到建立电子平衡方程的目的。这就需要研究管理人员掌握如何将摩尔或质量计量方程换算为 COD 计量方程。

化学方程的通用式可以写成如下形式:

$$a_1A_1 + a_2A_2 + \cdots + a_kA_k \rightarrow a_{k+1}A_{k+1} + a_{k+2}A_{k+2} + \cdots + a_mA_m \quad (3-1)$$

式中,$A_1 \cdots A_k$ 为反物;$a_1 \cdots a_k$ 为相应摩尔计量系数;$A_{k+1} \cdots A_m$ 为产物,$a_{k+1} \cdots a_m$ 为相应摩尔计量系数。摩尔计量有两种特性用以判定计量方程:第一,电荷是平衡的;第二,反应物中任何元素的总摩尔数等于产物中该元素的总摩尔数。

在建立质量计量方程时,通常的做法是将各个化学计量系数相对于某一种反应物或产物而标准化。因此,每一个标准化了的质量计量系数就表示该反应物或产物相对于基准物的质量,假设以 A_1 作为质量计量方程的基准物,其化学计量系数为 1.0,其余各组分的新的质量计量系数(称为标准化学计量系数 Ψ_i)可由下式计算:

$$\Psi_i = (a_i)(MW_i)/(a_1)(MW_1) \qquad (3\text{-}2)$$

式中，a_i 和 MW_i 分别为组分 A_i 的摩尔计量系数和分子量；a_1 和 MW_1 分别为基准物的摩尔计量系数和分子量。因此，方程(3-1)变为：

$$A_1 + \Psi_2 A_2 + \cdots + \Psi_k A_k \rightarrow \Psi_{k+1} A_{k+1} + \Psi_{k+2} A_{k+2} + \cdots + \Psi_m A_m \qquad (3\text{-}3)$$

这类方程也有两种特征：①电荷不一定平衡；②反应物的总质量等于产物的总质量，也可以说，反应物计量系数的总和等于产物计量系数的总和。其中第二个特征使这种质量计量方程非常适合于在生化反应器中使用。采用类似的方法，以 COD 为单位可以建立氧化状态发生改变的化合物或组分的化学计量方程。这时，标准化了的化学计量系数称为基于 COD 的系数，以符号 Y 表示。所以，A_i 组分的基于 COD 的系数 Y_i 可由下面公式计算：

$$Y_i = (a_i)(MW_i)(COD_i)/(a_1)(MW_1)(COD_1) \qquad (3\text{-}4)$$

$$Y_i = \Psi_i (COD_i)/(COD_1) \qquad (3\text{-}5)$$

式中，COD_i 和 COD_1 分别为单位质量的 A_i 和基准物的化学需氧量，可以从相应化合物或组分被氧化为 CO_2 和 H_2O 的平衡方程中获得。表 3-1 列出了生物处理中通常会改变氧化状态的一些组分的 COD 质量当量。注意，在氧化条件下，CO_2 的 COD 为零，因为其中的碳已处于最高氧化态(+Ⅳ)，就如重碳酸盐和碳酸盐中的碳一样。此外，氧的 COD 为负，因为 COD 是需要氧的，亦即表示失去氧。最后应注意，任何反应物或产物，如果其中的元素在微生物氧化/还原反应中不改变氧化状态，那么它们的 COD 变化为零，可以从 COD 计量方程中去掉。

表 3-1　一些常见组分的 COD 质量当量

组分	氧化态变化	COD 当量
微生物 $C_5H_7O_2N$	C 至 +Ⅳ	1.42 g COD/g $C_5H_7O_2N$ 1.42 g COD/g VSS；1.20 g COD/g TSS
氧(作为电子受体)	O(0) 至 O(−Ⅱ)	−1.00 g COD/g O_2
硝酸根(作为电子受体)	N(+Ⅴ) 至 N(0)	−0.646 g COD/g NO_3^-；−2.86 g COD/g N
亚硝酸根(作为氮源)	N(+Ⅲ) 至 N(−Ⅲ)	−1.03 g COD/g NO_2^-；−4.57 g COD/g N
硫酸根(作为电子受体)	S(+Ⅵ) 至 S(−Ⅱ)	−0.667 g COD/g SO_4^{2-}；−2.00 g COD/g S
二氧化碳(作为电子受体)	C(+Ⅳ) 至 C(−Ⅳ)	−1.45 g COD/g CO_2；−5.33 g COD/g C
CO_2，HCO_3^-，H_2CO_3	没变化	0.00
生活污水有机物 $C_{10}H_{19}O_3N$	C 至 +Ⅳ	1.99 g COD/g 有机物
蛋白质 $C_{16}H_{24}O_5N_4$	C 至 +Ⅳ	1.50 g COD/g 蛋白质
碳水化合物 CH_2O	C 至 +Ⅳ	1.07 g COD/g 碳水化合物

续上表

组分	氧化态变化	COD 当量
油脂 $C_8H_{16}O$	C 至+Ⅳ	2.88 g COD/g 油脂
乙酸 CH_3COO^-	C 至+Ⅳ	1.08 g COD/g 乙酸
丙酸 $C_2H_5COO^-$	C 至+Ⅳ	1.53 g COD/g 丙酸
苯甲酸 $C_6H_5COO^-$	C 至+Ⅳ	1.98 g COD/g 苯甲酸
乙醇 C_2H_5OH	C 至+Ⅳ	2.09 g COD/g 乙醇
乳酸 $C_2H_4OHCOO^-$	C 至+Ⅳ	1.08 g COD/g 乳酸
丙酮酸 CH_3COCOO^-	C 至+Ⅳ	0.92 g COD/g 丙酮酸
甲醇 CH_3OH	C 至+Ⅳ	1.50 g COD/g 甲醇
$NH_4^+ \longrightarrow NO_3^-$	N(−Ⅲ)至 N(+Ⅴ)	3.55 g COD/g NH_4^+ 4.57 g COD/g N
$NH_4^+ \longrightarrow NO_2^-$	N(−Ⅲ)至 N(+Ⅲ)	2.67 g COD/g NH_4^+ 3.43 g COD/g N
$NO_2^- \longrightarrow NO_3^-$	N(+Ⅲ)至 N(+Ⅴ)	0.36 g COD/g NO_2^- 1.14 g COD/g N
$S \longrightarrow SO_4^{2-}$	S(0)至 S(+Ⅵ)	1.50 g COD/g S
$H_2S \longrightarrow SO_4^{2-}$	S(−Ⅱ)至 S(+Ⅵ)	1.88 g COD/g H_2S 2.00 g COD/g S
$S_2O_3^{2-} \longrightarrow SO_4^{2-}$	S(+Ⅱ)至 S(+Ⅵ)	0.57 g COD/g $S_2O_3^{2-}$ 1.00 g COD/g S
$SO_3^{2-} \longrightarrow SO_4^{2-}$	S(+Ⅳ)至 S(+Ⅵ)	0.20 g COD/g SO_3^{2-} 0.50 g COD/g S
H_2	H(0)至 H(+Ⅰ)	8.00 g COD/g H

注:1. 顺序与表 3-2 相同。
2. 负号表示组分接受电子。
3. 根据定义,需氧量是负氧。

【例 3-1】 假设细菌以碳水化合物(CH_2O)作为碳源,以氨作为氮源生长,其典型摩尔计量方程为:

$$CH_2O + 0.290O_2 + 0.142 NH_4^+ + 0.142 HCO_3^- \longrightarrow$$
$$0.142 C_5H_7O_2N + 0.432 CO_2 + 0.858 H_2O \tag{3-6}$$

式中 $C_5H_7O_2N$ 为细菌经验分子式。注意,电荷是平衡的,反应物中每一元素的摩尔数等于产物中该元素的摩尔数。摩尔计量方程告诉我们,细菌生长比率是 0.142 mol 细胞/mol CH_2O,所需要的氧为 0.290 mol O_2/mol CH_2O。

为了将方程(3-6)换算为质量计量方程,需要利用每一反应物和产物的分子量。CH_2O、O_2、NH_4^+、HCO_3^-、$C_5H_7O_2N$、CO_2 和 H_2O 的分子量分别为 30、32、18、61、113、44、18。将这些分子量和方程(3-6)中的化学计量系数代入方程(3-2),则方程(3-6)转换为:

$$CH_2O + 0.309O_2 + 0.085NH_4^+ + 0.289HCO_3^- \longrightarrow$$
$$0.535C_5H_7O_2N + 0.633CO_2 + 0.515H_2O \tag{3-7}$$

这时,电荷不再是平衡的,但反应物的化学计量系数之和等于产物的计量系数之和,这个质量计量方程告诉我们,细菌生长比率是 0.535 g 细胞/g CH_2O,所需要的氧为 0.309 g O_2/g CH_2O。

现在将摩尔计量方程转换为 COD 计量方程。转化过程中,必须利用表 3-1 所给的 COD 当量值。任何反应物或产物,如果其中的元素在生化氧化/还原反应中不改变氧化状态,那么它们的 COD 变化为零,可以从 COD 计量方程中去掉。这时,氨的 COD 当量为零,因为细胞物质中氮的氧化状态与氨氮的氧化状态相同,都是 $-Ⅲ$,氧化状态没有发生改变。HCO_3^-、CO_2 和 H_2O 等分也可以去掉。利用方程(3-4)得到:

$$CH_2O \quad COD + (-0.29) O_2 \longrightarrow 0.71 C_5H_7O_2N \quad COD \tag{3-8}$$

注意:方程(3-8)只保留了三种组分,因为这种情况下只有这三种组分是可以用 COD 表示的,还需注意的是,与质量计量方程一样,反应物的化学计量系数之和与产物的计量系数之和相等。另外,虽然 O_2 是一种反应物,但它的化学计量系数的符号为负,这是因为 O_2 此时以 COD 表示。由此 COD 计量方程表明,细菌生长比率是 0.71g 细胞 COD/g CH_2O COD,所需要的氧为 0.29 g O_2/g CH_2O COD。

3.2 反 应 速 率

3.2.1 广义反应速率

化学计量方程也可用于确立反应物或产物的相对反应速率。因为质量计量方程中的计量系数之和为零,所以质量计量方程的一般形式可做如下修改:

$$(-1)A_1 + (-\Psi_2)A_2 + \cdots + (-\Psi_k)A_k + \Psi_{k+1}A_{k+1} + \cdots + \Psi_m A_m = 0 \tag{3-9}$$

式中,$A_1 \cdots A_k$ 为反应物;$A_{k+1} \cdots A_m$ 为产物;反应物 A_1 为标准计量系数的基准物。注意,反应物的标准计量系数的符号为负,产物的标准计量系数的符号为正。因为不同的反应物或产物的质量之间存在着一定的关系,所以反应物的消耗速率或者产物的生成速率之间也存在着一定的相关关系。假设以 r_i 表示组分 i(其中 $i=1 \to k$)的生成速率,则有:

$$\frac{r_1}{(-1)} = \frac{r_2}{(-\Psi_2)} = \frac{r_k}{(-\Psi_k)} = \frac{r_{k+1}}{(-\Psi_{k+1})} = \frac{r_m}{(-\Psi_m)} = r \tag{3-10}$$

式中,r 称为广义反应速率。与前面一样,Ψ_i 的符号表示其是被去除还是被生成。因此,如果已知一个反应的质量计量方程式和一种反应组分的反应速率,那么其他所有组分的反应速率就都可以确定。

方程(3-9)和方程(3-10)也适用于 COD 计量方程式,只需用合适的 COD 系数

(Y_i)替换标准计量系数(Ψ_i)即可。

【例 3-2】 一个生物反应器中细菌生长速率是 1.0 g/(L·h),并且遵循化学计量方程式(3-7)。试问反应器中碳水化合物和氧的消耗速率各为多少?

将方程(3-7)改写为方程(3-9)的形式为:

$$(-CH_2O - 0.309\ O_2 - 0.085 NH_4^+ - 0.289\ HCO_3^-) + 0.535\ C_5H_7O_2N + 0.633\ CO_2 + 0.515 H_2O = 0$$

利用方程(3-10)可确定广义反应速率:

$$r = r_{C_5H_7O_2N}/0.535 = 1.0/0.535 = 1.87\ g\ C_2HO/(L·h)$$

注意:广义反应速率是以标准化计量方程的基准物来表示的。碳水化合物和氧气的消耗速率可以由方程(3-10)确定:

$$r_{CH_2O} = (-1.0)(1.87) = -1.87\ g\ CH_2O/(L·h)$$

$$r_{O_2} = (-0.309)(1.87) = -0.58\ g\ O_2/(L·h)$$

3.2.2 多重反应——矩阵法

生物处理中发生着许多反应过程。多重反应会同时发生,而且所有这些反应在建立生物处理质量平衡方程时都必须考虑。将前面的概念加以延伸,就可以表达多重反应的质量平衡,使所有反应物的去向一目了然。

考虑 i(其中 $i=1\to m$)组分参与 j(其中 $j=1\to n$)反应的情况。Ψ_{ij} 表示 i 组分在 j 反应中的标准质量计量系数。在这种情况下可以得到下面一组质量计量方程:

$$\begin{aligned}
(-1)A_1 + \cdots + (-\Psi_{k,1})A_k + (+\Psi_{k+1,1})A_{k+1} + \cdots + (+\Psi_{m,1})A_m &= 0 \quad r_1 \\
(+\Psi_{1,2})A_1 + \cdots + (-1)A_k + (+\Psi_{k+1,2})A_{k+1} + \cdots + (+\Psi_{m,2})A_m &= 0 \quad r_2 \\
&\vdots \\
(-\Psi_{1,n})A_1 + \cdots + (+\Psi_{k,n})A_k + (+\Psi_{k+1,n})A_{k+1} + \cdots + (-1)A_m &= 0 \quad r_n
\end{aligned}$$

(3-11)

注意:A_1 不一定表示标准计量系数的基准组分。相反,不同的组分都可以作为每一反应的基准物,使所得到的每个标准计量系数都有适当的物理意义。尽管如此,由于方程保持质量守恒,每一个方程的标准计量系数之和必等于零,如方程(3-11)所示。由此可对每个反应做连续性试验。此外,也要注意,任何组分 A_i 在一个反应中是反应物而在另一反应中或许是产物。这意味着,一个组分的总的生成速率是其参加的所有反应的速率加和之后所得到的净速率,即:

$$r_i = \sum_{j=1}^{n} \Psi_{i,j} \cdot r_j \qquad (3-12)$$

如果净生成速率为负,则该组分正在被消耗;如果为正,则正在生成。用 Y_{ij} 代替 Ψ_{ij},该方法即可用于 COD 计量方程。在建立生化反应器模型时,这种方法特别适用于有多种组分和多种反应的复杂系统。

3.3 各类生化反应方程

3.3.1 反应方程基础——McCarty 半反应

McCarty 曾用"半反应"概念发明了一种方法,不论碳源、能源或电子受体是什么,都可以以同样形式为基准建立任何情况下的定量方程,从而更好地对各类有机物的生化反应过程进行数学模拟。

由前面的分析可知,在没有重要的溶解性微生物产物生成时,所有非光合作用微生物的生长反应包括两种:用于合成的组分和用于能量的组分。合成组分中的碳最终转化为细胞物质,而能量组分中的碳都转化为 CO_2。这些反应是氧化还原反应,因此也包括电子从供体到受体的传递。对于异养型生长,电子供体是有机基质;而对于自养型生长,电子供体是无机基质。基于上述原因,McCarty 建立了三种类型的"半反应",即细胞物质的"半反应"(R_c),电子供体的"半反应"(R_d)和电子受体的"半反应"(R_a),表 3-2 列出了各种物质的半反应。反应 1 和反应 2 代表细胞形成的 R_c。这两种反应都基于细胞经验分子式 $C_5H_7O_2N$,但一种是以氨氮为氮源,而另一种是以硝酸盐为氮源。反应 3~6 分别是以氧气、硝酸根、硫酸根和 CO_2 为电子受体的半反应 R_a。反应 7~17 是有机物电子供体的半反应 R_d。其中第一个半反应代表了生活污水的一般成分,随后的三个反应分别代表了主要由蛋白质、碳水化合物和脂类组成的废水,反应 11~17 代表了一些生物处理中特殊有机化合物半反应。最后一行的反应代表了可能的自养电子供体。反应 19~21 代表硝化反应。为了有利于这些反应之间的组合,所有的反应都以电子当量为基础写成,电子放在式子的右边。

总计量方程(R)是各个半反应之和:

$$R = R_d - f_e \cdot R_a - f_s \cdot R_c \tag{3-13}$$

式中,减号(—)意味着使用 R_a 和 R_c 之前必须进行转换。将左边和右边交换即可。f_e 代表与电子受体相结合的电子供体的比例,亦即用作能量的那部分电子供体,因而用下标 e 表示。f_s 代表用于合成作用的电子供体的比例。由此,反应的终点得到了量化。此外,为使方程(3-14)保持平衡,有:

$$f_e + f_s = 1.0 \tag{3-14}$$

该方程同样说明,最初存在于电子供体中的所有电子,最后的归宿要么是在所合成的细胞物质(f_e)中,要么是在电子受体(f_s)中。这是我们以后要用到的重要的基本概念。

各种化学计量方程经验公式列于表 3-2 中。为了建立半反应,表中细胞和一些有机物电子供体采用经验式。值得注意的是,在废水处理领域中,为表示微生物细胞的有机成分,各种经验公式都曾经被提出来。提出时间最早、使用最广泛的经验式是 $C_5H_7O_2N$。含相同元素的其他公式也有使用,但它们的单位生物量产生的 COD 几乎相同。另一个含有磷的公式也曾经被提出来:$C_{60}H_{87}O_{23}N_{12}P$。不过大多数学者认为,尽管细胞是需要磷的,但经验公式中却不一定要包括磷。因为磷的需要量通常只是氮需要量的 1/5,可以根据比较简单的经验公式计算出来。

在实验室或研究条件下,电子供体的确切组分通常是已知的。例如,如果以葡萄糖作为能源,其经验公式为 $C_6H_{12}O_6$ 可用于化学计量方程。此外,如果混合介质中含有几种有机电子供体,那么每一供体的半反应需要分开写,然后用每一种电子供体的电子当量贡献比例乘以相应的半反应,再加和到一起,就可以得到混合物的 R_d。

实际污水的情形却困难得多,因为电子供体的化学成分很少是已知的。一种解决办法是,分析污水中 C、H、O、N 的含量,由分析结果建立经验公式,然后写出该公式的半反应。例如,由表 3-2 可知,生活污水中有机物的经验公式为 $C_{10}H_{19}O_3N$。或者,如果已知污水 COD,有机碳、有机氮和挥发性固体的含量,也可以建立半反应。如果污水中污染物质主要是碳水化合物、蛋白质和脂类,可以利用其相对浓度来建立微生物的生长方程,因为它们可以用一般经验公式来表示,分别为:CH_2O,$C_{16}H_{24}O_5N_4$ 和 $C_8H_{16}O$。至于其他混合物,用每一组分的含量比例乘以相应组分的半反应,然后相加,就可得到 R_d。

电子受体的性质取决于微生物生长环境。如果环境是好氧性的,氧气将是电子受体。如果环境是厌氧性的,电子受体将取决于所发生的特定反应。例如,假如发生乳酸发酵,丙酮酸就是电子受体,而对于产甲烷反应,CO_2 则是电子受体。最后,在缺氧条件,硝酸根可作为电子受体。所有半反应见表 3-2。

表 3-2 氧化半反应

反应类型	序号	半 反 应	
细菌细胞的合成反应(R_c)	1	以氨作为氮源 $\frac{1}{20}C_5H_7O_2N + \frac{9}{20}H_2O$	$= \frac{1}{5}CO_2 + \frac{1}{20}HCO_3^- + \frac{1}{20}NH_4^+ + H^+ + e^-$
	2	以硝酸根作为氮源 $\frac{1}{28}C_5H_7O_2N + \frac{11}{28}H_2O$	$= \frac{1}{28}NO_3^- + \frac{5}{28}CO_2 + \frac{29}{28}H^+ + e^-$
电子受体的反应(R_a)	3	O_2 $\frac{1}{2}H_2O$	$= \frac{1}{4}O_2 + H^+ + e^-$
	4	硝酸根 $\frac{1}{10}N_2 + \frac{3}{5}H_2O$	$= \frac{1}{5}NO_3^- + \frac{6}{5}H^+ + e^-$

续上表

反应类型	序号	半反应	
电子受体的反应(R_a)	5	硫酸根 $\frac{1}{16}H_2S + \frac{1}{16}HS^- + \frac{1}{2}H_2O$	$= \frac{1}{8}SO_4^{2-} + \frac{19}{16}H^+ + e^-$
	6	CO_2(产甲烷) $\frac{1}{8}CH_4 + \frac{1}{4}H_2O$	$= \frac{1}{8}CO_2 + H^+ + e^-$
电子供体的反应(R_d) 有机电子供体 (异养反应)	7	生活污水 $\frac{1}{50}C_{10}H_{19}O_3N + \frac{9}{25}H_2O$	$= \frac{9}{50}CO_2 + \frac{1}{50}NH_4^+ + \frac{1}{50}HCO_3^- + H^+ + e^-$
	8	蛋白质(氨基酸、蛋白质、含氮有机物) $\frac{1}{66}C_{16}H_{24}O_5N_4 + \frac{27}{66}H_2O$	$= \frac{8}{33}CO_2 + \frac{2}{33}NH_4^+ + \frac{31}{33}H^+ + e^-$
	9	碳水化合物(纤维素、淀粉、糖类) $\frac{1}{4}CH_2O + \frac{1}{4}H_2O$	$= \frac{1}{4}CO_2 + H^+ + e^-$
	10	油脂(脂肪和油类) $\frac{1}{46}C_8H_{16}O + \frac{15}{46}H_2O$	$= \frac{4}{23}CO_2 + H^+ + e^-$
	11	乙酸 $\frac{1}{8}CH_3COO^- + \frac{3}{8}H_2O$	$= \frac{1}{8}CO_2 + \frac{1}{8}HCO_3^- + H^+ + e^-$
	12	丙酸 $\frac{1}{14}CH_3CH_2COO^- + \frac{5}{14}H_2O$	$= \frac{1}{7}CO_2 + \frac{1}{14}HCO_3^- + H^+ + e^-$
	13	苯甲酸 $\frac{1}{30}C_6H_5COO^- + \frac{13}{30}H_2O$	$= \frac{1}{5}CO_2 + \frac{1}{30}HCO_3^- + H^+ + e^-$
	14	乙醇 $\frac{1}{12}CH_3CH_2OH + \frac{1}{4}H_2O$	$= \frac{1}{6}CO_2 + H^+ + e^-$
	15	乳酸 $\frac{1}{12}CH_3CHOHCOO^- + \frac{1}{3}H_2O$	$= \frac{1}{6}CO_2 + \frac{1}{12}HCO_3^- + H^+ + e^-$
	16	丙酮酸 $\frac{1}{10}CH_3COCOO^- + \frac{2}{5}H_2O$	$= \frac{1}{5}CO_2 + \frac{1}{10}HCO_3^- + H^+ + e^-$
	17	甲醇 $\frac{1}{6}CH_3OH + \frac{1}{6}H_2O$	$= \frac{1}{6}CO_2 + H^+ + e^-$

续上表

反应类型	序号	半反应
无机电子供体（自养反应）	18	$Fe^{2+} = Fe^{3+} + e^-$
	19	$\frac{1}{8}NH_4^+ + \frac{3}{8}H_2O = \frac{1}{8}NO_3^- + \frac{5}{4}H^+ + e^-$
	20	$\frac{1}{6}NH_4^+ + \frac{1}{3}H_2O = \frac{1}{6}NO_2^- + \frac{4}{3}H^+ + e^-$
	21	$\frac{1}{2}NO_2^- + \frac{1}{2}H_2O = \frac{1}{2}NO_3^- + H^+ + e^-$
	22	$\frac{1}{6}S + \frac{2}{3}H_2O = \frac{1}{6}SO_4^{2-} + \frac{4}{3}H^+ + e^-$
	23	$\frac{1}{16}H_2S + \frac{1}{16}HS^- + \frac{1}{2}H_2O = \frac{1}{8}SO_4^{2-} + \frac{19}{16}H^+ + e^-$
	24	$\frac{1}{8}S_2O_3^{2-} + \frac{5}{8}H_2O = \frac{1}{4}SO_4^{2-} + \frac{5}{4}H^+ + e^-$
	25	$\frac{1}{2}SO_3^{2-} + \frac{1}{2}H_2O = \frac{1}{2}SO_4^{2-} + H^+ + e^-$
	26	$\frac{1}{2}H_2 = H^+ + e^-$

注：摘自 McCarry。

电子供体和受体一旦确定以后，必须确定 f_e 或 f_s 才能写出平衡的化学计量方程。通常 f_s 比较容易估计，因为它与以 COD 表示的真正生长比率相关。如果 f_e 是被传递到受体为合成新细胞提供能量的电子供体比例，则由能量守恒定律和方程（3-15）可知，供体中其余比例的初始有效电子必定存在于所形成的新细胞中。如果以 $C_5H_7O_2N$ 代表细胞，可以发现碳和氮是被还原后的储存这些有效电子的元素。细胞中的氮为 $-Ⅲ$，与氨态氮一致。假如细胞合成使用的有效氮也是 $-Ⅲ$，例如氨，那么就不需要电子来还原氮，合成过程所捕获的电子将全部与碳相关。因此，细胞中碳的有效能量就等于合成过程所转化的能量，或者等于以电子供体比例表示的 f_s。这样，如果能够测量所形成的细胞中的有效能量或有效电子，我们就可以确定 f_s。

在 2.6.1 节中，将生长比率定义为利用单位基质所形成的细胞物质的数量，所以，当电子供体为有机化合物时，将生长比率表达为分解单位基质 COD 所形成的细胞 COD 是非常方便的。因为 COD 是需氧量，所以测定 COD 就相当于测量碳中的有效电子。根据表 3-2 中半反应 3 可知：每 mol 电子转移时，参与反应的氧的当量为 8，所以每当量电子有 8 g COD，即 COD 和电子当量可以相互换算。因此，生长比率也就是基质迁移单位电子所形成新细胞中碳的有效电子数量,或者是合成所捕获的电子供体的分数比例,即 f_s。所以,当氨氮作为合成异养型微生物的氮源时:

$$f_s = Y_H(NH_4^+ \text{ 作为氮源,有机电子供体}) \tag{3-15}$$

式中,Y_H 以 COD 表示,下标 H 表明是异养型微生物的真正生长比率。之所以能够利用方程(3-15),是因为可以从生产性、半生产性或试验性的生物反应器中获得 COD 数据,从而确定生长比率 Y_H,进而确定系统的 f_s。

只要微生物可以利用氨氮或氧基氮,细胞合成就会优先使用这些氮。如果没有这种氮,微生物就会利用硝酸盐氮。要是没有任何氮可以利用,就会因缺少重要的反应物而不能合成细胞。当以硝酸盐作为氮源时,氮必须从 +Ⅴ 价还原为 −Ⅲ 价才能被同化利用。这就需要利用基质中的一些有效电子,属于合成所需能量的一部分,亦即 f_s 的一部分。然而 COD 测定不包括还原氮所需要的电子数,因为这种测定不能将氮氧化,使氮仍处于 −Ⅲ 价。这时,COD 生长比率就不是 f_s 的准确估计,Y_H 会比 f_s 小。不过根据将硝酸盐氮还原到适当氧化状态所需要的电子数目,可对这一人为缺点进行纠正:

$$f_s = 1.40 Y_H(NO_3^- \text{ 作为氮源,有机物作为电子供体}) \tag{3-16}$$

热力学定律表明,以硝酸盐为氮源的真正生长比率会小于以氨为氮源的真正生长比率。例如,以碳水化合物为电子和碳的供体时,以硝酸盐为氮源的 Y_H 值将比以氨为氮源的 Y_H 值小 20%。(注:迄今为止,最成功的预估生长比率数值的热力学方法,是由 Heijinen 等建立的。该方法是基于生成每 mol 分子细胞碳所耗散的 Gibbs 能量、碳的供体被还原的程度、氮源的性质、电子供体和受体间单位电子的有效 Gibbs 能量,这种方法能够预测各种情况下异养型生长和自养型生长的真正生长比率数值。当使用 Gibbs 能量耗散的最佳估计数值时,预测误差约为 13%;当用与碳链长度和碳还原程度相关的方程估计 Gibbs 耗散能量时,误差就会增加到 19%。在使用该方法之前,应充分地理解其原理。但介绍有助于理解其方法原理的知识超出了本书的范围,如果需要使用这一方法,建议参阅 Heijinen 原著。

3.3.2 细胞生长与基质利用过程反应

细胞生长与基质利用是偶合进行的,只要所产生的溶解性微生物产物可以忽略,那么基质的唯一用途就是细胞生长。因此,当以基质为基准建立细胞生长的化学计量方程时,细胞的化学计量系数就是细胞的真正生长比率。所以,细胞生长的一般方程就可以写为:

碳源 + 能源 + 电子受体 + 营养物 ⟶ 细胞生物量 + CO_2 + 还原后的受体 + 最终产物

$$\tag{3-17}$$

在传统脱氮除磷活性污泥系统(如 A^2/O)中,将微生物生长与基质利用过程反应大致分为 5 类：以氨作为氮源的异养菌的好氧生长、以氨作为电子供体的自养菌的好氧生长、以硝酸盐为最终电子受体和氨为氮源的异养菌的缺氧生长、聚磷微生物 PAOs 以储存的 PHB 作为碳源和能源在好氧条件下的生长以及 PAOs 在厌氧条件下进行的释磷反应过程。虽然 PAOs 在厌氧条件下不生长，但能分解聚磷酸盐释放出溶解性磷酸盐，将乙酸储存为 PHB，这也是一种维持生命活动的反应过程，与其在好氧条件下的吸磷反应过程密不可分，故也可将这一过程归集到微生物生长与基质利用过程反应中。不过，由于磷在大多数微生物细胞中的需要量非常小，以细胞 COD 计算，细胞的磷含量约为 2.5%。而每生成单位 PAO COD 所需的磷量约为 0.02 mg P/mg 细胞 COD。微生物正常生长对磷需要量也可估计为氮需要量的 1/5（以质量计），每生成（或分解）1mg 异养型或自养型细胞 COD 需要（或释放）磷约 0.017 mg；当然，如果系统中存在 PAOs，细胞分解释放的磷会有所不同，这取决于所储存聚磷酸盐的数量。另外，如果处理系统中同时有异养型微生物和自养型微生物，它们会在生长中以同样的化学计量关系消耗部分溶解性磷酸盐以合成细胞物质。因此，建立细胞生长的化学计量方程时必须考虑细胞合成所利用的有效氮的形式，以下内容阐述了细胞生长与含氮化合物、碳水化合物等基质之间的化学计量关系，其他过程可以此类推。

(1) 以氨作为氮源的异养菌的好氧生长

当以氨作为氮源时，异养微生物以碳水化合物作为生长基质的真正生长比率 Y_H 为 0.71 mg 细胞 COD/mg 碳水化合物 COD，反应过程中的电子供体是碳水化合物，电子受体是氧，由表 3-2 写出碳水化合物、氧的半反应（表 3-2 中半反应 9 和 3），套用方程(3.13)~方程(3.15)分别对应为 R_d、R_a，再写出细胞合成反应（表 3-2 中半反应 1），计算 R_e，注意计算过程中，f_s 为 0.71，应用方程(3.14)可以得到 f_e 为 1−0.71=0.29，由于方程(3-13)中后两项均为负，表示其半反应顺序颠倒（即等号左右对换位置即可），将左右顺序颠倒的 R_a、R_e 各组半反应乘以相应的 f_s、f_e 后再相加，即得到好氧生长的化学计量总方程 R（注意计算过程要取 4 位小数）：

$$R = 0.25\ CH_2O + 0.0725\ O_2 + 0.0355\ NH_4^+ + 0.0355\ HCO_3^-$$
$$= 0.0355\ C_5H_7O_2N + 0.108\ CO_2 + 0.2145\ H_2O$$

上式除以 0.25（注意最后结果保留 3 小数），就可以标准化为 1 mol CH_2O 的摩尔计量方程，变为方程(3-6)。该方程即为【例 3-1】给出的方程。

$$CH_2O + 0.290\ O_2 + 0.142\ NH_4^+ + 0.142 HCO_3^- \longrightarrow$$
$$0.142\ C_5H_7O_2N + 0.432\ CO_2 + 0.858\ H_2O \quad (3\text{-}6)$$

如果以方程(3-14)的形式列方程，就可以将方程(3-6)换算为 COD 计量方程（转换方法：参考【例 3-1】），即：

$$0.29 O_2 + 0.71 C_5H_7O_2N\ \ COD =\!= CH_2O\ \ COD \quad (3\text{-}18)$$

我们就此方程可以总结三点：①方程(3-18)中的 Y_H 值为 0.71 mg 细胞 COD/mg 基质 COD。其值与用来建立方程(3-6)所用的 Y_H 值相同；②因为从基质中迁移出的电子必须最后归宿于电子受体或生成的细胞物质中，所以，由方程(3-18)的形式也可以看出，去除的基质 COD 等于形成的细胞 COD 与利用的氧气之和；③方程(3-18)和方程(3-14)表达了相同的信息，说明氧气的 COD 计量系数与 f_e 相同。

(2) 以硝酸盐作为氮源的异养菌的好氧生长

一般情况下，只要环境中有氨态氮存在，氨会被优先利用，即使硝酸盐作了最终电子受体，都只能使用表 3-2 中的半反应 1；只有当硝酸盐是唯一氮源时，才可以使用半反应 2。

当以硝酸盐作为氮源时，以碳水化合物为生长基质和以硝酸盐为氮源的异养菌的好氧生长比率为 0.57 mg 细胞 COD/mg 碳水化合物 COD，该数值反映了还原氮所必需的能量，因为此时氮的氧化状态从 +Ⅴ 变成了 −Ⅲ。这种情况下，细胞合成反应可以使用表 3-2 中的半反应 2，计算 R_c，应用方程(3-16)可以得到 f_s 为 0.80，应用方程(3-14)可以得到 f_e 为 0.20，反应过程中的电子供体是碳水化合物，电子受体是氧，由表 3-2 写出碳水化合物、氧的半反应，套用方程(3-14)分别对应为 R_d、R_a。由于方程(3-13)中后两项均为负，表示其半反应顺序颠倒(即等号左右对换位置即可)，将左右顺序颠倒的 R_a、R_c 各组半反应乘以相应的 f_s、f_e 后再与 R_d 相加，即得到好氧生长的化学计量总方程 R，与前面的结果一样，R 中仍有 $0.25CH_2O$ 项，所以为了统一为摩尔计量方程，将方程 R 各项均除以 0.25(注意计算过程取 4 位小数，最后结果保留 3 位)，就可以标准化为 $1\,mol\ CH_2O$ 的摩尔计量方程：

$$CH_2O + 0.200\ O_2 + 0.114\ NO_3^- + 0.114\ H^+ \longrightarrow$$
$$0.114\ C_5H_7O_2N + 0.429\ CO_2 + 0.657\ H_2O \quad (3\text{-}19)$$

利用方程(3-2)，即各项均乘以自身的分子量再除以 30(CH_2O 的分子量)，该方程即可换算为质量计量方程：

$$CH_2O + 0.213\ O_2 + 0.236\ NO_3^- + 0.004\ H^+ \longrightarrow$$
$$0.429\ C_5H_7O_2N + 0.629\ CO_2 + 0.395\ H_2O \quad (3\text{-}20)$$

将以上方程换算为 COD 计量方程时，需要采用方程(3-5)和表 3-1 给出的当量 COD。注意，NO_3^- 的当量 COD 为 −1.03 mg COD/mg NO_3^-。也就是说，将 1 mg 硝酸盐还原为细胞中的氨基氮所需要的电子数相当于 1.03 mg 氧气。将方程(3-4)应用到方程(3-20)，则有：

$$CH_2O\ \ COD + (-0.200)O_2 + (-0.230)NO_3^-\ 的\ O_2\ 当量 \longrightarrow$$
$$0.570\ C_5H_7O_2N\ \ COD \quad (3\text{-}21)$$

方程(3-21)清楚地表明，如果不考虑氮的氧化状态的变化，COD(或电子)将是不平衡的。如果没有认识到这一点，在平衡生物反应器中的 COD 时就会出现问题。

在应用中以细胞合成所利用的氮而不是基于硝酸盐和以硝酸盐的 COD 当量表示氮源,通常是比较方便的。这时,换算因子是 -4.57 mg COD/mg N(或 4.57 mg O_2/mg N),见表 3-1。

(3) 以氨作为电子供体的自养菌的好氧生长

硝化细菌是自养型微生物,通过氧化处于还原态的氮来获得能量。前面已经讨论过,亚硝化菌将氨氮氧化为亚硝酸盐氮,而硝化菌将亚硝酸盐氮氧化为硝酸盐氮。它们的摩尔计量方程可以用 f_s 比例系数方法和前面讨论的半反应法来建立。对于自养微生物的生长,其生长比率通常表达为:氧化单位质量无机元素所生成的细胞 COD 的质量。例如,亚硝化菌的生长比率可表示为 mg 细胞 COD/mg 氨氮。为方便确定 f_s 值,可将这种生长比率值换算为基于电子当量的生长比率值。但在换算时要注意,亚硝化菌将氨氮($-III$)氧化为亚硝酸盐氮($+III$),有 6 个电子的变化。这时,氮的当量重量为 14/6 = 2.33 g/当量,这意味着:

$$f_s = 0.291 Y_{亚硝酸菌} \text{(以 } NH_4^+ \text{ 作为氮源和电子供体)} \tag{3-22}$$

对于硝化菌来说,亚硝酸盐氮($+III$)作为电子供体,其被氧化为硝酸盐氮($+V$),有 2 个电子的变化,过程仍视氨氮作为氮源。因此:

$$f_s = 0.875 Y_{硝酸菌} \text{(以 } NH_4^+ \text{ 为氮源,以 } NO_2^- \text{ 为电子供体)} \tag{3-23}$$

式中,$Y_{硝酸菌}$ 的单位为:mg 细胞 COD/mg 亚硝酸盐氮。通常,全部硝化细菌被视为一类细菌,而将硝化过程当作是一个反应,即由氨氮转化为硝酸盐氮。这时,氮就发生了 8 个电子的变化,所以:

$$f_s = 0.219 Y_A \text{(以 } NH_4^+ \text{ 作为氮源和电子供体)} \tag{3-24}$$

式中,Y_A 表示自养硝化细菌的真正生长比率,其单位为 mg 细胞 COD/mg 氨氮。

利用典型的生长比率数值和方程(3-2),用半反应法可以建立硝化作用的质量计量方程。当以 NH_4^+ 为基准物时,亚硝化菌的方程为:

$$NH_4^+ + 2.457 O_2 + 6.716 \ HCO_3^- \longrightarrow$$
$$0.114 \ C_5H_7O_2N + 2.509 \ NO_2^- + 1.036 \ H_2O + 6.513 \ H_2CO_3 \tag{3-25}$$

以 NO_2^- 为基准物时,硝化菌的方程为:

$$NO_2^- + 0.001 \ NH_4^+ + 0.014 \ H_2CO_3 + 0.003 \ HCO_3^- + 0.339 O_2 \longrightarrow$$
$$0.006 \ C_5H_7O_2N + 0.003 \ H_2O + 1.384 NO_3^- \tag{3-26}$$

而将这两个反应合到一起就是总的化学计量方程:

$$NH_4^+ + 3.300 \ O_2 + 6.708 \ HCO_3^- \longrightarrow$$
$$0.129 \ C_5H_7O_2N + 3.373 \ NO_3^- + 1.041 \ H_2O + 6.463 \ H_2CO_3 \tag{3-27}$$

从这些反应可以看出,氨氧化为硝酸盐的过程中消耗了大的碱度(HCO_3^-):6.708 mg HCO_3^-/mg NH_4^+。碱度的大量消耗与中和氨氮氧化过程中释放的氢离子有关,只有一小部分碱度被转化为细胞物质。如果废水含有的碱度不足,也没有进行 pH 控制,那么 pH 将会下降至低于正常的生理值范围,抑制自养菌和异养菌的活性,伤害系统功能。这些方程也告诉我们,硝化作用需要相当多的氧气：3.30 mg O_2/mg NH_4^+。相当于将 1 mg NH_4^+-N 氧化为 NO_3^--N 实际需要 4.33 mg O_2,其中,亚硝化菌利用 3.22 mg O_2,硝化菌利用 1.11 mg O_2。硝化细菌的氧气需要量对生物处理的总需氧量会产生显著的影响。通过方程还可以发现生成的细胞生物量相对比较少,反映了自养型生长的生长比率低。每去除 1mg NH_4^+,只生成 0.129 mg 细胞物质,相当于每去除 1mg NH_4^+-N 生成 0.166 mg 细胞物质。其中有 0.146 mg 细胞/mg NH_4^+-N 是由于亚硝化菌的生长,只有 0.020 mg 细胞/mg NH_4^+-N 是硝化菌的生长。总之,硝化细菌的生长对生物处理生物量影响很小,但对氧气和碱度需要量影响却很大。

(4) 以硝酸盐为最终电子受体和氨为氮源的异养菌的缺氧生长

在缺氧条件下,硝酸盐作为最终电子受体,其需要量可以用半反应 4 代替半反应 3 后得到方程(3-13)中的 R_a 来求得。相应摩尔和质量计量方程可以通过与上述相同的步骤来建立。假设：①以氨作为细胞合成的氮源;②碳水化合物作为基质的真正生长比率为 0.71 mg 细胞 COD/mg 基质 COD,且与方程(3-6)中采用的好氧生长 Y_H 值相同,所以有：

$$CH_2O + 0.232\ NO_3^- + 0.142\ NH_4^+ + 0.142\ HCO_3^- + 0.232\ H^+ \longrightarrow$$
$$0.142\ C_5H_7O_2N + 0.432\ CO_2 + 0.116\ N_2 + 0.974\ H_2O \qquad (3-28)$$

用方程(3-2)将该方程换算为碳水化物的质量计量方程,有：

$$CH_2O + 0.479\ NO_3^- + 0.085\ NH_4^+ + 0.289\ HCO_3^- + 0.008\ H^+ \longrightarrow$$
$$0.535\ C_5H_7O_2N + 0.634\ CO_2 + 0.108\ N_2 + 0.584\ H_2O \qquad (3-29)$$

因为假设的真正生长比率与【例 3-1】中的相同,所以方程(3-22)和方程(3-23)中生成的细胞生物量分别与方程(3-6)和方程(3-7)中形成的细胞生物量一样。

如果将方程(3-23)换算为 COD 计量方程,则需要一个换算因子,即硝酸盐氮的氧当量,因为硝酸盐作为最终电子受体时被还原为氮气(N_2)。表 3-1 中,NO_3^- 还原为 N_2 的当量 COD 为 -0.646 mg COD/mg NO_3^-,硝酸盐接收电子,所以其符号为负。这一数值也可以说来自于表 3-2 中的半反应,它表明 1/5 mol 硝酸根相当于 1/4 mol 氧。换算为质量计量后可以发现,每克硝酸盐还原为 N_2 需要接受的电子数相当于 0.646 克氧。利用方程(3-4)和换算因子,则方程(3-23)变为：

$$CH_2O\quad COD + (-0.290)NO_3^-\text{的}O_2\text{当量} \longrightarrow 0.710\ C_5H_7O_2N\quad COD \qquad (3-30)$$

比较方程(3-24)和方程(3-8)可知,它们是相同的。这是因为,它们都是基于 COD 的计量方程,都以氨作为细胞合成中的氮源,并且所用的生长比率值也一样。

不过,研究发现,以硝酸盐作为最终电子受体的生长比率通常比较低。

通常用硝酸盐基于氮的氧气当量表示电子受体会比较方便。这时的换算因子为$-2.86\ mg\ COD/mg\ X$(或$2.86\ mg\ O_2/mg\ N$),见表3-1。

在前面的讨论中需要注意,硝酸盐作为氮源时的COD换算因子不同于其作为最终电子受体的换算因子,这是因为两种情况下氮的最终氧化状态是不同的。这一点在硝酸盐既是氮源又是最终电子受体时就变得特别重要。处理这种情形最安全的方法是:分别书写硝酸盐在化学计量方程中的两种作用,并且在将方程换算为COD计量方程时分别采用适当的换算因子。

另外,需要强调一下,除了上述提到的反应过程,生物处理过程中还存在着许多反应过程如颗粒态有机物和高分子量有机物的溶解、溶解性微生物产物的生成、氨化和氨的利用等。这些过程均可以分解为基本的简单反应后再进行计量方程的定量表达,下面进行简单分析。

氨化是在异养型微生物分解含氮的溶解性有机物时进行的,所以氨化速率可能与溶解性基质的去除速率成比例。其计量方程可假定:含氮的溶解性有机物中去除的所有氮都被释放为氨,尽管有些氮可能最后用于细胞合成。氨的利用也即常说的从溶液中去除氨,氨的去除有两类反应:①氨用于新细胞的合成,见方程(3-6);②氨养型微生物的基质,这时氨利用的速率方程与任何其他基质相同,见前述内容。

颗粒态和高分子量有机物转化为可被细菌吸收和降解的小分子是废水生物处理中重要的一步,因为这类物质在废水中普遍存在,也能通过前面讨论过的溶胞过程产生。但是针对这些反应的研究相对比较少,且由于各种颗粒态物质受到的作用机理可能并不相同,所以笼统地将这些过程称作水解反应。大多数研究人员认为水解反应中COD没有变化,有机物只是简单地改变了形式,即没有能量消耗。因此,也就没有电子移出,也不使用最终电子受体。所以,其化学计量方程可简单地表示为式(3-31),这意味着,溶解性基质的生成速率与颗粒态基质的减少速率相等。

$$颗粒态基质COD\longrightarrow 溶解性基质COD \qquad (3-31)$$

溶解性微生物产物的生成过程有两种,一种是与生长相关的,另一种是与生长无关的。与生长相关的产物直接从细胞生长和基质利用过程生成。如果溶解性微生物产物生成的数量相当大,则必须修改微生物生长的计量方程以包括这类产物;与生长无关的产物(也称为细胞相关产物)的生成,是由于细胞溶解和衰减而引起的,都可用以氨作为氮源的异养型细菌好氧生长的COD计量方程进行改写,使传统模式的COD衰减计量方程中包含溶解性介质的形成,这里不做过多概述。

3.3.3 维持、内源代谢、衰减、溶胞和死亡

前面曾讲过,细胞生长与基质利用是偶合进行的,此外,即使是生命衰减反应也

需要维持能。生物处理过程中有多种复杂的相互作用,加之悬浮固体中仅有一部分是活性生物量,导致实际生长比率低于真正生长比率。即使我们充分掌握了所有这些过程,建立了机理上精确的动力学模型,这些模型在工程实践中的适用性也会由于其复杂性而被怀疑。因此,工程中常用的办法是采用简化模型,因为简化模型既实用又有适度的精确性。本节将介绍两种简化模型。一种是传统模式,已沿用多年,并得到许多实际应用。其主要特征简明和接受程度高。但这种方法有缺点,即不能够处理最终电子受体性质发生改变的情形。第二种模型是针对上述情况的,称为溶胞再生长模式。

(1) 传统模式

在传统模式中,所有导致生长比率和活性降低的过程都用以下计量方程表示:

$$\text{细胞} + \text{电子受体} \longrightarrow CO_2 + \text{还原后的受体} + \text{营养物} + \text{细胞残留} \quad (3\text{-}32)$$

由上式可知,活性生物量因为衰减而被降解,碳氧化为 CO_2 所迁移的电子被传递给电子受体。此外,并非所有细胞物质都被彻底氧化了,还有一部分成为细胞残留物。尽管这些残留物最终是可以被生物降解的,但它们的降解速率极低。对大多数生物处理而言,细胞残留物似乎是惰性的,不会再受到生物的作用,因而不断积累,降低了悬浮固体中活性生物量的比例。最后氧以氨氮形式被释放,且仍有一部分在细胞残留物中。

如果将式(3-32)改成 COD 平衡方程,则有:

$$\text{细胞 COD} + [-(1-f_D)] \text{电子受体的 } O_2 \text{ 当量} \longrightarrow f_D \text{ 细胞残留物 COD}$$
$$(3\text{-}33)$$

式中,f_D 是活性生物量中能够形成细胞残留物 X_D 的比例。对废水生物处理中常见的生物量而言,f_D 的值约为 0.2。方程(3-33)表明,细胞在衰减中所消耗的氧气或硝酸盐一定等于活性生物量 COD 损失与所生成细胞残留 COD 的差值。

方程(3-32)含有的另一重要概念是,当细胞物质被降解时,氮以氨的形式被释放,如果将方程(3-32)改写成氮的化学计量方程,即为:

$$\text{细胞 N} \longrightarrow NH_3\text{-}N + \text{细胞残留 N} \quad (3\text{-}34)$$

因为我们已经用生物量 COD 作为细胞物质的基本度量,所以,将氮计量方程与细胞 COD 相关联便会比较方便,只需引入两个换算因子即可。这两个换算因子是 $i_{N/XB}$ 和 $i_{N/XD}$,分别代表活性细胞和细胞残留中的氮与 COD 的质量比。因此:

$$i_{N/XB} \cdot \text{细胞 COD} \longrightarrow NH_3\text{-}N + i_{N/XD} \cdot \text{细胞残留物 COD} \quad (3\text{-}35)$$

因为分解单位质量的细胞 COD 能产生 f_D 单位的细胞残留 COD 方程(3-33),方程(3-35)告诉我们,分解单位质量的细胞 COD 所释放的氨氮量是 $(i_{N/XB} - i_{N/XD} f_D)$。如果用 $C_5H_7O_2N$ 代表细胞,则 $i_{N/XB}$ 的值为 0.087 mg N/mg COD。由于对细胞残留物的研究较少,没有普遍接受的经验公式用于计算 $i_{N/XD}$。不过,由于许多含氮化合物是能量储存物,其在内源代谢中被分解,所以细胞残留物的氮含量可能低于细胞的氮含量。因此有人推荐 $i_\text{N/XD}$ 值是 0.06 mg N/mg COD。

细胞衰减速率是细胞浓度的一次方程:

$$r_\text{XB} = -b \cdot X_\text{B} \tag{3-36}$$

式中,b 是衰减系数,单位是 h^{-1}。应用方程(3-10)中广义反应速率的概念,细胞残留物的产生速率为:

$$r_\text{XD} = b \cdot f_\text{D} \cdot X_\text{B} \tag{3-37}$$

与细胞衰减相联系的氧气(电子受体)利用速率为:

$$r_\text{SO} = (1 - f_\text{D}) b \cdot X_\text{B} (单位是 \text{COD}) = -(1 - f_\text{D}) b \cdot X_\text{B} \tag{3-38}$$

该方程也可用于以氧气当量表示的硝酸盐利用速率,但是不同电子受体的衰减系数值可能不同。最后,氨氮释放速率为:

$$r_\text{SNH} = (i_\text{N/XB} - i_\text{N/XD} \cdot f_\text{D}) b \cdot X_\text{B} (单位是 \text{O}_2) \tag{3-39}$$

衰减系数 b 的数值完全取决于微生物的种类和被利用的基质。后者的影响可能来自于生长过程合成的能量储存物的性质。因为方程(3-36)是非常复杂过程的近似表达式,所以 b 的数值一定程度上也取决于细胞的生长速率。Dold 和 Marais 的文献综述了有关衰减系数 b,并得出结论,即好氧和缺氧废水处理系统中,异养菌的典型 b 值为 0.01 h^{-1}。其他人所报道的类似处理系统中的 b 值常低至 0.002 h^{-1} 左右。由此可以看出,衰减系数 b 值的范围可能相当宽。据报道,自养硝化菌的 b 值范围也相当大,为 0.0002～0.007 h^{-1},20 ℃时的典型值为 0.003 h^{-1}。

厌氧系统中也会发生衰减,但其 b 值小于好氧系统,原因在于厌氧系统中细菌 μ 值低得多,而且这两个参数似乎存在着相关性。例如,据 Bryers 报道,厌氧氧化菌和产甲烷菌的 b 值约为 0.0004 h^{-1},发酵细菌的 b 值约为 0.001 h^{-1}。

(2)溶解再生长模式

活细胞可能死亡和灭活,分别变成死的和没有活性的细胞,所有活性微生物会在不断地死亡和溶解,产生颗粒态基质和细胞残留物。但细菌种类不同,其产生溶解性有机物和颗粒态有机物的速度也不同。颗粒态有机物经过水解,也会变为溶解性有机物。这两种来源的溶解性有机物都能被活细胞利用而进行新的生长,生成新的细胞物质。不过,由于细胞的生长比率总小于1,所以新生成的细胞数量总是小于死亡和溶解的细胞数量,导致系统总细胞数量减少(亦即衰减)。细胞残留物和颗粒态物质积累使得系统中生物量活性降低。

Dold 等建立了溶解再生长模式的 COD 计量方程:

$$细胞 \text{COD} \longrightarrow (1 - f'_\text{D}) 颗粒态基质 \text{COD} + f'_\text{D} 细胞残留物 \text{COD} \tag{3-40}$$

式中,f'_D 是能够产生细胞残留物的活性细胞所占的比例。在死亡和溶解过程中没有 COD 损失,活性细胞 COD 只是简单地转化为等量的细胞残留物和颗粒态基质 COD。因此,电子受体并没有直接与细胞生物量减少(即衰减)相关联。电子受体的利用发生在活性细胞利用由颗粒态基质水解产生的溶解性基质进行生长过程。与传统模式一样,假设细胞残留物在生物处理的限定时间内能抵抗微生物进一步作用。细胞中的氮分别分布在细胞残留物和颗粒态基质中,后者称为颗粒态可生物降解有机氮。细胞氮的化学计量方程为:

$$\text{细胞 N} \longrightarrow \text{颗粒态可生物降解有机氮 N} + \text{细胞残留物 N} \tag{3-41}$$

假如 $i_{N/XB}$ 和 $i_{N/XD}$ 的意思同前,方程(3-37)可根据细胞 COD 和细胞残留物 COD 改写为:

$$i_{N/XB} \cdot \text{细胞 COD} \longrightarrow \text{颗粒态可生物降解有机氮 N} + i_{N/XD} \cdot \text{细胞残留物 COD} \tag{3-42}$$

所以,单位细胞 COD 衰减后 $(i_{N/XB} - i_{N/XD} \cdot f'_D)$ 的颗粒态可生物降解有机氮。这有别于传统模式,因为传统模式中是直接形成溶解性氨氮。

与传统模式一样,细胞 COD 衰减速率是活性细胞生物量的一次方程:

$$r_{XB} = -b_L \cdot X_B \tag{3-43}$$

式中,b_L 的单位为 h^{-1},与前面出现的衰减系数 b 的单位一样,但概念和数值都不同。类似传统模式,细胞残留物的产生速率表示为:

$$r_{XS} = (1 - f'_D) b_L \cdot X_B \tag{3-44}$$

颗粒态基质 $COD(X_s)$ 的产生速率表示为:

$$r_{XS} = (1 - f'_D) b_L \cdot X_B \tag{3-45}$$

注意:该方程与传统模式中的氧气消耗方程(3-38)相似,因为活性细胞失去的所有电子均保存在颗粒态基质中,而没有传递给氧气。最后,颗粒态可生物降解有机氮 (X_{NS}) 的产生速率为:

$$r_{XNS} = (i_{N/XB} - i_{N/XD} \cdot f'_D) b_L \cdot X_B \tag{3-46}$$

式中,b_L 的概念和数值都不同于 b,f'_D 的数值不同于 f_D,其原因在于溶解再生长模式中有 COD 循环:细胞 COD 损失,释放出颗粒态基质,其又水解为溶解性基质,再被活性细胞降解利用产生新的细胞,新细胞又死亡和溶解,又产生颗粒态基质,如此不断地循环往复。不过,两种模式的净结果是相同的。这是因为:不管我们对实际发生的过程如何进行概念化表示,都会有一定数量的细胞生物量从反应器中消失。由于在溶解再生长构想模式中,碳需要在系统循环多次才能获得传统模式中循环一次的细胞减少量,所以 b_L 的数值必然大于 b。相应地,因为一定数量的细胞通过衰减而减少,最终形成的细胞残留物数量相同,所以 f'_D 的数值必然小于 f_D。所以实际上,这四个参数值是相互关联的:

$$f'_D \cdot b_L = f_D \cdot b \tag{3-47}$$

此外,

$$f'_D = \left(\frac{1-Y}{1-Y \cdot f_D}\right) f_D \tag{3-48}$$

前面已讲过，f_D 的值约为 0.2。如果给定与细胞相联系的 Y 值，由方程(3-48)可知，f'_D 的值约为 0.08。所以可看出 f_D 和 f'_D 的值差别不大。然而，应该强调的是 b_L 和 b 之间的关系也取决于 Y：

$$b_L = \frac{b}{[1-Y(1-f'_D)]} \tag{3-49}$$

在估计参数的研究中，通常测定 Y 和 b，而不是 f_D 和 f'_D。由于 Y 能影响 b_L 和 b 之间的关系，所以，如果要将所测定的 b 值转换为 b_L 值，建议使用方程(3-49)，而不是方程(3-47)。

溶解再生长模式中隐含着一个重要假设，在特定的培养体中，不论细菌的生长速率怎样变化，细胞溶解作用始终是以相同的速率系数(b_L)值在进行。这一假设已经通过测定细胞释放的核酸而得到验证。

对于自养型生长，b_L 和 b 之间的关系是不同的。因为：虽然异养型微生物细胞会利用所释放的有机物进行再生长，但自养型微生物生长并不利用有机物，所以细胞死亡和溶解不会增加自养型微生物细胞的生长。基于此，利用溶胞所释放的氮进行生长的自养型微生物细胞数量可以忽略。所以，溶解再生长模式和传统模式对于自养细胞是一样的，结果是两套参数值相等。

综上所述，有两种模式可以建立生物处理中生物量及其活性损失的模型：传统衰减模式和溶解再生长模式。在传统模式中，活性生物量的损失直接消耗电子受体并产生细胞残留物，而细胞残留物积累就会降低生物量活性，在溶解再生长模式中，活性生物量通过溶解而损失，释放出颗粒态基质和细胞残留物。电子受体只有在颗粒态基质水解生成溶解性基质并用于新细胞的生长时才会被消耗。因为生长比率总是小于1，所以新生成的细胞量总小于溶解损失的细胞量，导致生物反应器生物量降低。在传统衰减模型和溶解再生长模型中微生物活性损失速率与活性生物量是一级关系。同样细胞残留物产生速率与活性生物量也是一级关系。然而，传统模式的衰减系数比溶解再生长模式的系数小，但产生残留物的生物量比例比较大。

3.4 化学计量式简化及其应用

有许多情况，即使没有建立严格的方程，应用化学计量学概念也是非常有用的。例如，传统模式中描述细胞生长和衰减的方程(3-17)和方程(3-32)其实可以合并为包括此两种反应的一个方程。因为细胞既是方程(3-17)的产物，又是方程(3-32)的反应物，其结果将是细胞的净生成量减少。相应地，由于一些营养物在方程(3-17)中是反应物,而在方程(3-32)中为产物,所以营养物的净消耗量也会减少。另一方面,电子受体在两个方程中都是反应物,所以将两个方程合并会增加电子受体的需要量。考虑到方程合并后发生的情况,结合 2.6.1 节有关生长比率的讨论,可以发现,合并后的质量计量方程的细胞计量系数就是实际生长比率,也就是说,是考虑扣除维持能需求和衰减后的实际生长比率。由于实际生长比率是细胞生长条件的函数,所以合并后的方程可以揭示营养物和电子受体的需求随着生长条件的改变而变化。

3.4.1 最终电子受体需要量的确定

在确定异养型微生物生长的最终电子受体需要量时,虽然也可以采用其他化学计量方程,但 COD 计量方程是最有用的。以氨作为氮源时,氧气消耗(或硝酸盐的氧气当量)和细胞生成(包括活性的和残留物)(以 COD 为单位)的总和必然等于从水中去除的 COD。这是因为 COD 是有效电子的度量。换言之,被生物降解的基质中的所有有效电子,或者被去除而转移到最终电子受体,或者被结合到所生成的细胞物质之中。但是,以硝酸盐作为氮源时,必须转移一些电子才能使氮从 $+V$ 价还原到 $-Ⅲ$ 价,这些电子因此被结合到细胞之中,尽管 COD 测定检测不到它们。这是因为在 COD 测试中,氮既不接受电子也不失去电子。因此,以硝酸盐作为氮源时,如方程(3-17)描述的那样,如果用 $C_5H_7O_2N$ 代表细胞,那么测得的 COD 必须乘以 1.4 才能平衡。综上所述,可以概括如下:

去除的 COD＝消耗的最终电子受体的 O_2 当量＋α_N(生成细胞 COD)

(3-50)

式中,以 NH_4^+ 为氮源时,$\alpha_N=1.0$;以 NO_3^- 为氮源时,$\alpha_N=1.4$。该方程具有普遍适应性,而且在确定最终电子受体的需要量时,比摩尔或质量计量方程容易得多。因此,该方程得到广泛应用,除非有特殊说明,本书都假定以氨为氮源,所以 α_N 一般设为 1.0。

3.4.2 营养物需要量的确定

异养型细胞生长的氮需要量也可以用合并后的计量方程来计算。因为方程中氮的唯一用途是合成细胞物质,所以这种方程也可以用来对一些营养物的需求量进行预测。如果以生成单位细胞 COD 来表示 NH_4^+ 的需要量,则其数值为 0.112 mg NH_4^+/mg 细胞 COD;或者,表示为对氮的需要量时,其数值为 0.087 mg N/mg 细胞 COD。实际上,如果以 $C_5H_7O_2N$ 代表细胞的组成,则可以认为此特性与氮来源无关。这说明,一旦实际生长比率确定后,氮需要量也就能容易地估计出来,从而在含氮量不足时向污水提供适量的氮。相应地,每分解 1 mg 细胞 COD,就会有 0.087 mg N 释放到介质中,这一因素在旨在破坏细胞的好氧消化处理中必须考虑。

就像确定电子受体需要量一样，传统化学计量方程的主要目的就是为工程应用提供此类简化关系。因此，换算因子可以通用于各种情形下建立新的平衡计量方程。

在3.2.1节提到，微生物正常生长对磷需要量可估计为氮需要量的1/5（以质量计），因此，每生成（或分解）1 mg异养型或自养型细胞COD需要（或释放）磷约0.017 mg。如果系统中存在PAOs，细胞分解释放的磷会有所不同，取决于所储存聚磷酸盐的数量。

如果要保证有效地进行污水处理，就需要提供足量营养物。因为营养物缺乏，微生物就不能进行合成反应。虽然氮和磷的需要量最大，但微生物还需要其他营养元素。化学计量方程中通常没有包括这些元素，因为它们会产生复杂的效应。但是，不应该忽略需要这些营养元素，也不应该想当然地认为系统中就存在这些元素，因为如果这些营养元素的有效数量不足，则可能产生严重后果。表3-3列出了细菌生长所需要的主要微量营养物。关于这些微量营养物在细胞中的数量，各类文献意见并不一致。原因之一，是不同细菌需要量不同；之二是因为细胞往往吸收阳离子，因此难于准确测定实际结合到细胞物质内的数量。表3-3所列出的是根据不同文献估计得到的最佳数值。

表3-3 细菌生长微量营养物质需要量

微量营养元素	大概需要量（μg/mg 细胞COD）	微量营养元素	大概需要量（μg/mg 细胞COD）
钾	10	钙	10
镁	7	硫	6
钠	3	氯	3
铁	2	锌	0.2
锰	0.1	铜	0.02
铝	0.004	钴	<0.0004

第 2 篇　污水处理领域基本生物处理新技术

第 4 章　活性污泥生物处理新技术

自 1914 年在英国建成活性污泥污水处理厂以来,活性污泥法已经历了 100 多年的历史,在生产上得到广泛应用。随着对生物反应器、净化机理、运行管理等不断地深入研究,活性污泥工艺流程也不断得到改进和创新,且有很大发展。活性污泥法是目前处理城市污水和工业有机废水的主要方法。

活性污泥对有机物的分解氧化过程可简单地描述为:

$$CH_2O+O_2+N+P \rightarrow H_2O+CO_2+NH_3+C_5H_7O_2N+能量 \quad (4-1)$$
　　（营养物）　　　　　（代谢产物）　　　　（新增细胞）

由此式可以看出,流入曝气池污水中的有机污染物在曝气池中的氧化分解速率主要取决于溶解氧水平、营养物是否充分及活性污泥的浓度。当 N、P 及一些微量营养元素不足时,可按一定比例适当加入来满足微生物生长需要;若想提高溶解氧含量,可以通过微孔曝气、加压曝气、加入纯氧等手段来实现;要增加微生物浓度或微生物量可通过投加粉末活性炭、多孔泡沫塑料、聚氨酯泡沫、多孔海绵、形成颗粒污泥等方式来实现。基于上述观点,出现了许多的活性污泥法好氧处理新技术,如氧化沟、SBR、一体化活性污泥法处理技术(UNITANK 工艺)、投料活性污泥、OCO 法、LINPOR 工艺等。

4.1　氧　化　沟

氧化沟又称循环混合式活性污泥法(或循环曝气池),是活性污泥的一种变法。污水和活性污泥在环形曝气渠道中循环流动。处理量大,日处理水量为 1 000～50 000 m³,最高可达 100 000 m³;装置简单,进水一般只要设一根水管即可,亦可设成明渠。出水采用溢流堰式,简单、安全、可靠。氧化沟内活性污泥好氧消化比较彻底,故污泥产量少、臭味小、脱水性能好,可直接浓缩脱水,不必消化。

4.1.1　氧化沟工艺特征

氧化沟工艺的特点如下:

(1) 在构造方面的特征

1) 环形沟渠状；总长度：几十至 100 m；沟深：2～6 m，超过 3 m 加水下推进器。

2) 单池的进水装置比较简单，只需设置一根进水管即可达到进水的要求。如果采用多池平行工作，应设置配水井，对水质和负荷进行均匀分配。采用交替工作系统时，配水井内还应设置自动控制装置，以变换水流方向使各池正常工作。一般采用时间继电器进行控制即可达到目的。

3) 出水一般采用升降式溢流堰。采用交替工作系统时，溢流堰应能自动启闭，并与进水装置相呼应以控制池内水流的方向。

4) 曝气：转刷、转盘、表面曝气器。

(2) 在水流混合和溶解氧方面的特征

1) 在流态上，氧化沟介于完全混合式和推流式之间。

氧化沟的曝气装置可以给混合液中的微生物进行供氧，还可以促进水、微生物、氧气三者的充分混合，另外还具有推动水流随沟渠向前运动的功能，因此其流态具有推流式的特点。可以减少好多另外的投资和运行费用，从而降低氧化沟的污水处理成本。

氧化沟内的平均流速为 0.4 m/s，当氧化沟的沟长为 100～500 m 时，污水在氧化沟内完成一个循环所需的时间是 4～20 min，假设水力停留时间为 24 h，则污水在整个停留时间内要做 72～360 次完整的循环。可以认为氧化沟内的混合液的水质几乎是均匀的。也就可以说氧化沟内的液体是完全混合的，又具有完全混合式的特点。

2) 溶解氧：在曝气装置的下游，溶解氧浓度会逐渐从高向低变化，可出现富氧区和缺氧区。在各个区段内可以进行硝化和反硝化，从而取得较好的脱氮效果。

(3) 在工艺方面的特征

1) 可以考虑不设初沉池，有机性悬浮物在氧化沟内可以达到好氧稳定状态。

2) 可以考虑不设二沉池，使氧化沟和二沉池合建，可省去污泥回流设备。

3) BOD 负荷率较低，同传统的活性污泥法的曝气系统相比有以下特点：①抗冲击：对水质、水量、水温的波动有较强的适应性；②污泥龄较长，一般可达 15～30 d，是传统活性污泥法的 3～6 倍；③可存活世代时间较长、繁殖速度较慢的微生物，运行得当，具有良好的脱氮效果；④污泥产率较低，且可以达到稳定程度，不需要另外设置消化系统对污泥进行消化处理，可以节省污泥处理中的投资、设备和运行费用。

4.1.2 三沟式氧化沟

三沟式氧化沟是由丹麦工业大学和克鲁格工程公司开发的，它是与电脑技术相结合的产物，是一种连续运行的大型氧化沟系统。每座池有三条沟，每沟间设一过水孔，中沟是曝气区，两条侧沟根据运行方式作曝气、沉淀交替使用。三条沟都配置一定数量的曝气转刷,中沟转刷少于两条侧沟。两条侧沟末端配置多个出水堰门。氧化沟前设有一座配水井,三根进水管分别连接三条沟。剩余污泥从中沟以混合液的形式由泵排出。如图 4-1 所示。根据运行模式,两条侧沟轮流作曝气沟和沉淀沟,每条氧化沟内设有一个溶解氧探头,可根据溶解氧的设定范围,通过转刷的运行状况自动控制。出水堰的开闭和沟内的曝气实现自动控制,使各沟内能实现不同的处理目的,这样就融会了氧化沟工艺、间歇式及多级串联活性污泥法工艺的特点。三沟式氧化沟按好氧、缺氧、沉淀三种不同的工艺条件运行,所以,除了有一般氧化沟的抗冲击负荷、不易发生短流等优点外,还不需另建沉淀池,污泥也不用回流,管理更方便。整个工艺根据输入的运行模式,由 PLC 系统自动控制切换。

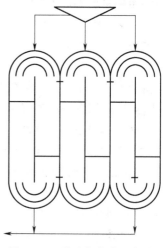

图 4-1 三沟式氧化沟示意图

三沟式氧化沟也有其缺点,如占地较大,对设备的质量要求高,工艺设计以及与其配套的运行方式也存在着需要改进的地方。自 20 世纪 90 年代初推广应用以来,经过不断的研究和改进,形成了自己的特色。如在张家港市污水处理厂设计中,将氧化沟进水端池边拉平,用池外两个三角形池子代替原先分设的配水井直接配水,使平面布置更加简单,投资更省;在常熟市城北污水处理厂的设计中,根据其特点,从生物脱氮除磷的机理考虑,把中沟排泥改为侧沟排泥,使磷的去除率达到了 89%,比原设计提高了 24%。

三沟式氧化沟的基本运行方式大体可分为 6 个阶段,工作周期为 8 h,由自动控制系统根据其运行程序自动控制进出水的方向、溢流堰的提升或下降以及曝气转刷的开启或停止。6 个工作阶段简介如下:

阶段 A:2.5 h,污水经配水井进入第一沟。沟内转刷低速运行,保证维持沟内活性污泥处于悬浮状态下环流。沟内处于缺氧反硝化状态,反硝化细菌将上阶段产生的 NO_x-N 还原成 N_2 逸出,达到脱氮的效果。在此过程中,原污水作为碳源而不必另外投加碳源。同时沟内出水堰能自动调节,混合液进入第二沟,曝气转刷在此阶段均处于高速运行状态,使沟内的混合液保持恒定的环流,其 DO 可达 20 mg/L。在此进行有机物的氧化、降解和氨氮的硝化。处理后的混合液再进入第三沟,此时第三沟内的曝气转刷处于闲置状态,所以这个阶段第三沟仅用于沉淀池,使泥水分离,澄清水通过已降低的出水堰从第三沟排除。

阶段 B:0.5 h,污水入流从第一沟调到第二沟。此时第一沟内的转刷高速运行,第一沟由缺氧状态逐渐转为富氧状态。第二沟转刷仍高速运转。所以在阶段 B 时第一、二沟内均处于好氧状态都进行有机物的降解和氨氮的硝化。经过第二沟处理过的混合液进入到第三沟内,第三沟仍为沉淀池,沉淀后的水通过第三沟出水堰排除。

阶段 C:1.0 h,第一沟转刷停止运转,开始进行泥水分离,需要设过渡段约为 1.0 h,至该阶段末分离过程结束。在 C 阶段,入流污水仍然进入到第二沟,处理后的污水仍然通过第三沟出水堰排出。

阶段 D:2.5 h,污水入流从第二沟调至第三沟,第一沟出水堰降低,第三沟出水堰升高,第三沟内转刷低速运转。使混合液悬浮环流,处于缺氧状态,进行反硝化脱氮。然后混合液流入到第二沟,第二沟的转刷高速运转,使污水处于好氧状态,进行有机物降解和氨氮的硝化。经处理后再流入到第一沟。此阶段与阶段 A 相似,所不同的是硝化发生在第三沟,而沉淀发生在第一沟。

阶段 E:0.5 h,污水从第三沟转向第二沟,第二沟转刷高速运行,第一沟仍作沉淀池,处理后污水通过该沟的出水堰排出。第二沟转刷高速运转,仍处于有机物降解和氨氮硝化过程,这一阶段与阶段 B 相对应。不同的是两个阶段的功能相反。

阶段 F:1.0 h,该阶段基本与 C 阶段相同,第三沟内专刷停止运转,开始泥水分离,入流污水仍然进入第二沟,处理后的污水经第一沟出水堰排出。

除了上述最基本的运行方式外,三沟式氧化沟还可以根据不同的入流水质及出水要求而改变。所以该系统运行灵活、操作方便,但要求自动控制程度较高。

4.1.3 五沟式氧化沟

对于处理较高浓度的污水来说,三沟式氧化沟的容积利用率低、设备利用率也较低,很不经济。由三沟式氧化沟的工作原理可知,中间沟一直作为生化反应池,如增加中间沟的容积即可增加容积及设备的利用率,从而降低工程造价。为此,出现了五沟式氧化沟,即以等容积的五条环形沟并联组成五沟式氧化沟,各沟之间以孔洞连通,两边沟交替作为沉淀池、生化池,中间三条沟作为生化池,配水井可交替向五条沟中的任一条沟配水,并通过控制转刷的开、停以及高、低速运行来达到各沟中好氧、缺(厌)氧、沉淀等不同的运行状态。

五沟式氧化沟的运行模式类似于三沟式氧化沟,其两边沟交替作为沉淀池和曝气池,中间三沟(交替进水)作为缺氧他、好氧池。沟内配备带双速电机的曝气转刷,其在高速运行时曝气充氧,在低速运行时维持沟内的混合液流动,为反硝化创造一个缺氧环境。南通市污水处理厂采用的就是五沟(槽)式氧化沟工艺,该工程采用的工作周期为 8 h,运行方式也分为 6 个阶段(将 5 沟从左到右分别编号为 1,2,3,4,5 号沟):

阶段 A(1.5 h)：污水进入 1 号沟，由 5 号沟出水。1 号沟转刷低速运行，因处于缺氧状态而进行反硝化；2，3，4 号沟转刷高速运行，进行有机物的降解和硝化。

阶段 B(1.5 h)：污水进 3 号沟，仍由 5 号沟出水。3 号沟转刷低速运行，因处于缺氧状态而进行反硝化；1，2，4 号沟转刷高速运行。

阶段 C(1 h)：污水进入 2 号沟，由 5 号沟出水。1，2 号沟转刷低速运行，3，4 号沟转刷高速运行；1 号沟转刷停开，处于出水过渡状态。

阶段 D(1.5h)：污水进入 5 号沟，由 1 号沟出水。5 号沟转刷低速运行，处于缺氧状态；2，3，4 号沟转刷高速运行。

阶段 E(1.5h)：污水进入 3 号沟，仍由 1 号沟出水。3 号沟转刷低速运行，2，4，5 号沟转刷高速运行。

阶段 F(1 h)：污水进 4 号沟，仍由 1 号沟出水。4 号沟转刷低速运行，2，3 号转刷高速运行；5 号沟转刷停止运行，处于出水过渡状态。

上述各阶段的时间设定及运行周期可根据实际情况进行适当调整。由运行方式可见，五沟式氧化沟每条沟每天用于生物处理的时间：1，5 号沟为 9 h，2，3，4 号沟为 24 h。由此可得出，五沟式氧化沟的容积利用率为 0.75，比三沟式氧化沟的容积利用率(0.55)提高了 20%，设备利用率也提高了 20%。另外，五沟式氧化沟与三沟式氧化沟相比，其池体体积、曝气转刷数可减少 27%，工程投资可减少 20%～30%，经济效益显著。另外，五沟式氧化沟能够实现全时反硝化，即五沟中总有一沟处于缺氧反硝化运行状态。全时反硝化可达到更高的脱氮效率，减少耗氧并节省能耗。而三沟式氧化沟每天只有 13.5 h 处于反硝化运行状态。

4.1.4 卡罗塞尔氧化沟

卡罗塞尔氧化沟是一个多沟串联的系统，进水和活性污泥混合后在沟内做不停地循环运动。污水和回流污泥在第一个曝气区中混合。水流在连续经过几个曝气区后，便流入外边最后一个环路，出水从这里通过出水堰排出，出水位于第一曝气区的前面。

卡罗塞尔氧化沟采用垂直安装的低速表面曝气器，每组沟渠安装一个，均安装在同一端，因此形成了靠近曝气器下游的富氧区和曝气器上游以及外环的缺氧区。这不仅有利于生物凝聚，还使活性污泥易于沉淀。BOD 去除率可达到 95%～99%，脱氮效率约为 90%，除磷率约为 50%。

在正常的设计流速下，卡罗塞尔氧化沟渠道中混合液的流量是进水流量的 50～100 倍，曝气池中混合液平均每 5～20 min 完成一个循环。具体循环时间取决于渠道长度、渠道流速、设计负荷等。这种状态可以防止短流，通过完全混合作用还能产生很强的耐冲击负荷能力。

卡罗塞尔氧化沟的表面曝气机单机功率大(可达 150 kW),其水深可达 5 m 以上,使氧化沟占地面积减小,土建费用降低。同时具有很强的混合搅拌和耐冲击负荷能力。当有机负荷较低时,可以停止某些曝气机的运行,或者切换较低的转速,在保证水流搅拌混合与循环流动的前提下,节约能量消耗。由于曝气机周围的局部地区能量强度比传统活性污泥曝气池中强度高得多,使得氧的转移效率大大提高,平均传氧效率达到 2.1 kg/(kW·h)。

为满足越来越严格的水质排放标准,卡罗塞尔氧化沟在原来的基础上开发了许多新的变形工艺,实现了新的功能。提高了处理效果,降低了运行能耗,改进了活性污泥性能,提高了生物除磷脱氮功能。主要有单级标准卡鲁塞尔氧化沟工艺和变形,Carrrousel 2000 工艺;Carrousel 3000 工艺;以及四阶段和五阶段 Carrousel Bardenpho 工艺系统。

4.1.5 其他类型氧化沟

除了上述类型外,还有二次沉淀池交替运行氧化沟工艺、奥巴勒型氧化沟工艺、曝气-沉淀一体化氧化沟、船型氧化沟、生物膜氧化沟等。前面几种都是比较普通的类型,各类介绍都较多,生物膜氧化沟是通过在普通氧化沟内放置合适填料而发展起来的一种新型的将活性污泥法与生物膜法相结合的混合污水处理工艺,兼具活性污泥法与生物膜法的特点。

4.2 间歇式(序批式)活性污泥法(SBR)

间歇式活性污泥处理系统的间歇式运行,是通过其主要反应器——曝气池的运行操作而实现的。SBR 工艺在单个构筑物中的不同时间以不同目的进行间歇操作。其工艺流程为:

原污水→格栅→沉砂池→初沉池→间歇式曝气池→出水

其特点为在同一个池子中不同时间段进行 5 个过程,来实现几个池子的工作量。一个池子完成 5 个过程,从污水流入开始到闲置时间结束为一个周期。5 个操作过程分别为:①进水(Fill)流入:1～2 h,不曝气、限量曝气、半限量曝气。②反应(React)曝气:城市污水:2 h,工业废水:8 h,曝气方法:表面曝气、液下曝气、鼓风曝气。③沉淀(Sattle):静止沉淀效果好。④排放(Draw):排水比:0.3～0.5,一般是 1/3,存贮的水起缓冲或反硝化作用,排水方法:用滗水器在液面上排水。⑤待机(ldle)闲置:可有可无。

4.2.1 SBR 系统的特征

(1)优点

1)工艺流程简单、处理构筑物少,造价低。主体设备只有一个序批式间歇反应器,无二沉池、污泥回流系统、调节池(此工艺用于工业废水处理,不需要设置调节池;)、初沉池也可省略,处理设备少,构造简单,布置紧凑、占地面积省。基建费用和运行费用较低。

2)污泥的 SVI 较低,污泥易于沉淀,同时反应池内存在溶解氧、BOD_5 浓度梯度,有效控制活性污泥膨胀,一般不会产生污泥膨胀现象。

3)耐冲击负荷,池内有滞留的处理水,对污水有稀释、缓冲作用,有效抵抗水量和有机污物冲击。

4)工艺过程中的各工序可根据水质、水量进行调整,运行灵活。调节 SBR 的运行方式,实现好氧、缺氧、厌氧状态交替,具有良好的脱氮除磷效果。

5)理想的推流过程使生化反应推动力增大,效率提高,池内厌氧、好氧处于交替状态,净化效果好。污水在理想的静止状态下沉淀,需要时间短、效率高,运行效果稳定,出水水质好。如果运行管理得当,出水的水质优于连续式。

6)运行操作、参数控制可实现自动化控制,以使其最佳运行。

(2)缺点

1)在其运行过程中的几个工序,其时间控制上不好确定。

2)难以控制其处于最佳状态。

3)出水水质不稳定,有时达不到排放标准,影响处理效果。

4)间歇曝气、间歇排水的自动化程度要求高。

5)因每个池子都需要设曝气和输配水系统,采用滗水器及控制系统排水,水头损失大,池容的利用率不理想,因此,一般来说并不太适用于大规模的城市污水处理厂。

4.2.2 SBR 系统工作原理、种类与形式

水中污染物质在同一个反应器内在好氧微生物的作用下降解。SBR 实际上是活性污泥法的一种变法,或一种新的运行方式。在推流式曝气池内,有机物降解是沿着空间上进行的,如果说推流式曝气池是空间上的推流,那么,SBR 曝气池在有机物降解方面,则是时间上的推流,有机污染物是沿着时间的推移而降解的。但间歇式活性污泥曝气池,在流态上属于完全混合式。

SBR 工艺中池子个数的确定:池子的多少与池子的进水时间和周期的长短有关。假设其运行周期为 $T=8\ h$,则不同池子的进水时间要占满一个周期时间。

SBR 的种类与形式:SBR 工艺仍属于发展中的污水处理技术。经典 SBR 工艺

形式在工程应用中存在一定的局限性,为适应实际工程应用,SBR 工艺已开发出多种各具特色的变形工艺。目前工业化 SBR 的处理工艺主要有 ICEAS 序批式循环延时曝气活性污泥法;CASS 循环式活性污泥系统;IDEA 间歇排水延时曝气系统;由需氧池为主体处理构筑物的预反应区和以间歇曝气池为主体的主反应区组成的连续进水、间歇排水的系统 DAT-ITA 工艺;UNITANK 系统;改良型 MSBR 系统;厌氧 ASBR;此外还有二级 SBR 系统、三级 SBR 系统、膜法 SBR 工艺、氧化沟 SBR 工艺等。

4.2.3 DAT-IAT 工艺

DAT-IAT 工艺主体构筑物由需氧池(Demand aeration tank 简称 DAT)和间歇曝气池(Intermittent aeration tank 简称 ITA)组成,一般情况下 DAT 池连续进水,连续曝气,其出水进入 ITA 池,在此可完成曝气、沉淀、和排除剩余污泥工序,是 SBR 的一种变型。工艺流程如图 4-2 所示。DAT 相当于普通完全混合曝气池:连续(进水、曝气、回流)运行;而 IAT 进行标准 SBR 运行:连续进水,一个周期为:曝气—沉淀—出水—待机。

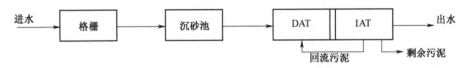

图 4-2 DAT-IAT 工艺流程图

原污水首先经过 DAT 池的初步生物处理后再进入 IAT,由于连续曝气,气道水力均衡作用,提高了整个工艺的稳定性,进水工艺只发生在 IAT 池,排水工序只发生在 DAT 池,使整个生物处理系统的可调节性进一步增强,有利于去除难降解有机物。一部分剩余污泥由 IAT 池回流到 DAT 池,与 CAST 和 ICEAS 相比,DAT 池是一种更加灵活、完备的预反应区,从而使 DAT 池与 IAT 池能够保持更长的污泥龄和很高的 MLSS 浓度,对有机负荷及毒物有较强的抗冲击能力。DAT-IAT 系统是传统活性污泥法与传统 SBR 相结合的一种形式,整个系统继承了 SBR 工艺的优点,同时又改进了 SBR 工艺的不足,具有以下特点:

1)该系统以一组反应池取代了传统方法及其他变型方法中的调节池、初次沉淀池、曝气池及二次沉淀池,整体结构紧凑简单,无需复杂的管线传输,系统操作简单且更具有灵活性。

2)易产生污泥膨胀的丝状细菌因反应条件的不断的循环变化而得到有效的抑制。而污泥膨胀问题是其他活性污泥方法中很常见且很难控制的问题之一。

3)在通常的条件下,该工艺可以不用添加化学药剂而达到硝化,反硝化及除磷的效果。

4)增加了工艺处理的稳定性:DAT池起到了水力均衡和防止连续进水对出水水质的影响,特别是在处理高浓度工业废水时,DAT连续曝气加强了系统对难降解有机物的降解,相对缩短了运行周期。DAT池连续曝气也使整个系统更接近了完全混合式,更有利于消除高浓度工业废水中毒性物质或COD浓度过高积累而带来的不良影响。

5)提高了池容的利用率:对于曝气池和二沉池合建的污水处理构筑物来说,在保留沉淀分离效果前提下,尽可能提高曝气容积比,与传统SBR法及其他变型方法来比,DAT池连续曝气,使该工艺的曝气容积比更高。

6)提高了设备的利用率:由于DAT池连续进水,因此不需要顺序进水的闸阀及自控装置;DAT池连续曝气,减少整个系统的曝气强度,提高了曝气装置的利用率,所需鼓风机的额定风量和功率也相应减少。

7)增加了系统的灵活性:DAT-IAT系统可以根据进、出水水量、水质变化来调DAT池的工作状态和IAT池的运转周期、使之处于最佳工况,同时也可根据脱氮除磷要求,调整曝气时间,创造缺氧或厌氧环境。

8)可采用自动化控制和目前世界上最先进的监测仪器和设备。以保证出水水质达到更高的污水排放标准。

4.2.4 序批式循环延时曝气活性污泥法 ICEAS

序批式循环延时曝气活性污泥法(Intermittent cycle extended aeration system,简称ICEAS)于20世纪80年代初在澳大利亚兴起,ICEAS工艺是传统的SBR工艺的一种改良形式,与经典SBR法相比,最大的特点是在反应器的进水端增加了一个预反应区,其运行方式为连续进水(沉淀期和排水期仍保持进水),间歇排水,没有明显的反应阶段和闲置阶段。通常水力停留时间较长。在处理城市污水和工业废水方面比传统的SBR费用更省,管理更方便。工艺流程如图4-3所示。

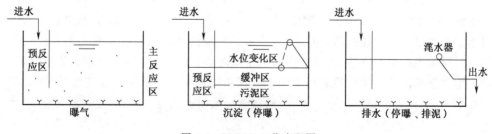

图 4-3 ICEAS 工艺流程图

ICEAS工艺能轻易地改变反应时间,沉淀时间以及一个处理周期的时间,相当于改变装置规模,可以很好地适应负荷变化。同时,随着氮,磷环境标准的不断提高,ICEAS 工艺可以将新的反应过程综合起来而满足新的排水标准。而 A^2/O 与氧化沟由于反应池尺寸大小和设备数量已定,无法灵活的根据水量水质的变化而进行调整。

ICEAS 工艺的装置简单,无污泥回流水泵和管道系统,容积与占地面积都远远小于 A^2/O 与氧化沟工艺,因此土建,设备投资及运行管理费用都比氧化沟少得多。

ICEAS 与经典的 SBR 法相比,最大的特点是在反应器的进水端增加了一个预反应区,其运行方式为连续进水(沉淀期和排水期仍保持进水),间歇排水,没有明显的反应阶段和闲置阶段。但是由于进水贯彻于整个运行周期的每个阶段,沉淀期进水在主反应区底部造成水力紊动而影响泥水分离时间,因此,进水量受到了一定的限制。通常水力停留时间较长。由于 ICEAS 工艺设施简单,管理方便,在国内外均有广泛应用。在我国建成的比较大的有昆明市第三污水处理厂,处理规模可达到每天 150 000t。

4.2.5 循环式活性污泥工艺 CASS

循环式活性污泥法(Cyclic activated sludge system 或 Cyclic activated sludge technology 也称为 Cyclic activated sludge process,所以有三种英文简称 CASS/CAST/ CASP)是 SBR 法工艺的一种新的形式。CASS 方法在 20 世纪 70 年代开始得到研究和应用,CASS 工艺将可变容积活性污泥法过程和生物选择器原理进行有机的结合,覆盖包容了各种 SBR 工艺。与 ICEAS 相比,预反应区体积较小,并成为设计更加优化合理的生物选择器,该工艺将主反应区中部分剩余污泥回流至该选择器中,在运行方式上沉淀阶段不进水,使排水的稳定性得到保障。通常 CASS 一般分为三个反应区:一区为生物选择器,二区为缺氧区,三区为好氧区,各区容积之比为 1:5:30。其运行工序如图 4-4 所示。

在 CASS 工艺中,DO 值的控制是非常重要的,通过 DO 值的控制可以实现高效的同步硝化和反硝化,在曝气过程中使主反应区的主体处于好氧状态进行硝化;同时在活性污泥絮体内部,DO 的扩散受到限制而呈现缺氧状态,而浓度较高的硝酸盐氮则能很好地渗透到絮体内部进行反硝化,从而实现同步硝化与反硝化。而且生物除磷也要求适当控制 DO 浓度,使活性污泥絮体内部 ORP 在 $-150\sim100$ mV 变化,一般采用置于池内或污泥回流管线上的 DO 探头来控制 DO 浓度。使用简单的"曝气和不曝气"周期工艺就可以达到有氧,缺氧和厌氧的工艺要求,利用控制曝气强度,达到硝化,反硝化和生物除磷反应。CASS 工艺通过对厌氧、兼氧、好氧及污泥回流过程的控制,达到去除 BOD 的目的,在污泥增值的同时去除磷,在局部缺氧过程中完成反硝化脱氮过程。

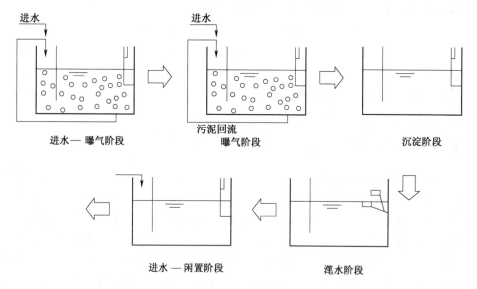

图 4-4 CASS 运行工序示意图

CASS 是由生物选择器和变容反应器所组成，通常生物选择区的水力停留时间为 0.5～1 h，以不超过总 HRT 的 5%～10%为宜。其最重要的特点在于其推流式初始反应区和完全混合反应池。CASS 系统以推流方式运行，而各个反应区则以完全混合的方式运行，每个反应区内基质浓度不同，这样恰好符合了生物的积累－再生原理，使活性污泥在生物选择区中先经历一个高负荷的反应阶段，将废水中的溶解性、易降解有机物通过酶转移予以快速地吸附和吸收，进行基质的积累，然后在主反应区中再经历一个低负荷的反应阶段，完成基质降解，从而实现活性污泥的再生，再生的污泥以一定的比例回流至生物选择区，以进行基质的再次积累和再生过程。工艺周期采用简单的重复周期，包括：进水曝气（进行生物反应），进水沉淀（进行固液分离），排水，三个工序构成一个周期，而此周期是周而复始的不断进行。

CASS 方法的主要特点：

1) 工艺流程非常简单，土建和设备投资低（无初沉池和二沉池以及回流较大的污泥泵房）。

2) 能很好地缓冲进水水质、水量的波动，运行灵活。

3) 整个工艺的运行可得到良好的控制，脱氮除磷的效果显著优于传统活性污泥法。

4) 良好的污泥沉淀性能。同时沉淀阶段不进水，保证了污泥沉降无水力干扰，分离效果良好。

5) CASS 预反应区的设置和污泥回流的措施，保证了活性污泥不断地在选择器中经历一个高负荷阶段,从而有利于系统中絮凝性细菌的生长,并可以提高污泥活性,使其快速地去除废水中溶解性易降解基质,进一步有效地抑制丝状菌的生长和繁殖,可以在任意进水速率并且反应器在完全混合的情况下运行而不发生污泥膨胀。

近几年 CASS 在全世界范围内得到广泛的推广。目前,在美国、加拿大、澳大利亚等国已有 270 多家污水处理厂应用 CASS,其中 70 多家处理工业废水,其处理规模从几千到几十万 m^3/d,均运行良好。

4.2.6 间歇排水延时曝气工艺 IDEA

间歇排水延时曝气工艺(Intermittently decanted extended aeration,简称 IDEA)基本保持了 CAST 工艺的优点,运行方式采用连续进水,间歇曝气,间歇排水的运行方式。与 CAST 相比,IDEA 工艺将预反应区(生物选择器)改为与 SBR 主体构筑物分立的预反应池,部分剩余污泥回流入该反应池,且采用反应器中部进水。预反应区(生物选择器)的设立可以使污水在高负荷下有较长的停留时间,保证高絮凝性细菌的选择。工艺流程如图 4-5 所示。目前在澳大利亚吉朗市建成的 IDEA 污水处理厂,其规模达 70 000 m^3/d。平均进水量为 7×10^4 m^3/d,停留时间达 4 h,在预混合池停留 1 h,每座反应池按曝气 2 h、沉淀 1.5 h,滗水 0.5 h。即 4 h 为一个循环周期。每天运行 6 个周期。

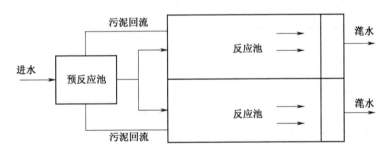

图 4-5　IDEA 工艺流程

4.2.7 UNITANK 系统

20 世纪 90 年代初,比利时的 SEGHEGR 公司开发了一体化活性污泥法称为交替生物池,取名为 UNITANK。现在世界各地已有多个工程成功地运用了这个技术。该系统近似于三沟式氧化沟的运行方式。

典型的 UNITANK 系统,由三个矩形池组成,3 个池水力相通,每个池中均有曝气系统,可采用鼓风曝气或表面曝气,并配有搅拌,外侧两池设出水堰以及污泥排放装置,两池交替作为曝气和沉淀池,污水可进入三池中的任何一个。中间 1 个矩形池作曝气池。原污水通过进水闸控制可分时序分别进入3个矩形池中任意一个池。在一个周期内，原水连续不断进入反应器，通过时间和空间的控制，形成好氧、厌氧或缺氧的状态。

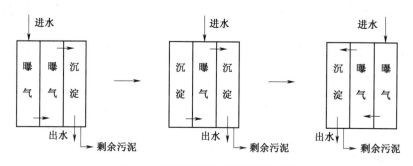

图 4-6　UNITANK 系统流程示意图

UNITANK 系统的工作原理和时间顺序如图 4-6 所示。UNITANK 系统除保持经典 SBR 的特点外，还具有池子结构简化、出水稳定不需沉淀污泥回流等特点，并通过进水点的变化达到回流、脱 N、除 P 等目的。例如，污水从左侧池进水，该池就作曝气池，从连通管到中间矩形曝气池，再经连通管至右侧矩形沉淀池，处理水由左向右，经过一定时段后，关闭左侧池进水闸，开启中间池进水闸，此时，左侧池开始停止曝气，而污水从中间池流向右侧池；经一个短暂的过渡段后，关闭中间进水闸，而从右侧池进水，此时右侧池曝气，左侧池经静止沉淀后出水，水流从右向左流动，完成一个切换周期，这样周而复始，即达到净化目的。由于3个池的水位差，促使水流从一个边池流向中间池再从另一个边池流出，此时进水的边池水位最高，并淹没了作为固定堰的出水槽，当该边池由曝气池过渡到沉淀池时，水位必定下降，残留在出水槽中的污泥、污水混合液排出，并要用清水冲洗出水槽，排除的混合液及冲洗水汇集到专门的水池，再用小水泵提升至中间水池。这些过程均可用程序控制。在采用滗水器排水的 UNITANX 系统中，不存在上述问题。在需要脱氮除磷的系统中，在池内除了设有曝气设备外，还有搅拌装置，可以根据检测器的指标，切断曝气池供氧，改为开动搅拌器，形成交替的厌氧、缺氧及好氧条件。

4.2.8　改良型序批式活性污泥法 MSBR

改良型连续流序批反应工艺（Modified sequencing batch reactor，简称 MSBR）。MSBR 工艺是 20 世纪 80 年代初期发展起来的污水处理工艺，该工艺的实质是 A^2/O 工艺与 SBR 工艺串联而成。通常整个 MSBR 被设计成一座矩形池，采用单池多格方式，并分为不同的单元，各单元起着不同的作用。系统结构如图 4-7 所示。各个单元格功能如下：

两个 SBR 池：功能相同，均起着好氧氧化、缺氧反硝化、预沉淀和沉淀的作用；

好氧格：为反应阶段的主曝气池，在完全混合状态下连续曝气，进行除碳、硝化、摄磷反应；

缺氧格：（分为 2 部分）全部时段进行连续搅拌，维持低氧状态，进行生物硝化—反硝化脱氮反应；

厌氧格：全部时段进行连续搅拌以推进水流运动，并维持厌氧状态，聚磷菌大量释放体内聚磷；

污泥浓缩格：在全部时段进行污泥浓缩，也称为泥水分离池，也可进行一定的反硝化作用。

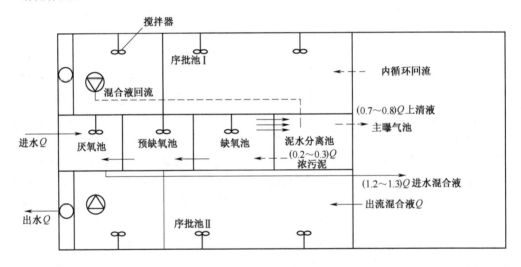

图 4-7　MSBR 系统结构

工作原理如图 4-8 所示。污水和脱氮后的活性污泥一起进入厌氧区，聚磷污泥在此充分释磷，然后泥水混合液交替进入缺氧区和好氧区，分别完成反硝化、有机物的好氧降解和吸磷作用，最后在 SBR 池中沉淀出水。此时，另一侧的 SBR 在 1.5 倍回流量的条件下进行反硝化、硝化，或者静置预沉。而回流污泥首先进入浓缩池浓缩，上清液进入好氧池，浓缩池污泥进入缺氧池（分为 2 部分，预缺氧池和缺氧池），进行反硝化，同时还可以先消耗完回流浓缩污泥中的溶解氧和硝酸盐，为厌氧释磷创造无氧环境。在好氧和缺氧池间有 1.5Q 的回流量，可进行充分吸磷，MSBR 工艺能够保证连续进出水，使反应池保持恒定水位。由于 MSBR 系统采用了一体化的结构形式，在恒水位下连续运行，省去诸多的阀门，增加污泥回流系统，无需设置初沉池、二沉池。使占地面积和建造成本进一步降低，是一种经济高效的污水生物除磷脱氮工艺。但也存在缺点：①处理单元多，处理效果好；②设备多（搅拌，曝气，过墙回流泵，空气出水堰等),自控复杂。

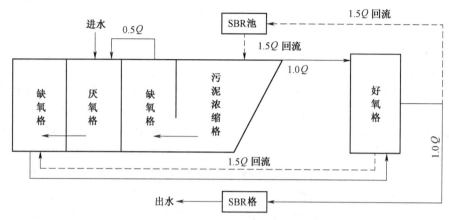

图 4-8　MSBR 半周期工艺原理

4.2.9　UniFed SBR 工艺

澳大利亚的"废水管理和污染控制合作研究中心"(简称 CRCWMPCL)和 Queensland 大学的 Jurg Keller 教授等人发明了一种 SBR 工艺的运行方法。其要点如下:在单一的 SBR 池中,沉淀和排水时就开始进水,以"层状"的方式由反应器底部直接、均匀地布水至沉淀污泥层,垂直上升的原水将处理后的水经反应器上部顶出。进水/排水/沉淀阶段可同时完成,这就先后创造出缺氧和厌氧环境,在单一的池中的每个周期,均可取得生物脱氮除磷工艺所需的特定条件。这种运行方式从某种程度上缓和了反硝化和释磷对有机碳源的竞争,使得聚磷菌可以优先利用进水中的有机底物,既能有效地进行反硝化脱氮,又能有效地进行厌氧放磷,达到较高的除磷效果。而且反应器在整个反应周期内保持恒定的水位,并无常规 SBR 系统将处理上清液排空的阶段,这样就大大提高了反应器的容积利用率。该工艺已被命名为 UniFed SBR 工艺,并申请了国际专利。

UniFed SBR 工艺的具体运行过程是:在前一周期开始沉淀时,可同时开始下一周期的进水和排水过程。泥和水没有大的机械混合,出水靠溢流装置或滗水器完成。沉淀/进水/出水阶段结束即可进入好氧曝气阶段。曝气阶段之后可根据需要进入闲置阶段或直接进入下一个周期。闲置阶段的有无可根据系统是否设有自控系统或实际需要灵活地控制和掌握。一个典型的 UniFed SBR 周期包括三个阶段:进水/排水/阶段、曝气阶段、沉淀阶段。

UniFed SBR 工艺具有以下几个特点:

1)在进水/排水/沉淀阶段,由于不曝气,池中形成缺氧环境发生缺氧反硝化;后一周期不断流入的进水中含有大量的易降解 COD,是前一周期滞留在污泥层中的硝酸盐/亚硝酸盐(NO_x^-)迅速发生反硝化作用所需 COD 的主要来源;或者污泥层中的硝酸盐/亚硝酸盐(NO_x^-)可以利用被污泥絮体捕获的、缓慢降解的 COD 进行反硝化。然后,在后续曝气阶段,COD 又得到进一步降解,同时在低 COD 条件下发生硝化作用和好氧吸磷。

2)池子底部污泥层中的 NO_x^- 经反硝化后,池底可形成严格厌氧环境,发生厌氧放磷,上清液中虽然含有对除磷工艺有害的 NO_x^-,但由于不与污泥接触,并不会影响池底已形成的厌氧环境。进水中的溶解性 COD 是厌氧放磷阶段所需 COD 的主要来源。

3)反应池底部具有很高的污泥负荷(F/M)值,可使污泥絮体细菌对有机物快速生物吸附,进水 COD 在厌氧条件下通过厌氧发酵产生更多的易生物降解 COD,易生物降解 COD 的存在对聚磷菌的内碳源的积累是有利的,这些积存下来的碳被用于在曝气阶段磷酸盐的吸收过程,因此有利于磷的去除。

4)进水/出水/沉淀阶段同时进行,使得 SBR 的循环运行更加高效,这是因为一些重要的生化反应都在同一时间内完成,因此也节约了沉淀和出水阶段的"非生产"时间。

5)由于活性污泥浓缩于池子的底部,而所有的底部进水及其所含的 COD 都能与生物体密切接触,从而在每一个循环中,使大部分微生物体与高浓度 COD 相接触,进水被稀释得很少,由此使底部成为很强的"选择区"或"接触区",这还往往导致污泥沉降性能的改善,并能有效和彻底地完成 SBR 的运行全过程。

4.2.10 SBBR 工艺

SBBR 是序批式生物膜反应器(Sequencing biofilm batch reactor)的简称,目前国内外的研究主要集中在其对有毒、难降解工业废水处理方面。

SBBR 工艺是在 SBR 反应器内装填如纤维填料、活性炭、陶粒等不同的填料的一种新型复合式生物膜反应器,具有 SBR 工艺与生物膜法的优点,实际上就是将生物膜法在序批式的模式下运行。因此工艺流程同样分为五个阶段,即进水、反应、沉淀、出水和闲置,可以在一个反应器内通过厌氧、缺氧、好氧等不同工序的控制来实现污水处理。填料为微生物附着提供了更为有利的生存环境。在纵向上微生物构成一个由细菌、真菌、藻类、原生动物、后生动物等多个营养级组成的复杂生态系统,在横向上顺水流到载体的方向构成了一个悬浮好氧型、附着好氧型、附着兼氧和附着厌氧型的具有多种不同活动能力、呼吸类型、营养类型的微生物系统,从而大大提高了反应器的稳定性和处理能力。试验研究表明 SBBR 具有脱氮功能:好氧情况下生物膜的吸附作用为反硝化菌提供碳源和能源,硝化反应主要发生在好氧生物膜层和兼性生物膜分界内,在深层的反硝化菌将生物膜中储存的有机物作为碳源,将好氧生物膜中产生的 $NO_3^- - N$ 转化为 N_2。SBBR 工艺的特点如下:

1) 工艺过程稳定:间歇式的运行方式使生物膜内外层的微生物达到了最大的生长速率和最好的活性状态,从而提高了系统对水质水量的应变能力,增强了系统的抗冲击负荷能力。同时,间歇式的运行方式可以通过改变反应参数来保证出水水质。该工艺受有机负荷和水力负荷的波动影响较小,即使工艺遭到较大的负荷冲击,也会迅速恢复,并且启动较快。

2) 生物量多而复杂、剩余污泥量少、动力消耗少。生物膜固定在填料表面,生物相多样化,硝化菌能够栖息生长,故 SBBR 法具有很高的脱氮能力;生物膜上栖息着较多高营养水平的生物,其食物链较 SBR 长,污泥的产生量少,降低了污泥处置费用。同时,由于微生物的附着生长,SBBR 的生物膜具有较少的含水率,反应器单位体积的生物量可高达活性污泥法的 5～20 倍,因此该工艺具有较大的处理能力;由于 SBBR 反应器内的固体填料与气泡之间的碰撞摩擦可以切割气泡,增大气液的传质面积,同时破坏围在气泡外的滞留膜,减少传质力,故 SBBR 的氧传递效率较高,因此较 SBR 的动力消耗要小。但是,随着填料的增加,反而会影响氧气的传递,降低反应器中的溶解氧,因此,SBBR 工艺中必须注意填料量的选择。

4.3 投料活性污泥法

虽然活性污泥法是当前世界上应用最广泛的废水生物处理工艺技术,但是,传统活性污泥法也有许多不足之处。除了基本建设费用高及能耗高的缺点外,在工艺技术上也有许多需要改进和革新之处,而往传统的活性污泥系统中投加某些悬浮物质后,即能克服传统活性污泥法的诸多不足之处,且可达到以下几方面目标:

① 使出水水质更好。包括 BOD_5、SS 及 N、P 的去除,要求活性污泥法净化能力更强、更全面。

② 使其运行更加稳定、可靠,防止污泥膨胀或污泥上浮等现象的出现,使运行操作更简便可行。

③ 降低能耗,节省运行管理费用。

④ 降低污泥的产生量,改善污泥性质,改善其脱水性能,简化污泥的后续处理。

投加何种物料,才能强化活性污泥系统,以发挥其独特的功能,提高净化能力,这是各类研究的关键所在。综合考证大量的实验研究,在活性污泥法中投加的物料可以归纳为以下几类:

① 投加多孔悬浮载体、如聚氨酯泡沫块。利用大量具有一定尺寸、孔隙率较大的多孔泡沫块作为生物载体,用筛网将泡沫块截留在曝气池中。

②投加絮凝剂或助凝剂，又可分为无机化学絮凝剂、合成有机高分子絮凝剂及微生物絮凝剂三种。其中使用较多的为三氯化铁（$FeCl_3$）、硫酸铝[$Al_2(SO_4)_3$]，石灰（CaO）。近年来开发的微生物絮凝剂显示了其独特功能，与传统活性污泥系统组成具有特殊絮凝性能的新系统。

③投加各类小的固体介质，诸如粉末活性炭（PAC）、陶粒、黏土、粉煤灰、焦炭等。

上述各种投料的添加都能使传统活性污泥法的净化能力得到有效提高。由于其操作方法简易可行，且既可施行于新建废水处理厂，又极易在老的污水处理厂的改造、扩建过程中推行，故颇受同行们青睐。随着研究的不断深入与扩展，将在传统的活性污泥系统中投加某些物质来提高处理效能的方法都被称为投料活性污泥法。

投料活性污泥法中投加的物质可以对活性污泥产生以下显著影响：

①投加的物料能改变系统内生物相以及微生物的存在方式，例如投加载体介质就能使原先的活性污泥系统内不仅有悬浮的活性污泥存在，而且还有附着生长型的微生物出现和存在，使系统内生物多样性变得更加丰富。而原本常在活性污泥法系统内出现能导致污泥膨胀与流失的丝状菌找到了可以附着、栖息的介质（物料表面及空隙），这样既可克服其膨胀、流失的弊病又能充分利用其强大的净化能力，改善系统的运行操作，提高出水水质。

②改变基质的分配与传质状况。由于附着型与悬浮型生物系统的存在，基质在不同型生物系统间进行不同的分配与传质反应。

③增加系统的生物固体总量。

④污泥龄延长，使污泥繁殖特性改变。

⑤系统综合净化能力得到提高。

⑥系统氧吸收速率降低，减少供氧，降低能耗。

调查发现，有的将填装纤维填料或其他填料的"生物接触氧化"工艺也划归为投料活性污泥工艺，这是不恰当的。因生物接触氧化工艺以生物膜（固着型微生物）作为生物净化的主要机制，填料也是固置的，而投料活性污泥法以悬浮型活性污泥法为生物净化的主要机制，两者是有严格区别的，不能混淆。另外，好氧生物流化床虽也填装有细小固体颗粒介质，其本质上仍属于生物膜法，不能归属于投料活性污泥法。

4.3.1 多孔悬浮载体活性污泥法

在传统曝气池中投加一定数量的多孔、泡沫塑料颗粒等悬浮载体作为活性生物的载体材料。研究发现，此类工艺能防止污泥流失、污泥膨胀及提高氮磷去除效果等等。这种反应器实际上是传统活性污泥法与生物膜法相结合而组成的双生物组分生物反应器。从德国 LINDE 股份公司的 Morper 博士于 20 世纪 80 年代初提出 Linpor 工艺以来，还先后开发了几种比较成熟的多孔悬浮载体应用于活性污泥系统,即 Captor 工艺和多孔球形载体工艺,不过还是以 Linpor 工艺最为成熟,应用最广。

向曝气池中投加数量众多的多孔泡沫块(或球),使其占曝气池体积约 15%～50%,有的甚至达 75%。这些多孔泡沫块为曝气池中的微生物提供了大量可供栖息的表面积,在较短时间里许多微生物就附着于其表面及孔隙中。有的泡沫块的生物量可达 100～150 mg/块,使池内生物量大为增加。据资料介绍,附着于多孔塑料泡沫块的生物量可达 10～18 g/L,最大达 30 g/L;呈悬浮状的生物量达 4～7 g/L。用于反应器的悬浮载体填料必须满足严格的要求:如比表面积大,孔多且均匀,具有良好的润湿性、机械性、化学性和生物稳定性等,以保证良好运行效果及较长的运行周期。通过投加满足特殊要求的载体并使之处于悬浮流化状态,不仅大大增加了反应器中的生物量,增强了系统的运行稳定性及对冲击负荷的抵御能力,而且还可通过运行方式的改变使其具有不同的处理效能,达到不同的处理目的和要求。由于泡沫块仅占部分曝气池的体积,故整个系统仍属活性污泥法系统。由于系统内总的生物量剧增,因此,改变了系统内的微生物种类、存在方式及基质的分配与传质方式,大大提高了系统耐受负荷的能力、提高了净化效率,使出水水质变得更好。

(1) Captor 工艺

该工艺由英国 B. Atkinson 等人(曼彻斯特科技研究所)于 1979 年开始研究,英国 Simon-Hartley 公司及美国 Ashbrook-Simon-Hartley 公司实行生产化。

该工艺采用的载体为 25 mm×25 mm×12 mm 的多孔泡沫块,含孔隙尺寸 850 μm,向曝气池投加量约 2 0000～70 000 个/m^3,约占曝气池体积的 15%～75%,每个泡沫块的生物量可达 100～150 mg,池内附着型微生物浓度可达 7～9 g/L。运行过程中不断利用空气将泡沫块提升至专用设备,用压力滚筒挤压泡沫块,将过量污泥挤出并排出系统,故不必设二沉池与污泥回流系统。

试验及应用结果表明,Captor 系统并不十分成功,出水小 SS 含量高,SS 及 BOD$_5$ 去除率不高,一般不能达到预期出水水质要求,除非后置砂滤装置,方可以提高出水水质。

(2) Linpor 工艺

Linpor 工艺是德国 Linde 公司的 M. R. Morper 研究开发出的活性污泥法改进工艺,它与 Captor 工艺有相似之处,采用多孔悬浮泡沫块作为载体。该工艺按其不同功能可分为:

①Linpor 工艺,又分为主要用于去除废水中的含碳有机物的 Linpor-C 工艺、同时去除废水中的碳和氮的 Linpor-C/N 工艺、用于脱氮的 Linpor-N 工艺;

②Lindox 工艺(多段纯氧曝气生物反应器工艺);

③Laran 工艺(厌氧固定床循环反应器工艺);

④Metex 工艺(生物吸附法去除重金属离子的处理工艺)。

Linpor 工艺载体采用尺寸为 12 mm×12 mm×12 mm 的多孔泡沫块,利用池内水流的紊动作用产生的水力剪切以及回流量来调控生物量,与 Captor 工艺相比,无泡沫挤压装置。Linpor 工艺池内生物量状况是:附着于多孔悬浮载体的生物浓度高达 10～18 g/L,最大可达 30 g/L,悬浮相生物浓度为 4～7 g/L,池内总生物量大大增加,这样改变了系统内微生物的存在方式,附着型生长的微生物大量出现,使生物相系统有着巨大变化。传统活性污泥法系统较易孳生的丝状菌可被载体吸附于其孔隙内或表面,载体的孔隙及其表面的粗糙状况决定了其对丝状菌的捕获能力。这样,既能发挥丝状菌的强大净化能力,又能避免因为污泥膨胀、上浮与流失而给系统正常运行带来的巨大危害。

4.3.2 投加混凝剂(或助凝剂)的活性污泥法工艺

向活性污泥系统中投加混凝剂(无机混凝剂、高分子合成混凝剂及微生物絮凝剂)等特殊物料,能改变活性污泥的结构,增大絮体密度,改善污泥沉降性能与脱水性能,提高二沉池固液分离条件,缩小二沉池容积及占地面积,提高污泥处理能力,抑制污泥膨胀及上浮等不良现象,在提高净化效率、脱色、及去除磷等方面都能发挥巨大作用。

混凝剂的种类很多,一般可分为无机化学药剂、高分子有机合成絮凝剂及微生物絮凝剂。在投药活性污泥系统中最常用的为硫酸铝[$Al_2(SO_4)_3$]及三氯化铁($FeCl_3$),次之则为石灰(CaO)、微生物絮凝剂等。

微生物絮凝剂是利用现代生物技术,采用能分泌絮凝物质的微生物,从其本身或分泌物中提取的微生物絮凝剂。微生物产生的絮凝剂的相对分子质量多在 $10×10^4$ 以上,有的达 $200×10^4$,因此,也可说是一种天然的高分子絮凝剂。在反应过程中,絮凝剂的大分子通过离子键、氢键与范德华力,将水中的胶体颗粒吸附,颗粒被絮凝剂吸附、连接在一起,形成"架桥"现象。这是最常用于解释微生物絮凝剂絮凝机制的一种理论。胶体颗粒与絮凝剂粘在一起形成网状结构,质量不断增加而下沉,进行固液分离。利用电子显微镜可显示出微生物絮凝的图像:聚合物细菌间由细胞胞外聚合物搭桥相连接,在其失稳情况下形成絮凝体从水中沉降而分离。微生物絮凝剂与无机絮凝剂、无机高分子絮凝剂以及合成有机高分子絮凝剂不同,它是可以生物降解的,无二次污染(而 Al^{3+}、Fe^{3+} 等金属产生二次污染),因此,是安全、可靠的。一般来说,微生物絮凝剂的分子质量越大,则絮凝活性越高,絮凝效果越佳。微生物絮凝剂也同其他絮凝剂一样,是一种有宽广应用前途的药剂,既能单独使用,用于废水及污泥处理,也能投入活性污泥系统,强化系统的处理效果,改善污泥性能,控制污泥膨胀。

迄今为止，据国内外研究发现的具有絮凝性的微生物种类有 20 余种，见表 4-1。据研究，其中名为拟青霉属菌 Paecilomyces sp. 1.1 型微生物，它所产生的微生物絮凝剂对枯草杆菌、大肠杆菌、啤酒酵母、血红细胞、活性污泥、硅藻土、纤维素、活性炭、氧化铝等均有良好的絮凝效果。而科学家认为红平红球菌 Rhodococcus erythropolis 所生成的微生物絮凝剂，对大肠杆菌、酵母、泥浆水、河水、粉煤灰水、活性炭粉水、纸浆造纸废水、膨胀污泥等均具有极好的絮凝与脱色效果。

表 4-1 具有絮凝链的微生物种类

Alcaligenes cupidus 协腹产碱杆菌	Nocardin rhodnii 红色诺卡氏菌
Aspergillus sojae 酱油曲霉	Paecilomyces sp. 拟青霉属菌
Aspergillus ochraceus 棕曲霉	Pseudomonas aeruginosa 铜绿假单胞菌
Aspergillus parasiticus 寄生曲霉	Pseudomonas fluorescens 荧光假单胞菌
Brevibacterium insectiohilium 嗜虫短杆菌	Pseudomonad faecalic 粪假单胞菌
Brown rot fungi 棕腐真菌	Rhodococcus erythropolis 红平红球菌
Corynebacterium brevicale 棒状杆菌	Schizosaccharomyces pombe 栗酒裂殖酵母
Geotrichum candidum 白地霉	Slaphytococcus aureus 金黄色葡萄球菌
Monacus anks 赤红曲霉	Streplomyces grisens 灰色链霉菌
Nocardin restricta 椿象虫诺卡氏菌	Streplomyces vinacens 酒红色链霉菌
Nocardin calcarea 石灰壤诺卡氏菌	White root fungi 白腐真菌

化学药剂能与废水中磷酸盐结合生成不溶性盐，有利于磷从废水中去除而进入污泥，并随污泥外排，其作用机理如下：

$$Al_2(SO_4)_3 + 2PO_4^{3-} \longrightarrow 2AlPO_4 + 3SO_4^{2-} \qquad (4-2)$$

$$FeCl_3 + PO_4^{3-} \longrightarrow FePO_4 + 3Cl^- \qquad (4-3)$$

由于废水中含一定量碱度（一般为 100~150 mg/L），于是：

$$Al_2(SO_4)_3 + 6(HCO_3^-) \longrightarrow 2Al(OH)_3 + 3SO_4^{2-} + 6CO_2 \qquad (4-4)$$

$$FeCl_3 + 3HCO_3^- \longrightarrow Fe(OH)_3 + 3Cl^- + 3CO_2 \qquad (4-5)$$

因此，投加混凝剂是增强脱磷的重要对策之一。过程中生成的不溶性磷酸盐 $Al(OH)_3$ 或 $Fe(OH)_3$ 可以随絮凝体一起沉降去除。

混凝剂在活性污泥系统中投加的位置，对处理过程及处理效率有重要影响作用，如图 4-9 所示。

如图 4-9 所示，向活性污泥系统中投加混凝剂有 5 种可能的位置。混凝剂的种类与最适宜添加的位置有密切关系。一般来说，硫酸铝的最适宜投加位置为曝气池的流出口附近(4)，而三氯化铁则在初沉池流入曝气池附近的地方(3)。这是因为硫酸铝投入曝气池入口附近，对磷的吸收较其他处更为有利。如何选择合适的位置投

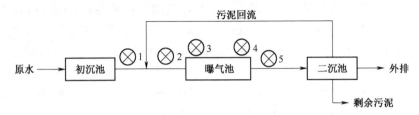

图 4-9 向活性污泥系统中投加混凝剂的可能位置

加混凝剂,要充分考虑形成的絮体不致被破坏而使出水浑浊,同时合适的位置也能节省混凝剂投药量且功效显著。

混凝剂投加量对除磷、脱色、改善污泥沉降性和脱水性以及活性污泥法的处理效率有重要影响。一般都应经过实验室试验来确定投加量,并经生产实践验证。应控制 Al 与 P 摩尔比≥2.0,Fe 与 P 摩尔比≥2.0。通常废水中含 1 mg P 需 0.87 mg Al^{3+} 离子,或 1.8 mg Fe^{3+} 离子;1 mg Al^{3+} 能生成 2.9 mg $Al(OH)_3$;或 1.9 mg $Fe(OH)_3$。这些数据可在计算时参考使用。

投药法与不投药法相比,投加铝盐和铁盐的活性污泥系统对 TN、TP 的去除率及去除负荷均高于不投药的活性污泥法,COD 去除率略有提高,HRT 略可缩短(1.1～1.9 h),耐冲击负荷能力有所提高。研究还发现:投药对活性污泥系统中生物的种类与数量均有明显影响。不投加药剂的活性污泥生物总数为 2 567 种;投加药剂后的活性污泥生物总数:铝盐法(50 mg/L)为 801 种;铝盐法(100 mg/L)为 468 种,铁盐法(50 mg/L)为 154 种,铁盐法(100 mg/L)为 613 种。由此可见,投加药剂对活性污泥生物量具有削减作用,其中铁盐(50 mg/L)影响最大。投加药剂,一方面对废水中污染物,特别对 TP,有良好净化作用,另一方面促使了生物种类的锐减,削弱了生物净化作用,这样一增一减,就使投药法在 BOD_5 的去除上作用并不太显著,仅对 TP 的去除有显著作用。这可归结为:投药法活性污泥工艺削弱了系统的生化反应而加强了物化反应,此消彼长。所以,药剂的种类与投加量应视废水性质及净化要求而选用。

另外,研究还发现,絮凝剂的投加还会影响到污泥消化的产气量。对活性污泥法的污泥进行中温消化时,投加铝盐及铁盐对活性污泥厌氧消化的沼气产生量有削减作用,不投加药剂的活性污泥的产气量最高,而 Al 50 mg/L 次之,Al 100 mg/L 又次之,Fe 50 mg/L 及 Fe 100m g/L 最少。其削减影响在于对污泥厌氧消化过程中有机酸的蓄积有不良影响,因而导致沼气量的削减。

传统的活性污泥对色度高的废水难于脱色,特别是对那些可溶性色素更是困难,使出水色度高,难以获得高质出水。而当采用活性污泥法处理糖蜜废水、造纸黑液、染料废水、印染废水、墨水废水等时,若向活性污泥中投加一种微生物絮凝剂,就能高效地脱色。试验研究结果表明,投加絮凝剂后,造纸黑液脱色率可高达95%以上,氯霉素废水的脱色华率可高达98%以上。

4.3.3 投加粉末活性炭的活性污泥工艺(PACT)

向活性污泥系统投加细颗粒流动载体,具有流动性好、不堵塞、传质效果好等优点。该类载体有粉末活性炭、砂粒、粉煤灰、陶粒、砂粒、沸石、细小塑料颗粒等。小颗粒介质载体的活性污泥工艺反应池的构造较普通曝气池要略微复杂一些,内有中心提升管(简)、曝气区段及载体分离区。这使人联想到该类构造与生物流化床相似(见第5章)。作者认为,若系统内除附着生物外还含有高浓度的MLVSS,则属投料活性污泥工艺,若以附着生物为主,则属生物膜法生物流化床工艺。下面主要阐述粉末活性炭工艺。

(1)PACT活性污泥法工艺特点

粉末活性炭活性污泥工艺是将粉末活性炭(Powdered activated carbon,简称PAC)加入活性污泥反应器中,利用活性炭吸附和生物氧化去除有机污染物的综合技术,由DuPont在20世纪70年代早期处理工业废水中的色度时提出。近20年来,粉末活性炭活性污泥法(PACT)已广泛用于化工和石油化工废水的处理。活性炭吸附是利用液相与活性炭表面(疏水性表面)间的物质分配来去除有机物,适用于去除疏水性有机物,而生化反应是在酶的作用下的液相反应,适用于去除亲水性有机物。与传统的活性污泥处理系统比较,PACT技术具有以下特点:

1)可通过吸收溶解性有机物质而提高系统的抗冲击负荷能力。

2)可通过吸收难降解性有机物而提高COD去除率;提高了EPA优先污染物的去除率。

3)能提高对色素、难生物降解污染物和多类毒物的去除率。

4)能降低SVI,消除污泥膨胀,改善污泥的沉淀、浓缩、脱水性能。

5)能吸附去除废水中的洗涤剂,减少了曝气池液面上的泡沫及其危害;使混合液生物固体浓度的增加,系统的水力负荷能得到很大提高。

6)由于PAC吸收抑制性物质或硝化菌提供给吸附表面,延长活性污泥系统的污泥龄,改善了系统硝化能力。

7)粉末活性炭加活性污泥在沉淀池的沉降速率比单纯活性污泥要大,这样提高了固液分离效率,使出水水质更佳。

PACT技术中粉末活性炭的投加方式可以是干式投加或浆式投加,即将干粉状的粉末活性炭投加到活性污泥曝气池中去,或将粉末活性炭制成浆状再投加,两种投加方式的效果基本是一样的。粉末活性炭连续或间歇地按比例加入曝气池。由于曝气池中吸附过程与生物降解过程同时进行,所以能达到较高的处理效率,获得较好的出水水质。完全混合的污泥和粉末活性炭流到二沉池中,经沉降后,污泥回流到曝气池,处理水排放,剩余污泥是一种含有机物的废炭湿污泥,其中的粉末活性炭经有效措施再生后又可以回用于该系统,如可采用湿式空气氧化法(WAO)再生回用,不用先将炭浆脱水,即可有效地恢复 PAC 的性能。另一种再生方法为威特斯特法柯公司开发的方法(美国专利 3647716),炭受氧化空气(或蒸汽)气流作用呈分散、悬浮状态,进入再生炉,在高温下使有机物挥发或燃烧,也可使 PAC 活化。

(2)PACT 的代谢机制

PACT 的代谢机制包活性炭作用下的"生物活性的激活"和微生物作用下的"活性炭的生物再生"两种作用。针对微生物是否对活性炭有生物再生作用,一般有下列两种观点:

第一种观点认为 PACT 中不存在 PAC 的生物再生。由于微生物到 PAC 的再生不起作用,所以 PAC 经过几个吸附周期后,有机污染物的去除率逐渐下降。这种现象可解释为由于 PAC 表面逐渐达到饱和,从而减小有机物去除率。微生物之所以对 PAC 的再生不起作用,是因为酶反应需要一定的空间和移动的自由性,以便和基质结合;若要使酶在微孔中起催化作用,微孔直径至少应等于酶直径的 3 倍。而最简单、最小的酶分子平均直径为 3.1~4.4 nm,所以酶若要整个进入孔隙中起催化作用,其孔径须大于 10 nm,而粉末活性炭微孔的直径小于 4 nm,所以活性炭的生物再生是不可能的。因此,PACT 对系统出水水质的改善是 PAC 吸附与微生物代谢的简单结合。

第二种观点认为微生物细胞与 PAC 是相互影响的,即存在 PAC 的生物再生。PAC 的存在增加了固液表面,微生物细胞、酶、有机污染物、氧能够吸附在此表面上,为微生物代谢提供良好环境。另外,表面的物化催化反应也有可能在 PAC 表面发生。虽然粉末活性炭对有机物的吸附主要发生在微孔中,细菌个体不能进入,但其分泌的胞外酶 $D \leqslant 1$ nm,所以有一部分酶可能通过扩散进入微孔中,与吸附位上有机物反应,使得吸附位空出。另外,在细胞衰老或水流高冲击力作用下出现的细胞自溶使得氧化酶能与污染物接触,而且酶的催化作用只需酶的局部(含活性基团的主链或侧链)进入活性炭微孔与污染物接触即可。所以,酶对活性炭微孔部分生物再生是有可能的。PAC 微孔中的生物酶能够对 PAC 吸收的有机物进行胞外生物降解,使 PAC 得到再生。与单纯的吸附系统比较,由于生物再生使得活性炭的吸收能力提高,延长了活性炭使用周期。即 PACT 系统是 PAC 与污泥吸附作用和微生物的生物降解作用相结合的系统。

Onshansky 和 Narkis 对处理乙醇和苯胺的 PACT 系统中的吸收作用和生物降解作用的相互促进性进行了研究。发现这两种物质的 PACT 系统均达到较好的出水水质,当进水乙醇和苯胺的质量浓度均为 500 mg/L 时,出水乙醇和苯胺的质量浓度分别为 0.15 mg/L 和 0.04mg/L。但其作用机理不同,对于乙醇,投加 PAC 能够提高微生物的呼吸和生物氧化能力,即提高其生物降解能力;但对于苯胺,PAC 的投加却降低了微生物的生物降解能力。因为更多的苯胺被强烈地吸附在 PAC 表面而没有被生物降解,PAC 表面吸附未降解的乙醇和苯胺的质量分数分别为 4%~9% 和 15%~32%。由于苯胺的高吸收能影响了吸附的苯胺的生物降解,虽然处理苯胺的 PACT 系统也能获得较好出水水质,但必须将 PAC 分离。

(3) 粉末活性炭投加对活性污泥处理系统的影响

往曝气池中投加粉末活性炭会对活性污泥处理系统的运行产生多方面的影响。

1) 改善絮凝体的沉降性能。

投加到曝气池中的粉末活性炭能与絮凝体结合,增加絮凝体密度,提高絮凝体的沉降性能。Hutton 研究表明,PACT 系统中的活性炭起着沉淀剂的作用;Tsai 等在用活性污泥系统处理煤液化废水时,发现投加 PAC 能提高有机物去除率,而且污泥的沉降性能也得到改善。投加 PAC 也能改善医药废水和垃圾渗滤液废水处理系统中活性污泥的沉降性能。但有一点应注意,为提高污泥的沉降性,必须考虑粉末活性炭的粒径大小。

2) 提高系统的抗冲击负荷能力。

粉末活性炭对污染物的吸附能力与污染物的浓度有关。污染物浓度高时,粉末活性炭的吸附量增加;浓度低时,由于解吸作用又有部分被吸附物回到溶液中。所以粉末活性炭能对污染物浓度变化起到缓冲作用。这样粉末活性炭能对微生物起到保护作用,提高了系统的抗冲击负荷能力。Leipzig 等在处理化工废水的活性污泥系统投加粉末活性炭后,抗冲击负荷能力显著提高。Chou 等发现,PAC 的投加能使受到毒性物质冲击的活性污泥系统很快恢复正常。但如果冲击负荷过大,活性污泥的生物活性将受到影响。但据 Calil 研究发现,由于酚的突然排放,处理冶炼厂废水的活性污泥的生物絮凝能力遭到破坏,生物降解完全停止,投加 PAC 后,只能提高生物处理率,但不能改善污泥的沉降性能。

3) 除色、除臭并消除发泡现象。

与传统的活性污泥法相比,PACT 能有效地去除色度、除臭并消除发泡现象。Wu 等对许多处理方法比较后发现,PACT 是颜料废水处理的最佳工艺。Benedek 等用活性污泥法处理化工废水时,投加 PAC 后,能有效控制曝气池内的发泡现象。另外,Kincannon 等发现,曝气池内投加 PAC 后能降低污水中某些物质如甲苯等发出的恶臭,分析其原因,主要是活性炭对含芳香环的有机物具有较强的选择吸附性。

4) 有助于生物系统对污水中氮的去除。

传统活性污泥系统对污水中总氮的去除率仅为 30% 左右。处理水排放到水体后,易造成水体富营养化。粉末活性炭能吸附某些毒性物质,使得系统硝化与反硝化率提高。Ng 等认为,在用活性污泥法处理石油化工废水时,由于投加的粉末活性炭能吸附废水中抑制硝化菌的物质,从而可促进活性污泥的硝化作用。Leipzig 等也发现,用活性污泥法处理化工废水时,投加粉末活性炭后,即使有毒性物质存在,系统也能正常地进行硝化反应。

5) 提高系统处理效率。

活性污泥系统投加 PAC 后,处理效率能大幅度提高。一方面,PAC 加入后能使污水中有机物与微生物接触时间延长,为一些难降解物质的生物降解提供了可能;另一方面,粉末活性炭具有选择性吸附难降解性物质(如木质素、腐殖质等)和毒性物质(苯酚、有机氯化物等)的特性。而且,微生物本身产生的有毒、难降解性物质也能被有效吸附,能防止生物活性的下降。另外,投加粉末活性炭还能增加系统的污泥浓度,有效地提高了各种废水处理系统的处理率。

Ying 等发现,在各种运行条件下,往垃圾渗滤液 SBR 系统投加 PAC 后,许多卤代有机物浓度均降到各自的允许检测浓度。投加 PAC 的活性污泥系统处理含 Cr^{6+} 废水时,COD 和 Cr^{6+} 的去除率均显著提高。对处理医药行业废水的活性污泥系统和处理垃圾渗滤液 SBR 系统投加 PAC 后,COD 的去除率都有较大提高。

4.4 OCO 废水生物处理技术

OCO 法是一种新颖的废水生物处理工艺技术,是由丹麦普拉迪克(Puritek)公司开发研制成功的。该工艺是 Puritek 公司于 20 世纪 80 年代开发的,并于 20 世纪 80 年代后期及 90 年代在国内外推广应用。

如图 4-10 所示,OCO 反应池的内圈是圆形的,中间圈是半圆形的,外圈又是圆形的,恰如三个字母 OCO 拼成,故命名为 OCO 法。该法的关键是通过 OCO 将圆型池分隔成为三个区(厌氧区、缺氧区与好氧区)。然后通过搅拌器、曝气器,对其水动力学、生化反应利用计算机进行调控,从而完成一系列的净化工序,使净化水达到排放标准。该构筑物看似简单,但操作起来颇显奥妙,十分符合水动力学与生化反应的基本理论。该法的又一特点是摒除了初沉池,而里圈的厌氧区即是水解(酸化)池,对生物除磷也起作用。这种做法既使流程简化,又节省了土地和成本。

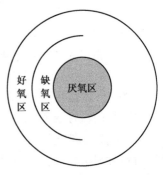

图 4-10 OCO 反应池示意图

欧洲各地城镇都比较小,所以已经建成的废水处理厂规模都不大,处理流量在 $1\,000 \sim 2\,000 \text{ m}^3/\text{d}$,服务人口为 5 万人口当量左右。也可以说,目前 OCO 法在处理小规模量的废水方面是成功的,对于废水量巨大的大型或超大型废水处理厂是否适宜,还要通过实践的检验。以何种处理规模最为合适,也需要用更多的工程事实来说明问题。如上所述,该技术将水动力学与生化反应有机结合,而水动力学现象的模拟、放大,不是简单放大的问题。

4.4.1 OCO法原理及工艺特征

OCO法是一种构造新颖的活性污泥法工艺,其工艺流程如图4-11所示。

图4-11 OCO工艺流程图

从图4-11可以看到,废水经格栅及沉砂-隔油池后直接进入OCO池,而后经终沉池排出。OCO池被分成三个区。废水经机械预处理后径直进入OCO池的厌氧区(整个工艺流程不设初沉池,节省了基建投资和土地面积),而后废水进入缺氧区与好氧区,在这些区内分别对BOD_5、COD、N、P等污染物进行生物降解,最后废水进入终沉池进行固液分离后外排,整个工艺流程十分简单紧凑。OCO曝气池内分成相互紧密关联的三个区,均设置有浸没式搅拌器,使水流水平向流动,在最外圈区域内设有空气扩散装置,对废水进行曝气充氧。OCO池内存在三种运行状态。

(1) 厌氧区

在最内圈,在厌氧运行条件下,将复杂有机物的分子组分通过厌氧水解(酸化)作用,降解成为简单的分子组分。废水在该区的水力停留时间HRT约30~40 min。

(2) 缺氧区

在中间区域,在缺氧运行条件下,对废水中的硝酸盐进行反硝化作用,转化成为气态氮而释出。在缺氧区维持氧在很低水平下。在该区内反硝化细菌在溶解氧浓度极低的环境中利用硝酸盐中的氧作为电子受体,有机碳化合物作为碳源及电子供体提供能量并得到氧化稳定。

(3) 好氧区(曝气区)

在外半圈,主要进行以下反应;①有机物的生物降解;②氨氮的硝化。在该区内,通过搅拌器的混合作用,使缺氧区与好氧区相互连通(这里不利用泵的抽升进行搅拌混合),使缺氧区与好氧区产生内循环,促进两个区内的硝化与反硝化反应过程,从而达到生物脱氮的目的。

4.4.2 OCO 法的构造与运行特征

(1) 构造特征

OCO 为一圆池。在内圈隔成一个圆形部分,呈 O 形,内外圈之间再用半圆形隔板隔开,呈 C 形,外圈亦为圆形,呈 O 形。从该池内再划出厌氧区、缺氧区和好氧区,进行复杂的水解、反硝化、硝化与生物氧化等诸生化反应过程。因此,在构造上具有紧凑、小巧、新颖的特点。

(2) OCO 法的运行特征

OCO 的运行处于状态如图 4-12 所示,当运行处于状态 a 时,外圈 3 区处于曝气充氧状态,该区内的搅拌器也同时运行,此运行方式对 2 区的水流影响小,2 区处于缺氧状态,而 3 区则处于好氧状态,水流在该区内不断循环运动。

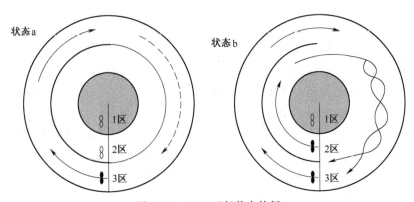

图 4-12 OCO 运行状态特征

当运行进入状态 b 时刻时,3 区内的曝气停止,2、3 区内的搅拌器同时工作。2 区内的搅拌器会产生一种推力使水流进入 3 区,于是 2 区与 3 区的水流产生混合。此后,不断循环往复进行。

曝气装置、搅拌器的运行或停止通过自动控制装置不断切换,从而确保 2 区与 3 区轮流处于好氧状态或缺氧状态及回流循环。这中间,搅拌器代替了传统法回流泵的作用,其操作是十分关键的。OCO 法不需设置循环回流泵,故节能。并且,搅拌器也能保证高的循环率。

当好氧区(3 区)的搅拌器运行时(如状态 a),只有较少的好氧区中的混合液与缺氧区(2 区)的混合液混合(其影响可忽略不计);当缺氧区的搅拌器同时运行时,能产生涡流,使两个区内的混合液产生强烈混合。

当好氧区与缺氧区的搅拌器都同时工作时,两个区的混合液的混合程度大大增强,一个周期中混合液大致能循环交换 25 次。

此外,通过调节曝气设备和搅拌设备,可将 2 区改变成好氧区,同样,也可将 3 区改变成为缺氧区。也可以通过减少曝气时间和曝气量而增加缺氧区容积,增加反硝化容积。按生化反应过程的需要,通过自动控制调节,可满足各项要求,充分体现了该方法的灵活性。

(3) OCO 的生物除磷功能

OCO 法除了能去除 BOD_5 和进行硝化－反硝化外,还具有生物除磷功能。将废水中的磷去除,是保护水体免受富营养化污染的重要措施。生物除磷法的基本原理在于:在厌氧条件下 MLSS 中的微生物污泥释出磷,在好氧条件下 MLSS 中的微生物污泥吸收磷,从而通过排放剩余污泥将磷从废水中去除。一般生物除磷,可去除 40%～60%的磷,这取决于废水的水质及所含组分。

为加强除磷效果,最好是采取生物除磷加铁盐除磷(化学药剂除磷)同步进行的方式。即在 OCO 系统的好氧区(3 区)中投加铁盐,其化学反应如下:

$$Fe^{2+} + \frac{1}{4}O_2 + H^+ \longrightarrow Fe^{3+} + \frac{1}{2}H_2O \tag{4-6}$$

$$Fe^{3+} + HPO_4^{2-} \longrightarrow FePO_4 + H^+ \tag{4-7}$$

$FePO_4$ 经沉淀后去除。同步除磷法既发挥生物除磷的长处,又通过投加化学药剂,强化除磷效果,使出水达到排放标准要求(除磷率大于 90%,出水中磷浓度 1 mg/L 左右)。而且,同步法比单纯化学药剂法可节约化学药剂量,符合费用最低的原则。OCO 系统中的生物除磷效果,取决于废水的组分及工艺设计。废水的碳磷比,即 BOD_5/P,对生物除磷影响较大。该比值越高,生物除磷率越高;反之,则低。另外,废水中的有机物组分,也对生物除磷产生影响,当废水中易生物降解的有机物的组分越高,则生物除磷的条件越好,生物除磷效率就越高。

通过控制曝气及搅拌,在 OCO 反应器内使厌氧—好氧状态循环、切换,提供了微生物—磷细菌—生长的最佳条件,从而确保了释磷—吸磷过程的完成。

4.4.3 OCO 法工艺的技术特点

1) 构筑物紧凑,厌氧、好氧、缺氧区均在一个构筑物内,分隔形成,又相互连通。节省土地占有面积。

2) 不设内循环所需的泵,以搅拌器代之,设备简单可行,节省能耗。

3) 限制污泥膨胀危害。

4) 能有效地利用内源碳进行生物脱氮。

5) 能进行有效的生物除磷,并可与化学强化措施结合,同步进行,使磷总去除率大大提高。

6) 污泥稳定化好。

7)运行费用低。

8)自动化程度高,根据进水量与水质变化通过曝气、搅拌系统的调控,维护系统运行的稳定。

9)设备少,构筑物少(初沉池也免建),运行管理简便,灵活性好。

4.4.4　OCO法系统运行控制

(1)曝气

可采用表面曝气,也可采用底部微气泡曝气。底部细微气泡曝气的单位电耗输氧可达 $2.3\sim 3.8$ $kgO_2/(kW\cdot h)$,而一般转刷曝气或表面曝气仅 $1.5\sim 1.9$ $kg O_2/(kW\cdot h)$。而且,细微气泡曝气具有许多优点:

1)氧转输效率高,动力消耗省。

2)不会形成气溶胶,故无此污染。

3)臭气少,细菌污染危险小。

4)噪声污染小。

5)污泥混合好,形成的生物絮凝体好,SVI不高,不会产生污泥膨胀危害。

6)可提高池的深度,节省占地面积。

7)灵活性好,可按需要调节曝气强度,以维持良好的输氧效率。

(2)空气量调节

如上所述,可根据负荷(需要)调节供气量,以节省能耗。现举例说明。

假设一个OCO反应器采用两台鼓风机,一台为双速型(a),单位时间供气量为 $200/400$ m^3/h;另一台为单速型鼓风机(b),单位时间供氧量为 800 m^3/h。假如每个周期可分成5步进行,不同时段可得到 $200,400,800,1\,000,1\,200$ m^3/h 多个不同供气量。这样,进水负荷低时,可采用低曝气(低的供气量);进水负荷高时,可采用高曝气,提高供气量。正因为如此,可以通过DO的变化,通过计算机来调控鼓风机的启闭,以求获得合适的供气量以维持OCO池内必要的DO水平。

(3)在OCO反应器内设置溶解氧仪

设定OCO反应器内混合液的最大溶解氧值为 2.0 mg/L,以此来调控鼓风机的启停。则当DO达到 2.0 mg/L(最大)时停止曝气,鼓风机停止运行。当DO降低至最小时,鼓风机启动,恢复曝气。在不同时段中,根据对DO水平的不同需求,通过启、停鼓风机,使其供气量不断变换,实现不同DO水平的自动反馈的过程控制。因此,在反应器内不同点位设置DO探测器,根据进水水质及负荷,事先确定不同DO水平要求,即最大DO值、最小DO值及切换时间间隔,即可实现自动调控过程。这是OCO系统的优点之一。

(4)对溶解氧与混合液循环的调控

在好氧区(3区)内设置溶解氧探头,如上所述,通过它测得的DO水平调控鼓风机的工作。

缺氧区(2区)与好氧区(3区)之间混合液的循环由设置于缺氧区的搅拌器进行调控。当该搅拌器运行时,提高了混合液的紊动状态,使两区内的混合液高度混合;反之,当该搅拌器停止运行时,两区内混合液的混合程度降低。

对两区内混合液的控制,能改变缺氧区与好氧区的体积,当曝气时间减少时,就相当于减少了好氧区的容积,可使反硝化所需的池容积增大。同样,通过缺氧区内搅拌器的启动与运行,既可增加两区内混合液的混合,又可使好氧区恢复至原来的容积。如是,缺氧区与好氧区的容积随着搅拌器的启停而重新分配,混合液的好氧水力停留时间与缺氧水力停留时间也不断地变换和重新分配,这种运行方式有助于反硝化反应过程与好氧生化过程的完善与优化。因此,这是一种极为重要的动力参数,它可以根据实时进水水质组分及负荷进行及时调控。

4.5　BIOLAK法废水生物处理技术

BIOLAK法,有时也叫百乐克,实质上就是在水池或人工湖内处理污水的工艺,可采用土池结构、利用浮在水面的移动式曝气链、底部挂有微孔曝气头;通常在曝气池前端设有混合区,使进水与回流污泥充分混合后再进行曝气。BIOLAK工艺是芬兰开发的专利技术,由芬兰Raisio工程公司代理。调查显示,在20世纪90年代全世界已有300余家废水处理厂应用该技术,其中50%应用于城市污水处理厂,50%应用于工业废水处理厂,处理食品工业废水、纺织工业废水、造纸工业废水等。该工艺是在20世纪末期引入我国的,在短短十年内迅速得到发展和应用,如深圳龙田污水处理厂、江苏省高邮市污水处理厂、山东招远污水处理厂等。

4.5.1　BIOLAK法工艺发展及其特点

BIOLAK池可采用钢筋混凝土池,也可因地制宜,采用土池或人工湖,但底部应有防渗措施,利用浮在水面的移动式曝气链、底部挂有微孔曝气头;通常在曝气池前端设有混合区,使进水与回流污泥充分混合后再进行曝气。其核心设备就是悬挂链曝气装置,如图4-13所示。目前多用德国冯诺西顿的设备,也有用国产的。该工艺主要不足之处是进口设备较贵,但是使用寿命长,如曝气器的关键构件膜片,进口的8～10年,国产的1～2年;从运行成本上分析,曝气系统及配套设备采用进口的,成本为0.3～0.1元/t,采用国产的为0.5～0.6元/t。

BIOLAK工艺可以考虑采用土池或人工湖,可以简化施工,减少建造成本,并可

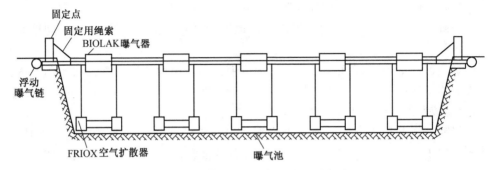

图 4-13 BIOLAK 链曝气器设置示意图

尽量减少投资费用与运行管理费用,而出水却能达到高的要求,实现除碳、脱氮和除磷。因此,对于条件适宜的地方,该技术是有优势的。如在现有的人工湖内,采取一定的防渗措施后,安装一种特殊的悬挂索(链)的曝气系统,以延时曝气方式,按照所需预期达到的目的进行运行操作(如厌氧、缺氧、好氧方式),就成为 BIOLAK 工艺,其运行简便易控。BIOLAK 池也可以与澄清池建在一起,使流程更加简单。BIOLAK 法具有下列工艺特点:

1)净化效率高,既可进行二级处理,又能进行具有脱氮除磷功能的二级半处理。

2)操作可靠性好;基建投资费用低廉:百乐克技术使用悬挂在浮管上的微孔曝气头,避免了在池底池壁穿孔安装,使应用 HDPE 防渗层隔绝污水和地下水成为可能。

3)节省能耗,运行操作费用省:悬链式曝气的悬链被松弛固定在曝气池两侧,悬链在池中一定的区域作蛇形运动,起到混合的效果,节省了传统曝气法混合所需的能耗。

4)曝气传送率高:悬链摆动等扰动曝气,气泡不是垂直向上运动,而是斜向运动,延长气泡在水中的停留时间,提高了氧气的传送率。

5)运行操作简易,便于掌握,维修简单、维护费用低:由于百乐克曝气头的特殊结构,使得曝气头不易堵塞,曝气装置维护费用低;而且该系统无水下固定部件,维修时不用排干水池中的水,降低维修时的工作量。

6)投资少、运行费用低:由于采用最为节约能耗的曝气装置,维护简单,污泥处理量少,因此运行费用低。另外,构筑物总容积小(无初沉池),曝气池采用半地下式钢筋混凝土结构及浆砌块石护底护坡,因而土建工程量相对减少,相应造价低,投资费低。

7)臭味少,系统排出的污泥量少,污泥稳定性好,后续的污泥处置和处理利用方便。

8)对地形、地质条件适应性强,易于布置。

9)节省占地面积,不需设置初次沉淀池,不需单独设置污泥处理系统,澄清池可与曝气池建在一起,可以利用坑、塘、淀、洼,也可利用劣地。

10)除磷脱氮效果好:池内可进行生物除碳、硝化-反硝化脱氮及生物除磷等,悬链式曝气装置的波浪式摆动氧化,形成多级厌氧、好氧过程,实现多级除磷脱氮。

4.5.2 BIOLAK 工艺的设备与运行

BIOLAK 工艺采用悬浮式链型曝气系统,并获得专利,这是 BIOLAK 工艺技术的核心部分,如图 4-13 所示。曝气系统由浮动曝气链装置、固定装置与固定用绳索、BIOLAK 曝气装置以及 FRIOX 空气扩散器等组成,置于曝气池上部及下部。设置在池内的波浪式曝气装置,使池内液体中交替出现好氧区、缺氧区及厌氧区,从而执行硝化、反硝化、生物除磷等功能。也可以进行分段曝气,按进水负荷及负荷沿池的变化而分段布设悬浮式链型曝气设备系统,可以节能。

BIOLAK 曝气器系统图如图 4-14 所示。其中,BIOLAK 曝气器置于浮筒中,由空气管将空气导入 FRIOX 空气扩散器。FRIOX 空气扩散器为专利装置,由 0.03 mm 的纤维和聚合物制成,其表面的 20% 为纤维表面,其余均为出气表面。由于出气表面所占比例大,故空气扩散器出气流畅。

图 4-15 示意出了 BIOLAK 曝气器系统的运行操作状况。从图 4-15 可知,悬浮式曝气链系统在运行操作时,进行左右摇摆,当向左摆时,则左侧为曝气增氧区,即好氧区,而右侧则为缺氧区,或厌氧区,由 DO 控制而定。曝气器系统左右摇摆,使两侧水区分别交替进行生物好氧反应与缺氧反应,进行生物脱氮除磷。池内可安装几根

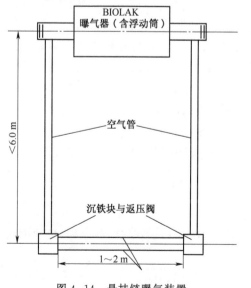

图 4-14 悬挂链曝气装置

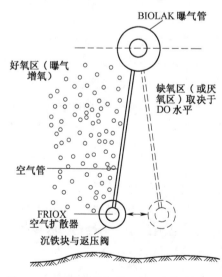

图 4-15 悬挂链曝气装置的运行操作方式

悬浮式曝气链系统,取决于处理负荷、净化要求。每条曝气链只在池内一定范围运动。池内混合液的 MLSS 可达 2 000~5 000 mg/L,可在此范围内控制应用。供氧采用高效空气压缩机。对于小型污水处理厂可采用侧流式风扇,而对于大的污水处理厂则可采用离心式风扇,这样可以提高效率,节省电能。该系统充氧能力达 2.5 kg O_2/(kW·h)。该悬浮式曝气链系统,由于在水下无固定装置,故十分便于维修。而且,一般来说,平时维修的工作量也是很小的。由于曝气扩散器出气通畅,也不需要太多的自动化控制。由于处理过程可按延时曝气方式进行,因此,污泥龄长,污泥稳定程度高,导致系统最终排出的污泥量亦少。因此,没必要设置专门复杂的处理构筑物与设备。

4.6 好氧颗粒污泥反应器

在生物处理系统中,处理效率的高低是由微生物的特性决定的,反应器内微生物量越大、活性越高、沉降性能越好,单位体积反应器的处理效率也越高。如何将以上两类系统的优势很好地结合,利用微生物本身的生理生化特性,产生絮体密度较大、有一定水力强度、沉降性能好、传质效果好的活性污泥聚集体,对于改进工艺、提高处理效率、降低运行费用和工程造价有很大意义。

好氧颗粒污泥和好氧颗粒污泥反应器正是为满足上述要求而开发的新型污泥工艺模式。常规的活性污泥法存在着容易产生大量的剩余污泥、对冲击负荷敏感、反应器体积庞大等缺点,而且容积负荷低,一般为 0.2~2.0 kg/(m^3·d)。如果在好氧反应系统中实现污泥颗粒化,使反应器中存留大量沉降性能良好的活性污泥,可降低污泥沉淀系统要求、减少剩余污泥的排放。由于颗粒污泥拥有高容积负荷下降解高浓度有机废水的良好生物活性,因而可减少反应器占地面积,减少投资,尤其在土地紧张的地区具有积极的意义。

颗粒化反应器多采用间歇式反应器,包括 SBR、SBAR 和厌—好氧交替工艺。SBR 独特的厌—好氧交替反应,反应器内气液两相均呈升流状态,在技术上具有培养出颗粒活性污泥的可行性。近几年国内外均有在 SBR 中培养出好氧颗粒污泥的报道。

(1)接种污泥的选择

好氧颗粒污泥反应器可采用不同接种污泥:

1)以普通的絮状活性污泥为接种污泥,此为丝状菌和小颗粒的混合物,接种污泥占反应器体积 25% 左右;

2)以去除 COD 为主的悬浮、不沉降的细胞为接种污泥,接种污泥占反应器体积 0.5% 左右;

3) 直接采用厌氧颗粒污泥进行驯化。

直接采用厌氧颗粒污泥进行驯化的方法简便且成功率高；而以普通絮状活性污泥为接种污泥，启动时间长，控制难度较大。如卢然超等以厌氧颗粒污泥为接种污泥在 SBR 反应器中培养出好氧颗粒污泥，而以普通活性污泥为接种污泥未获成功。

(2) 污泥颗粒化过程的影响因素

1) COD 负荷。

COD 负荷的变化会影响到活性污泥的积累，在最小沉降速率、表面气体流速和 HRT 等最优的情况下，高负荷会产生大量泥。COD 负荷在一定范围内对颗粒化过程并无直接影响，但会影响到颗粒污泥的最终形状。

2) 污泥龄。

污泥龄 (SRT) 的控制与颗粒污泥的形成密切相关。难于沉降的絮状污泥因为它们的 SRT 与 HRT 相同而在排水阶段被洗出。在 SBR 反应器启动阶段，由于丝状菌和絮状污泥的减少，造成出水中污泥浓度的降低和 SRT 的增加，稳定阶段 SRT 为 9 d。但短泥龄的颗粒粒径比长泥龄的颗粒粒径小，这是因为在同样的有机负荷下，泥龄短，颗粒没有足够的时间长大，颗粒小，传质条件好，比表面积大，有助于提高反应器的处理能力。

3) 进水水质。

已有的研究结果表明，可以在很广的进水有机物组成范围内形成颗粒污泥，而并不局限于特定的微生物种群。但进水中的含氮量过高或过低都会使反应器中污泥的颗粒化程度下降，已有的颗粒污泥逐渐解体，向絮状转化，并带有丝状絮体，污泥沉淀性能变差。所以，进水中合适的 TN/TP 比是影响污泥颗粒化的重要因素。

4) 温度。

颗粒污泥反应器处理效率与温度密切相关。竺建荣等发现在厌—好氧交替工艺中随着温度的降低，除磷效率下降，出水越来越浑浊，含污泥量增加，反应器中污泥量减少，颗粒化结构不好，大多数变为絮状污泥，污泥颜色变暗，沉淀性能明显下降。分析其原因可能为：低温抑制污泥中的微生物生长，使各种生化作用显著减弱。

5) 水力停留时间。

较低的水力停留时间 (HRT) 能冲洗出悬浮微生物，减少反应器中悬浮微生物的生长，促进颗粒污泥的形成。在 SBR 反应器中，HRT 为 8 h 时不能有效洗出悬浮微生物。不过，较低的 HRT 有利于活性污泥的颗粒化。当 HRT 为 6.75 h，表面气体流速适宜时，好氧颗粒污泥可以稳定存在。

6) 表面气体流速。

气体流动是反应器中产生剪切力的主要原因。在较高的表面气体流速下 (0.041 m/s)，好氧颗粒污泥表面多余的丝状菌脱落，导致形成较光滑的颗粒污泥。

脱落的微生物因为沉淀较慢而被洗出,使得易于沉淀、易于形成颗粒污泥的微生物留在反应器内。在较高的表面气体流速(0.041 m/s)下,沉淀时间适当延长,负荷可增至 7.5 kg/(m^3·d),使得丝状菌等快速生长,提供颗粒污泥形成的骨架。而较低的表面也气体流速(0.020 m/s)并不能形成稳定的颗粒污泥。刘雨等通过四个 SBR 的对比试验分析了不同表观气速(3.6 cm/s、2.4 cm/s、1.2 cm/s、0.3 cm/s)对好氧颗粒污泥形成、结构代谢的影响,发现在同样的污泥接种量条件下,表观气速越大,反应器内污泥量越大。另外,水力剪切力与细菌表面疏水性能之间有密切的关系,疏水性结构是细菌和细菌间相互聚合的关键。当水力剪切力较大时,新陈代谢产生的能量主要被用于生理反应产生多糖,而非用于增加污泥的数量。多糖能够促成细胞间的凝聚和吸附,对于保证颗粒污泥结构的完整性起到了关键的作用。当然,水的剪切力也不宜太大,培养颗粒污泥时,应当控制适当的条件。

7) 碳源。

刘雨等分别以醋酸盐、葡萄糖为碳源进行平行试验发现,对形成颗粒污泥来说,醋酸盐比葡萄糖作碳源更佳。因为大分子碳水化合物有利于丝状菌的生长,而丝状菌不利于形成颗粒污泥。另外,内源碳降解阶段使异养细菌均处于"饥饿"状态。内源碳降解阶段对于细菌间的聚合和吸附起到了积极的作用,这是因为在"饥饿"状态下,细菌的疏水性增强,而疏水性有利于颗粒污泥的形成。

第5章 生物膜生物处理新技术

生物膜是由生长发育活跃的单一或混合的微生物群体附着在活性的或非活性载体表面,由好氧菌、厌氧菌、兼性菌、真菌、原生动物和较高等动物组成的微生态体系。生物膜反应器中微生物膜菌群构成的差异是影响反应器效率的最重要的因素。对于混合菌群的微生物膜,好氧菌群一般位于膜外部表层而厌氧菌群则集中于生物膜内部深层,增长率较高的菌群一般集中生长在膜的外表层,而增长率较低的菌群往往位于膜的内层。生物膜作为一个功能化的有机体,其种群的分布是按照系统的各种功能需求而优化组成的。生物膜的种群分布不是种群间的一种简单组合,而是根据生物整体代谢功能最优化原则组成配置的。一般生物膜系统种群分布具有如下特征:厌氧和兼性厌氧菌的比例高,丝状微生物数量较多;存在较高等的微型动物;存在成层分布现象,即随着反应器内负荷的变化出现优势菌分层分布现象,对生物膜系统中微生物种群分布的分析通常采用橘黄夹氮蒽染色——荧光显微镜观察法及扫描电镜观察法。

近年来,国内外对生物膜种群的研究已进入到微观领域,如采用氧化还原微电极技术研究生物膜中微生物过程的层化现象及其相关的氧化还原电位的变化规律。许多研究发现,氧化还原电位在生物膜中随着膜深度的变化能够作为衡量生物膜中特定微生物反应过程存在的指示因子,生物膜氧化还原电位参数的变化与生物膜中微生物反应过程的更替相关联。一般可通过强化营养供给来刺激反应器内微生物菌群的生长,使生物膜降解性能进一步提高,如采用具有生物亲和性、孔隙结构发达的功能型新型载体,强化生物膜对有机物降解的活性等。

5.1 复合生物膜技术:活性污泥—生物膜技术

活性污泥—生物膜技术是向反应器内投加载体作为微生物附着载体,悬浮生长的活性污泥和载体上附着生长的生物膜共同承担着去除污水中有机污染物的任务。其可按连续和间歇两种方式运行,由此可将其分为连续流活性污泥—生物膜法和间歇式活性污泥—生物膜法。按照上述说法,如何区分投料活性污泥工艺与活性污泥—生物膜法呢?认定原则还是一样的,若系统内除附着生物外还含有高浓度的

MLVSS,且以悬浮型活性污泥为生物净化的主要机制,则属投料活性污泥工艺;若系统以附着生物为主,以固着型微生物作为生物净化的主要机制,填料也是固定的,则属生物膜法工艺。当然,活性污泥—生物膜技术叫法上似乎不分主次,所以若将前面出现过的涉及到生物膜的方法都归结到本类中,也没有不妥之处。

5.2 曝气生物滤池

曝气生物滤池(Biological aerated filter,简称 BAF)是 20 世纪 80 年代末在欧美兴起的一种生物膜法污水处理工艺,是在普通生物滤池的基础上,借鉴给水滤池工艺而开发的污水处理新工艺。曝气生物滤池是普通生物滤池的一种变形,也可看成是生物接触氧化法的一种特殊形式。即在生物反应器内装填高比表面积的颗粒填料,以提供微生物生长的载体,并根据污水的流向分为下向流和上向流,上向流是由底部进水,气水同向;下向流则是顶部进水,气水反向;污水由上向下或由下向上流过滤料层,在滤料层下部鼓风曝气,使空气与污水逆向或同向接触,使污水中的有机物与填料表面生物膜通过生化反应得到稳定,填料同时起到物理过滤作用。综合各种污染物质的去除效果,上向流式曝气生物滤池优于下向流式曝气生物滤池。近年来国内外实际工程中绝大多数采用上向流曝气生物滤池结构。

曝气生物滤池最初用于污水的三级处理,由于其良好的处理性能,应用范围不断扩大,直接发展成用于二级处理的工艺。目前世界上已有数百座大大小小的污水处理厂采用了这种技术。随着研究的深入,曝气生物滤池从单一的工艺逐渐发展成系列综合工艺。曝气生物滤池不仅可用于水体富营养化处理,而且可广泛地被用于城市污水、小区生活污水、生活杂排水和食品加工废水、酿造和造纸等高浓度废水的处理,具有去除 SS、COD、BOD 以及硝化、脱氮除磷、去除 AOX(有害物质)的作用,其最大特点是集生物氧化和截留悬浮固体于一体,节省了后续二次沉淀池,在保证处理效果的前提下使处理工艺简化。此外,曝气生物滤池工艺有机物容积负荷高、水力负荷大、水力停留时间短、所需基建投资少、能耗及运行成本低,同时该工艺出水水质高,到 20 世纪 90 年代初得到了较大发展,在法国、英国、奥地利和澳大利亚等国已有较成熟的技术、设备和产品,使用 BAF 的污水处理厂最大规模也已扩大到几十万 m^3/d,同时发展为可以脱氮除磷的工艺。

根据进水和填料的不同,曝气生物滤池的工艺形式有 Biocarbon、BIOFOR、BIOSTYR、Colox、DeepBed、B_2A、Biosmedi、SAFE、BIOPUR、Stereau 等,而其中最有代表性和应用得最多的是 Biocarbon、Bioror、BIOSTYR。Biocarbon 是早期开发的工艺形式,有负荷不高、容易堵塞、运行周期短的缺点,而 BIOFOR 和 BIOSTYR 则克服了这些缺点,因此成为目前所研究的曝气滤池的主要形式。

5.2.1 曝气生物滤池工艺的原理与特点

(1) 曝气生物滤池的构造

BAF 的构造与污水三级处理的滤池基本相同,只是滤料不同。BAF 一般用单一均匀颗粒滤料,与普通快滤池类似。曝气生物滤池主体可分为滤池池体、生物填料层、承托层、布水系统、布气系统、反冲洗系统、出水系统、管道和自控系统等 8 个部分组成,如图 5-1 所示。下面分别对这几部分进行介绍。

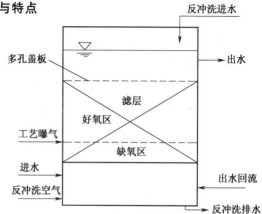

图 5-1 上向流式脱氮(反硝化)曝气生物滤池

1) 滤池池体。

曝气生物滤池池体的作用是容纳被处理水量和围挡滤料,并承托滤料和曝气装置的重量。曝气生物滤池的形状有圆形、正方形和矩形三种,结构形式有钢制设备和钢筋混凝土结构等。一般当处理水量较少、池体容积较小并为单座滤池时,采用圆形钢结构的池体较多;当处理水量和池容较大,选用的池体数量较多并考虑池体共壁时,采用矩形和正方形钢筋混凝土结构较经济,滤池的平面尺寸以满足所要求的流态、均匀布水布气、填料安装和维护管理方便、尽量同其他处理构筑物尺寸相匹配等为原则。

2) 生物填料层。

填料是生物膜的载体,并兼有截留、过滤悬浮物质的作用,因此,载体填料是曝气生物滤池的关键,直接影响着曝气生物滤池的效能。同时,载体填料的费用在曝气生物滤池处理系统的基建费用中占较大比重,所以填料的选用及性能关系到系统的合理性。

目前填料主要可分为无机类填料和有机类填料,无机类填料主要有沸石、火山岩、焦炭、陶粒、石英砂、活性炭和膨胀硅铝酸盐等;有机类主要包括聚氯乙烯、聚合成纤维、玻璃钢、聚苯乙烯小球、聚丙烯和波纹板等。国内外通常采用的填料形状有蜂窝管状、束状、波纹状、圆形辐射状、盾状、网状、筒状、规则粒状与不规则粒状等,所用的材质除粒状填料外,基本上采用玻璃钢、聚氯乙烯、聚丙烯、维尼纶等。我国对曝气生物滤池滤料的研究主要以陶粒为主,目前在陶粒滤料的基础上还开发出了酶促陶粒、球形轻质陶粒、纳米改性陶粒等新型滤料。近年来还开展了应用片状陶粒处理水源微污染水的研究,片状陶粒属不规则粒状填料,尽管挂膜性能良好,但存在水流阻力大、空隙率小、容易堵塞、强度差、易破碎、不耐水冲刷等缺陷，使它仅能应用于微污染水源水的处理，而不适合污水处理。

不同粒径的颗粒填料的物理化学特性有一定的区别，有的甚至相差很大。生物载体填料的选择是曝气生物滤池技术成功与否的关键，它决定了曝气生物滤池滤料能否高效运行，所以填料的选择应综合机械强度、比表面积、孔隙率及表面粗糙度、填料的形状、密度、表面电性和亲水性、生化稳定性等因素。当然，由于不同颗粒填料的物理化学特性差异很大，填料的选择还应本着性能优良、价格低廉和易于就地取材的原则。

表 5-1 是曝气生物滤池常用的几种填料的物理化学特性，由表可以看出，活性炭的比表面积远远高于其他材质颗粒，黏土陶粒、页岩陶粒、焦炭、炉渣，其他的颗粒物质比表面积相差无几；总孔体积也以活性炭为最高，炉渣、黏土陶粒、页岩陶粒，其他几种颗粒的总孔体积则相对较小；颗粒的松散密度以砂子和麦饭石为最大，其他颗粒的松散密度均小于 1 000 g/L。各种颗粒化学组成均以 Al 和 Si 为主要成分，两者之和达 60%～80%，这些颗粒的碱性成分所构成的微环境可能有利于微生物的生长。

表 5-1　曝气生物滤池常用填料的物理性质

名　称	产　地	物　理　性　质		
		比表面积(m^2/g)	总孔体积(cm^2/g)	松散密度(g/L)
活性炭	太原	960	0.9	345
黏土陶粒	马鞍山	4.89	0.39	875
炉渣	太原	0.91	0.488	975
页岩陶粒	北京	3.99	0.103	976
砂子	北京	0.76	0.016 5	1 393
沸石	山西	0.46	0.026 9	830
麦饭石	新华县	0.88	0.008 4	1 375
焦炭	北京	1.27	0.063 0	587

可见，除了活性炭之外，黏土陶粒和页岩陶粒是最佳的填料材料，人工材料中焦炭和炉渣的物理性质较佳，砂子由于密度较大，并且颗粒较小不适宜作为曝气生物滤池的填料，其他材料主要是考虑经济上的原因而不适宜作为曝气滤池的填料。

黏土陶粒是以粉煤灰为主要原料，黏土为粘接剂和添加少量造孔剂，经高温熔烧而成的。首先需将黏土烘干，并粉碎到粒度小于 100 目。然后按配方取粉煤灰 50%（质量分数）、黏土 45%（质量分数）、造孔剂 5%（质最分数）进行干粉混合，然后加入 20%（质量分数）的水混合均匀，并造粒成型，粒度一般为 3～6 mm 左右。湿颗粒需先在干燥室内烘干,然后在950～1 100 ℃的高温下熔烧而成。

页岩陶粒以页岩矿土为原料,经破碎后,在1 200℃左右的高温下熔烧,膨胀成5～40 mm的球状陶粒,再经破碎后筛选而成。页岩陶粒外壳呈暗红色,表皮坚硬,表面粗糙不规则,有很多大孔而不连通,开孔一般大于0.5 μm,而细菌直径为0.5～1.0 μm,所以有利于细菌附着生长。陶粒的详细理化性质见表5-2。

表5-2 黏土陶粒和页岩陶粒的物理化学特征

名 称	物理性质			主要化学元素组成(%)					
	比表面积 (m^2/g)	总孔体积 (cm^3/g)	松散密度 (g/L)	SiO_2	Al_2O_3	FeO	CaO	MgO	烧失量
黏土陶粒	4.89	0.39	875	69.77	14.54	4.73	0.73	2.1	15.63
页岩陶粒	3.99	0.103	976	61～66	19～24	4～9	0.5～1	1～2	5.0

3) 承托层。

承托层主要是为了支撑生物填料,防止生物填料流失和堵塞滤头,同时还可以保持反冲洗稳定进行。承托层常用材料为卵石、破碎的石块、重质矿石、磁铁矿等。为保证承托层的稳定并对配水的均匀性起作用,要求承托材料具有良好的机械强度和化学稳定性,形状应尽量接近圆形。承托层接触配水及配气系统的部分应选粒径较大的卵石,其粒径至少应比孔径大4倍以上,由下而上粒径渐次减小,接触填料部分的粒径比填料大一倍,承托层高度一般为400～600 mm。承托层的级配可以参考滤池的级配。

4) 布水系统。

曝气生物滤池的布水系统主要包括滤池最下部的配水室和滤板上的配水滤头。配水室的功能是在滤池正常运行和滤池反冲洗时使水在整个滤池截面上均匀分布,它由位于滤池下部的缓冲配水区和承托滤板组成。设置缓冲配水区的目的是使进入滤池的污水能够均匀流过滤料层,尽量使滤料层的每一部分都能最大限度地参与生物反应,使曝气生物滤池发挥其最佳的处理能力。承托滤板的作用是使进入滤池的污水先在缓冲配水区进行一定程度的混合后,依靠承托滤板的阻力作用,污水在滤板下均匀分布,并通过滤板上的滤头均匀流入滤料层。在气、水联合反冲洗时,缓冲配水区还起到均匀配气作用,气垫层也在滤板下的区域中形成。

对于上向流滤池,配水室的作用是使某一短时段内进入滤池的污水能在配水室内混合均匀,通过配水滤头均匀流过滤料层,配水室除为滤池正常运行布水外,还对滤池反冲洗进行布水。而对于下向流滤池,布水系统主要为滤池反冲洗布水和收集净化水。

由于曝气生物滤池在正常运行时一直处于曝气阶段,曝气造成的扰动足以使得进水很快均匀分布在整个反应器截面上,所以单从进水来讲,其配水设施没有一般给水滤池要求那么严格。滤池在运行时,生物滤料层截留部分悬浮物、生物絮凝吸附的部分胶体颗粒和在新陈代谢过程中增殖老化脱落的生物膜,这些物质的存在明显地增加了曝气生物滤池的过滤阻力,会使处理能力减小和处理出水水质下降。同时也使水溶液主体的溶解氧和生物易降解的有机物与生物膜上微生物之间的传质效率下降,影响生物滤池对有机物的去除效率。所以在运行一定时间后必须对滤池进行反冲洗,将这些物质通过反冲洗水排出滤池外,保证滤池的正常运行。如果反冲洗系统设计不合理或安装达不到要求,使反冲洗时配水不均匀,将产生冲洗周期缩短、冲动承托层而引起生物填料与承托层的混合、影响生物滤池对污染物的去除效果等不良后果,甚至引起生物填料的流失,有时也会引起布气系统的松动,对曝气生物滤池造成极大危害。

曝气生物滤池一般采用管式大阻力配水方式,由一根干管及若干支管组成,污水或反冲洗水由干管均匀分配进入各支管,支管上有间距不等的布水孔,孔径及孔间距可由公式计算得出,支管开孔向下,反冲洗水经承托层的填料进一步切割而均匀分散。除上述采用滤板和配水滤头的配水方式以外,国内也有小型的曝气生物滤池采用栅型承托板和穿孔布水管(管式大阻力配水方式)的配水形式。

5)布气系统。

曝气生物滤池内设置布气系统主要有两个目的:一是保证正常运行时曝气所需;二是保证进行气水反冲洗时布气所需。

保持曝气生物滤池中有足够的溶解氧是维持曝气生物滤池内生物膜高活性,对有机物和氨氮的高去除率的必备条件。因此,选择合适的充氧方式对曝气生物滤池的稳定运行十分重要。

曝气系统的设计必须根据工艺计算所需供气量来进行。曝气生物滤池最简单的曝气装置可采用穿孔管。穿孔管属大、中气泡型,氧利用率较低,仅为3%~4%,其优点是不易堵塞,造价低。在实际应用中,有充氧曝气与反冲洗曝气共用同一套布气管的形式,但由于充氧曝气需气量比反冲洗时需气量小,因此配气不易均匀。共用同一套布气管虽然能减少投资,但运行时不能同时满足两者的需要,影响曝气生物滤池的稳定运行。在实践中发现此办法利少弊多,最好将两者分开,单独设立一套曝气管,以保持正常运行,同时另设立一套反冲洗布气管,以满足反冲洗布气的要求。曝气管的位置往往在承托层之上 30~50 cm 的填料层之中,这样做的优点是在曝气管之下的滤池填料层可以起到截留污水中悬浮物的作用,在有滤头的情况下可以起到预过滤的作用;在没有滤头的情况下,可以避免曝气对于填料截留层的干扰。

现在国内外曝气生物滤池常用生物滤池专用曝气器作为滤池的空气扩散装置,如德国 PHILLIP MIJLLEH 公司的 OXAZUR 空气扩散器、中冶集团马鞍山钢铁设计研究总院环境工程公司开发的单孔膜滤池专用曝气器。单孔膜滤池专用曝气器按一定间隔安装在空气管道上，空气管道又被固定在承托板上，曝气器一般都设计安装在滤料承托层里，距承托板约 1 m，使空气通过曝气器并流过滤料层时可达到 30% 以上的氧的利用率。该种曝气器的另一个特点是不容易堵塞，即使堵塞也可用水进行冲洗。

6）反冲洗系统。

反冲洗是保证曝气生物滤池正常运行的关键，其目的是在较短的反冲洗时间内，使滤料得到适当的清洗，恢复其截污功能，但也不能对滤料进行过分冲刷，以免冲洗掉滤池正常运行必要的生物膜。反冲洗的质量对出水水质、运行周期、运行状况的影响很大。采用气水联合反冲洗的顺序通常为：先单独用气反冲洗，再用气水联合反冲洗，最后用清水反冲洗。在反冲洗过程中必须掌握好冲洗强度和冲洗时间，既要将截留物质冲洗出滤池，又要避免对滤料过分冲刷，使生长在滤料表面的微生物膜脱落而影响处理效果。

曝气生物滤池采用气水联合反冲洗时气冲洗强度可取 $10\sim14$ L/(m² · g)。反冲洗布气系统形式与布水系统相似，布气管与进水布水管一样，一般安装在承托层之下。但气体密度小且具有可压缩性。所以，布气管管径及开孔大小均比布水管要小，孔间距也短一些。

7）出水系统。

曝气生物滤池出水系统可采用周边出水或单侧堰出水等方式。在大、中型污水处理工程中，为了工艺布置方便，一般采用单侧堰出水，并将出水堰口处设计为 60°斜坡，以降低出水口处的水流流速；在出水堰口处设置栅形稳流板，以便在反冲洗时，使有可能被带至出水口处的滤料与稳流板产生碰撞而降低流速，进而在该处沉降，并沿斜坡下滑回滤池中。

8）管道和自控系统。

曝气生物滤池运行时既要完成降解有机物的功能，还要完成对污水中各种颗粒及胶体污染物以及老化脱落的生物膜的截留过滤功能，同时还要实现滤池本身的反冲洗。这几种方式交替运行。对于小型工业废水处理厂，滤池的控制可以简单些，甚至可以采用手动控制；而对于处理规模较大的城镇污水处理厂，为提高滤池的处理能力和对污染物的去除效率，需要设计自控系统。

图 5-2 所示为一种曝气生物滤池管路控制示意图，运行过程中可以采用自动控制系统关启各种控制阀门，通过阀门关启的配合，可实现滤池不同进水方式的运行。具体程序如下：

①上向流关阀 1,3,4,6；开阀 2,5；

②下向流关阀 2,3,5,6；开阀 1,4；

③反冲洗关阀1,2,4,5；开阀3,6。

通过上述阀门关启的配合，可实现不同进水方式的运行，实行不同的功能。缺点是阀门较多，增加投资和阀门安装的难度。

(2) 曝气生物滤池的性能特点

曝气生物滤池工艺的优点如下所述：

1) 处理装置结构紧凑，生化反应和过滤在一个单元中进行，不需要二次沉淀池，其占地只是常规二级生化处理的1/5～1/10，节省了占地面积和土建费用。

2) 填料的颗粒细小，提供了大的比表面积，使单位体积滤池内保持较高生物量，生物相复杂、菌群结构合理。由于填料上的生物膜较薄，其活性相对较高；传质条件好；充氧效率高；因此，容积负荷和去除率都较高，具有高质量的出水，出水达到或接近生活杂用水水质标准。

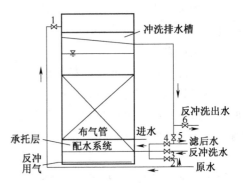

图 5-2　曝气生物滤池控制示意图

3) 生物曝气滤池耐冲击负荷，受气候、水量和水质变化影响小；具有多种净化功能，除了用于有机物去除外，还能够去除 NH_3-N 等。

4) 曝气生物滤池有一定的过滤作用：①机械截留作用，生物陶粒滤池所用陶粒填料的颗粒粒径一般为 5 mm，填料高度为 1.5～2.0 m，根据过滤原理，进水中的颗粒粒径较大的悬浮状物质被截留；②颗粒滤料上生长有大量微生物，微生物新陈代谢作用中产生的黏性物质如多糖类、酯类等起吸附架桥作用，与悬浮颗粒及胶体粒子黏结在一起，形成细小絮体，通过接触絮凝作用而被去除；③曝气生物滤池中由于微生物作用，能使进水中胶体颗粒的 Zeta 电位降低，使部分颗粒脱稳形成较大颗粒而被去除。

5) 氧的传输效率高，供氧动力消耗低，处理单位污水电耗低，运行费用比常规处理低 1/5。

6) 设施可间断运行，由于大量的微生物生长在填料的内部和表面，微生物不会流失，即使长时间不运转也能保持其菌种，其设施可在几天内恢复运行。

7) 处理设施采用全部模块化结构，便于进行后期的改扩建，可建成封闭式厂房，减少臭气、噪声和对周围环境的影响，视觉景观好。

曝气生物滤池工艺也有不足，如预处理要求较高，增加日常药剂费用；泥量相对较大，污泥稳定性较差；当然，减少反冲洗水量会降低污泥体积，这也就提出了在保证反冲效果的前提下，如何提高反冲效率的问题。除磷效果较差，所以一般要在滤池前的混合沉淀池中投加适量的除磷药剂。

5.2.2 曝气生物滤池工艺流程

以曝气生物滤池为基础的多种组合工艺不仅仅用于生活污水的处理,还可以用于工业废水以及饮用水微污染的处理。随着水体富营养化的日趋加剧,污水排放要求越来越严格,对污水排放要求脱氮除磷。在采用曝气生物滤池处理工艺时,根据水处理处理对象不同和排放水质指标要求的不同,通常有以下三种工艺流程:一段曝气生物滤池工艺;二段曝气生物滤池工艺;三段曝气生物滤池工艺。

(1)一段曝气生物滤池工艺

一段曝气生物滤池工艺主要用于处理可生化性较好的工业污水以及对氨氮等营养物质没有特殊要求的生活污水,其主要去除对象为污水中的碳化有机物和悬浮物,即主要是去除污水中的 BOD、COD 和 SS,单纯以去除污废水中碳化有机物为主的曝气生物滤池称为 DC 曝气生物滤池。其工艺流程如图 5-3 所示。

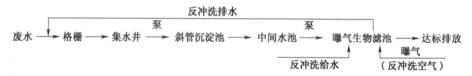

图 5-3 一段(DC)曝气生物滤池工艺流程

原污水先经过预处理设施,去除污水中大颗粒悬浮物后进入 DC 曝气生物滤池。对于工业废水,预处理设施应包括格栅、调节池、初沉池或水解池。由于工业废水的来水水质不稳定,所以设置调节池是必要的;对于高浓度有机工业废水,在 COD 的质量浓度大于 1 500 mg/L 时,建议在 DC 曝气生物滤池前增加厌氧或水解酸化处理单元,以缓解滤池的处理负荷,同时也可节省能耗,降低运行费用。对于城镇生活污水,预处理设施应包括格栅、沉砂池、初沉池或水解池。根据具体工程所采用处理工艺高程布置的要求,经预处理后的污水或自流或由提升泵送至 DC 曝气生物滤池进行处理。

通过一段曝气生物滤池工艺可去除有机物和进行硝化作用。在预沉池中投加絮凝剂通过絮凝、沉淀作用去除原水中大部分有机物,在曝气生物滤池进水端通过异养微生物的降解作用,又进一步去除污水中部分有机物。沿水流方向随着有机物浓度降低,异养微生物减少,而自养型硝化菌逐渐增加,将原水中的氨氮氧化成硝酸氮或亚硝酸氮。

为了实现脱氮的目的,可以将一段曝气生物滤池工艺流程基于 A/O 工艺思想进行改进。原水经过水解预处理去除 SS 等固体杂质,进入 BAF 滤池,在 BAF 滤池中去除有机污染物,同时将 $NH_3\text{-}N$ 氧化为 $NO_3\text{-}N$,BAF 滤池出水的一部分回流进入水解池,利用进水中的碳源,实现反硝化。回流比一般控制在 100%～300%。

(2)二段曝气生物滤池工艺

二段曝气生物滤池主要用于对污水中有机物的降解和氨氮的硝化。二段法可以在两座滤池中驯化出不同功能的优势菌种,各负其责,缩短生物氧化时间,提高生化处理效果,更适应水质的变化,使处理水水质稳定达标。二段曝气生物滤池工艺流程如图5-4所示。

进水 ⟶ 预处理 ⟶ BAF C ⟶ BAF N ⟶ 出水

图5-4 二段除C、硝化曝气生物滤池工艺流程

原污水先经过预处理设施,预处理设施的设计与一段 DC 曝气生物滤池一样,去除污水中大颗粒悬浮物后进入第一段曝气生物滤池,第一段曝气生物滤池的处理出水直接自流入第二段曝气生物滤池进行硝化处理。

第一段曝气生物滤池以去除污水中碳化有机物为主,成为碳曝气生物滤池。在该段生物滤池中,异养菌为优势生长的微生物。沿滤池高度方向从进水端到出水端有机物梯度逐渐递减,其降解速率也呈递减趋势。在进口端由于有机物浓度较高,异养微生物处于对数增殖期,异养微生物膜增长很快,微生物浓度很高,BOD 负荷率也较高,有机物降解速率很快,而此时自养微生物处于抑制状态。随着降解反应的进行,在滤池中有机物浓度沿水流方向不断降低,异养微生物处于减速增殖期,微生物膜增长缓慢,而自养微生物处于增殖过程,第一段曝气生物滤池最终出水中的有机物浓度已处于较低水平。

第二段曝气生物滤池主要对污水中的氨氮进行硝化,称为 N 曝气生物滤池。在该段生物滤池中,由于进水中的有机物浓度较低,异养微生物较少,而优势生长的微生物为自养型硝化菌,将污水中的氨氮氧化成硝酸氮或亚硝酸氮。同样在该段生物滤池中,由于微生物的不断增殖,老化脱落的微生物膜也较多,所以间隔一定时间也需对该滤池进行反冲洗。

二段曝气生物滤池工艺还可以实现除有机物/硝化/反硝化作用,如图5-5所示,将硝化和反硝化分别在两个滤池中进行,该工艺操作方便,运行可靠。根据原水水质情况选择预沉或水解预处理,出水进入一级 BAF 滤池,在滤池中实现有机物的去除,同时发生硝化反应。因为经过一段 BAF 滤池后的污水中的有机物一般不能满足二级 BAF 进行反硝化所需的碳源,一级 BAF 滤池的出水进入二级 BAF 滤池前必须外加碳源(醋酸盐、乙醇、甲醇等有机物)。外加碳源的量必须严格控制,如果外加碳源过少,反硝化不彻底,TN 排放不能达标。如果外加碳源过多,出水 COD 又可能超标,因此建议适当添加碳源,但必须在出水中将 DO 质量浓度维持在 2～4 mg/L,以

防止 COD 超标。

```
                              碳源
                               ↓
进水 ─→ 预处理 ─→ BAF CN ─→ BAF DN ─→ 出水
```

图 5-5　二段后置反硝化脱氮 曝气生物滤池工艺流程

(3) 三段曝气生物滤池工艺

三段是在二段曝气生物滤池的基础上增加第三段反硝化滤池,同时可以在第二段滤池的出水中投加铁盐或铝盐进行化学除磷,所以第三段滤池称为 DN-P 曝气生物滤池。在工程设计中,根据需要曝气生物滤池也可前置。三段曝气生物滤池工艺流程如图 5-6 所示。

```
                                         除磷剂
                                           ↓
进水 ─→ 预处理 ─→ BAF C ─→ BAF N ─→ BAF DN-P ─→ 出水
```

图 5-6　三段曝气生物滤池工艺流程

5.2.3　曝气生物滤池工艺的发展与应用

曝气生物滤池研究在 20 世纪 80 年代中后期经历了一个快速发展时期,出现了比较有代表性的 BIOFOR、BIOSTYR、和 BIOPUR 等反应器和工艺形式,20 世纪 90 年代以来有关曝气生物滤池的技术方法、工艺流程不断完善,在填料的选择、反冲洗技术的改进以及提高滤速等方面取得了一定的进展。目前,以曝气生物滤池作为处理主体的污水处理厂已超过 100 座,主要分布在欧洲和北美地区。亚洲的韩国、中国台湾也有曝气生物滤池的实际应用,大连马栏河污水处理厂也引进了 BIOFOR 形式的曝气生物滤池。这些曝气生物滤池被应用于处理工业废水、生活污水以及微污染水源水的预处理中,取得了良好的处理效果,在水处理工程中发挥着越来越重要的作用。

(1) BIOSTYR 型曝气生物滤池

BIOSTYR 是法国 OTV 公司的注册工艺,由于采用了新型轻质悬浮填料——Biostyrene(主要成分是聚苯乙烯,且密度小于 1 g/cm³ 而得名,此种滤料能漂浮于水面,颗粒细小)。下面以去除 BOD、SS 并具有硝化脱氮功能的 BIOSTYR 反应器为例说明其工艺结构与基本原理。

BIOSTYR 滤池与一般 BAF 工艺不同之处在于其滤头设在池子的上部的混凝土盖板(也称为挡板)上,挡板上均匀安装有出水滤头,滤头可从板面拆下,不用排空滤床,方便维修。挡板除了能防止悬浮填料流失,还能使滤料层沿水流方向不断压缩,加强滤料对 SS 的截留作用,降低出水中的 SS 值。挡板上部空间用作反冲洗水的储水区,其高度根据反冲洗水头而定,该区内设有回流泵用以将滤池出水泵至配水廊道,继而回流到滤池底部实现反硝化。BIOSTYR滤池底部设有进水和排泥管,中上部是填料层,厚度一般为2.5~3 m,填料层底部与滤池底部的空间留作反冲洗再生时填料膨胀之用。滤池供气系统分两套管路,置于填料层内的工艺空气管用于工艺曝气,并将填料层分为上下两个区:上部为好氧区,下部为缺氧区。根据不同的原水水质、处理目的和要求,填料层的高度可以变化,好氧区、厌氧区所占比例也可有所不同。反冲洗空气管在滤池最下部。

反应器为周期运行,从开始过滤至反冲洗完毕为一个完整周期,具体过程如下:经预处理(主要被去除了SS)的污水与含硝化液的滤池出水按照一定的回流比混合,然后通过滤池进水管从滤池底部向上首先流经填料层的缺氧区。此时反冲洗空气管处于关闭状态。在缺氧区内,一方面,反硝化细菌以进水中的有机物作为底物,实现反硝化脱氮,即将滤池进水中的$NO_3^- - N$转化为N_2;另一方面,填料上的微生物降解BOD,需要的氧来自进水中的溶解氧和反硝化过程中生成的氧;同时SS也通过一系列复杂的物化过程被填料及其上面的生物膜吸附截留在滤床内,这样便减轻了好氧段的固体负荷。经过缺氧区处理的污水流经填料层即进入了好氧区(填料层内有曝气管),并与空气泡均匀混合继续向上流动。水汽上升过程中,该区填料上的微生物进一步降解BOD,并发生硝化反应,污水中的NH_3-N被转化为$NO_3^- - N$,滤床继续去除SS。处理出水通过滤池挡板上的出水滤头排出滤池。如果在BIOSTYR中,需单独进行硝化或反硝化,只需将曝气管的位置设置在滤池底部即可。处理水有3种出路:①按回流比例与原污水混合进入滤池实现反硝化;②排出处理系统外;③在多个滤池并联运行的情况下,可提供给另一个滤池作反冲洗用水。

随着过滤的进行,填料层内SS不断积累,生物膜也逐渐增厚,过滤水头损失逐渐加大,当水头损失达到极限时,在一定进水压力下,处理流量将得不到保证,此时即应进入反冲洗阶段,以去除滤床内过量的生物膜及SS,恢复滤池的处理能力。由于BIOSTYR中没有形成表面堵塞层,使得BIOSTYR工艺运行时间相对要长。一般经24 h运行后,需进行一次反冲洗,其具体控制可采用时间控制或压力控制。依据不同的处理情况,滤池出水指标(如SS)也可通过自控系统成为反冲洗的控制条件。

反冲洗是重力反冲洗,无须反冲洗水泵。采用气水交替反冲,反冲洗水来自贮存在滤池顶部的处理达标排放水,反冲洗所需空气来自滤池底部的反冲洗气管。反冲再生过程如下:①关闭进水和工艺空气阀门;②水单独冲洗;③空气单独冲洗,然后②、③步骤交替进行并重复几次;④最后用水漂洗一次。客观地讲,反冲过程基本是从再生效果考虑的,既要恢复过滤能力,又要保证填料表面仍附着有足够的生物膜,使滤池能满足下一周期净化处理要求。反冲洗水自上而下,填料层受下向水流作用发生膨胀,填料层在单独水冲或气冲过程中,不断膨胀和被压缩,同时,在水、气对填料的流体冲刷和填料颗粒间互相摩擦的双重作用下,生物膜、被截留吸附的 SS 与填料分离,冲洗下来的生物膜及 SS 在漂洗中被冲出滤池。反冲洗污泥回流至滤池预处理部分的沉淀系统。再生后的滤池进入下一周期运行。由于正常过滤与反冲时水流方向相反,填料层底部的高浓度污泥不经过整个滤床,而是以最快的速度通过池底排泥管离开滤池。

BIOSTYR 工艺最初是在污水的二级、三级处理中实现硝化、反硝化而开发的,设计思想来自 A/O 法。在具体工艺形式的实现中,相比而言有如下优点:

1)BIOSTYR 滤池采用的是密度小于水的球形新型有机填料,粒径为 3.5～5 mm,具有较好的机械强度和化学稳定性,生物量不会上浮、起泡、膨胀,在为微生物提供生长环境、截留 SS、促进气水均匀混合等方面有一定优势。

2)BIOSTYR 工艺曝气管布置在滤池中间,在滤层下部形成厌氧区(或缺氧区),滤层上部形成好氧区,可在同一床内完成硝化和反硝化的生化反应过程,将 BOD 降解、销化、反硝化集于一个处理单元内,简化了工艺流程。

3)滤头布置在滤池顶部,仅供出水用,不易堵塞,检修、更换简易。

4)滤池出水的水头可满足滤池反冲洗之需,反冲洗采用重力流反冲洗,不需要单独的反冲洗水及反冲洗水泵,节约了动力。

5)BIOSTYR 工艺滤床的填料具有过滤功能,故不需要设置最终沉淀池,可大大减少基建投资和占地面积,投资少。

6)滤池易于规范化设计,工程结构紧凑。可密集布置,构件式组建,单元式建造,易于按实际需要扩建(增加单元)。

7)BIOSTYR 工艺一般具有自动化程度较高的控制系统,运行灵活,管理方便。

8)BIOSTYR 工艺的处理能力强,其有机负荷为传统活性污泥法的 3～6 倍。

9)Biostyrene 滤料轻,故可减轻滤床结构承担的负荷。

BIOSTYR 工艺在欧美应用较为普遍,而且多集中在用地紧张、出水水质要求高的处理厂。对于已实现有机碳降解、硝化的处理厂,该工艺可在外加有机碳源的情况下完成反硝化;也可对只进行有机碳降解的二级处理厂进行升级,达到脱氮的水平。

(2)BIOFOR 型曝气生物滤池

BIOFOR 工艺(Biological oxygenerater reaactor)是由 Degremont 公司开发出来的,它实际上是一种上向汇流生物氧化滤池(oxygenerater concurrent upflow biological filter)。BIOFOR 曝气生物滤池主体可分为布水系统、布气系统、承托层、生物填料层、反冲洗等 5 个部分。底部为气水混合室,之上为常柄滤头(布水系统)、曝气管、垫层、填料层。废水、空气从池底经滤料层平行向上流,滤池内布满生物膜,对污水进行好氧处理并过滤,然后流向集水槽输出。其滤料使用 Biolite 膨胀硅铝酸盐,具有一定硬度,机械耐磨及持久性好,表面多孔,属于沉没填料(sunken media),

粒径在 2.5～5 mm 的占 94.1%，目前应用的 Biolite 滤料有效尺寸为 1～6 mm。曝气生物滤池的工艺稳定性与运行能力取决于正确的配气系统设计及其良好的实际应用。与 BIOFOR 配套的曝气装置为高强度 Oxazur 空气扩散器。Oxazur 空气扩散器曾获得专利，是一种由柔性多孔隔膜制成的空气扩散装置，空气经膜输入水中，空气扩散器置于配气板上，氧转移系数可达 25%。隔膜开启的孔直径符合工艺要求，既节能又可用水冲洗，管理简便。

BIOFOR 工艺在欧洲已广泛用于污水处理，美国目前有 5 个 BIOFOR 曝气生物滤池，规模为 750～7 570 m^3/d，在法国已经运行和正在建设的有 15 个 BIOFOR 曝气生物滤池，服务人口范围为 20 000～200 000 人。法国 OTV 公司建造的第一座 BIOFOR 曝气生物滤池在法国 Soissons，它呈环状，中心是清水池，储存处理过的水并用于反冲洗，服务人口数为 400 000 人，用于处理城市污水和工业废水。

冶金部马鞍山钢铁设计研究院用 BIOFOR 工艺处理辽河油田机械修造总厂生活污水和厂区部分工业废水。该工程所处理的污水主要由辽河油田机械修造公司生活区污水和厂区工业废水组成，设计规模为日处理污水 1 500 m^3，其中生活污水 900 m^3/d，工业废水 600 m^3/d。

原污水先经过格栅去除粗大漂浮物、悬浮物后，由污水泵提升至强化预处理系统。强化预处理系统为具有沉砂、除油、沉淀作用的斜管沉淀池，其处理后的出水自流至中间水池，通过泵提升至上流式曝气生物滤池进行生物降解，滤池出水即达标排放。当滤池运行一定时间后，由于微生物膜增厚，导致出水 SS 增高，这时必须进行反冲洗，反冲洗水来自中间水池。而反冲洗水排至集水井，从而进入污水处理系统。整个系统的污泥从沉淀池排出，经板框压滤机脱水后，泥饼含水率在 75% 左右，外运处置。该工程于 1999 年底竣工投运，运行情况良好，当曝气生物滤池 BOD$_5$ 容积负荷在 5～6 kg/(m^3·d)时，其出水 COD 质量浓度平均保持在 60 mg/L 以下，远低于国家《污水综合排放标准》(GB 8978—2003)中的一级标准。

(3)BIOPUR 工艺

BIOPUR BAF 是奥地利 AEE 公司开发的专利技术。该类 BAF 采用 Sulzer 填料，它是一种几何形状规整呈波纹状塑料板填料，具有三维结构，比表面积为 125～500 m^2/m^3。BIOPUR BAF 可分为 BIOPUR-C、BIOPUR-N 和 BIOPUR-DN 三种。并可根据污水类型和进、出水指标结合不同的填料类型组合成不同的工艺。若与陶粒生物滤池组合，可去除 BOD$_5$、N、P 及 SS，出水可达三级处理水平，可回用。BIOPUR 工艺可以处理城市污水和工业废水，也可用于废水的深度处理（硝化、脱氮、除磷）。表 5-3 介绍了 BIOPUR 工艺几种类型填料的性能与应用。

表 5-3 BIOPUR 工艺采用的填料性能与应用

填料	应用范围	特 性	优 点
规整波纹板	去除有机物(BIOPUR-C) 预反硝化(BIOPUR-DN) 硝化(BIOPUR-N)	规整填料,高 3～6 m,容积表面积 220～450 m^2/m^3,滤速小于 25 m/h,滤池反冲洗周期 24～72 h,单格滤池面积 1～80 m^2	过滤水头损失可忽略不计,滤池运转周期长,抗高负荷冲击的能力强
陶粒填料	去除有机物(BIOPUR-C) 预反硝化和反硝化(BIOPUR-DNK) 硝化(BIOPUR-NK)	颗粒状填料,高 3～6 m,容积表面积 600～1 200 m^2/m^3,滤速小于 20 m/h,滤池反冲洗周期 24～48 h,单格滤池面积 1～80 m^2	延长了固体的停留时间,同时去除磷
石英砂	絮凝过滤 后续反硝化 去除剩余的氮和亚硝酸盐	单层或多层滤料,高度 1.2～2.5 m,滤速小于 20 m/h,滤池反冲洗周期 24～48 h	深层过滤运行安全,反冲洗水消耗少

5.3 生物接触氧化工艺

生物接触氧化法属于好氧生物膜法的一种,是在生物滤池基础上,从接触曝气法改良、演变而来的。因此又称为"浸没式滤池"、"接触曝气法"、"浸没式生物滤池"等。但不管称呼如何,当今的生物接触氧化法,已不是原先的"浸没式滤池法",也不是所谓的"接触曝气法",它已发展成一种新型生物膜法。它有与其他好氧生物膜法的共同特点:微生物需在填料上附着生长,填料可以是固定的,也可以处于不规则的浮动或流动之中,而污水则流动于填料的孔隙中,与生物膜接触并进行生物氧化反应。生物接触氧化法的主要特征是:采用浸没在水中的高孔隙率、大比表面积的填料,在其表面为微生物附着生长提供好氧生物膜。因其表面积大,可附着的生物量大,同时因其孔隙率大,基质的进入、代谢产物的移出、生物膜自身更新脱落,均较为通畅,使得生物膜能保持高的活性和较高的生化反应速率。由于接触氧化法需要像活性污泥法那样不断向水中曝气供氧,以及在高负荷时丝状菌密集,形成垂丝状,如同活性污泥一样,在水中呈立体结构,处于漂浮状态,并且,在氧化池的流态及反应动力学方面,接触氧化法与完全混合活性污泥法相同,因而它兼有活性污泥法的特点。但是,它又不同于其他各种浸没式生物滤池工艺,如曝气生物滤池、气提循环反应器、三相生物流化床等工艺。它与曝气生物滤池相比填料的孔隙率要高很多,而没有大量截留悬浮物的效能,也不需要反冲洗操作。它有填料,但不呈小颗粒状,不可能有生物流化床的有规则的流态化特性,传质效率没有流化床高。它也不像气提循环反应器那样,要依靠空气提升,迫使小颗粒填料产生定向循环流动,趋于流态化,并在空气提升和向水中充氧的同时,对填料上的生物膜进行搅动脱膜。

所以,生物接触氧化法具有生物膜法的微生物种类多、污泥停留时间长、剩余污泥量少、能耗低、出水水质好等优点。生物接触氧化法一方面采用与曝气池相同的曝气方法,向微生物提供生长所需的氧,并起到搅拌与混合的作用,相当于在曝气池内充填供微生物栖息的填料,具有活性污泥法的供氧优势;另一方面池内有填料,充氧污水浸没填料并以一定流速流经填料,填料上布满微生物,形成生物膜,污水与生物膜接触,在生物膜上的微生物作用下,污水中的有机物得以去除,污水得到净化。所以,生物接触氧化法可用于生活污水、城市污水和食品加工等有机工业废水,而且可用于处理微污染地表水源水。近年来,性能更为优越、运行更加可靠的新型生物填料的开发,使该工艺的应用在国内更为迅速。国内太原地区建成的生物接触氧化法污水处理厂至今已连续运行了十几年,积累了较丰富的运行管理经验。太原市市政工程设计研究院编制的《生物接触氧化法设计规范》,使此工艺更加规范化、标准化。

5.3.1 生物接触氧化池的构造

由池体、填料、布水系统和曝气系统等组成;填料高度一般为 3.0 m 左右,填料层下部布水区的高度一般为 0.5~1.5 m 之间,填料层上部水层高约为 0.5 m,顶部为稳定水层。池型为方形或圆形。填料的特性对接触氧化池中生物量、氧的利用率、水流条件和废水与生物膜的接触反应情况等有较大影响;填料的性能好坏,直接影响到挂膜的难易程度、反应器中生物量的多少、反应器处理效果的好坏。其构造如图 5-7 所示。

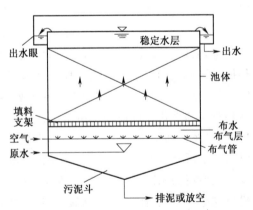

图 5-7 生物接触氧化池(全面曝气混流式)构造示意图

按曝气与填料的相对位置,生物接触氧化分为分流式(国外多用)和直流式(国内用)。分流式填料区水流较稳定,有利于生物膜的生长,但冲刷力不够,生物膜不易脱落,可采用鼓风曝气或表面曝气装置,较适用于深度处理;直流式曝气装置多为鼓风曝气系统，可充分利用池容，填料间紊流激烈，生物膜更新快，活性高，不易堵塞，但检修较困难。

生物接触氧化法的主体是填料，填料一般有 3 类：

1）硬性填料，如焦炭、活性炭、波纹板、蜂窝等，硬性填料的水力流通性能差，传质不好，有生物膜堵塞的现象。

2）软性填料，由纤维束、中心绳和塑料环构成，纤维束是生物膜的载体。软性填料空隙可变，气水配布好，但容易结团，使有效表面积变小。

3）半软性填料，是针对软性填料容易结团的缺点而发展起来的，一是考虑对塑料环进行改进，使纤维束不易搭接成团，有盾式填料、笼式填料等；二是弹性填料，是由塑料或尼龙等拉丝组合而成，这些丝是有一定强度的，因此填料本身也有一定强度，彼此不易搭接。

生物接触氧化法的曝气设备一般设在填料下，不仅供氧充足，而且对生物膜起到了搅拌作用，加速了生物膜的更新，使得生物接触氧化法的生物膜活性高；强化了其传质效果。生物接触氧化法微生物质量浓度高，一般 10～20 g/L。所以生物接触氧化法处理效率高，常用于处理高浓度废水。生物接触氧化法虽然容积负荷率高，但由于生物浓度高，其污泥负荷并不高。因此，剩余污泥量少，而且维护管理简单，所以应用较广泛。如果池底采用斗槽式排泥，曝气器应安装在排泥槽顶的曝气器支架上，因生化池立面工艺设备复杂，若采用普通的钢支架，加工、安装和防腐维护不易。在设计中可采用 ERP 曝气支架，这种支架采用复合材料制作，挤拉成型，强度高，免维护，可根据设计要求做成框架结构，整体安装，整个池子曝气器支座架安装的水平误差可控制在 ±2 mm 内。

生物接触氧化法的排泥系统：接触氧化池运行一段时间后，老化的生物膜就要脱落，在曝气强度较大或曝气器离池底较近的接触氧化池内，一般不发生积泥，反之则会积泥，若不及时排除，积累的污泥就会影响出水水质，因此设置顺畅的排泥系统对维护接触氧化池的正常运行是至关重要的。因氧化池一般采用侧向流，且采用悬挂式的填料，目前常用的排泥机械设备难以应用。从实用有效、降低造价方面着想，设计中可采用穿孔排泥管，沿池长每隔 3.0 m 设一条斗式排泥槽，内设一根排泥管，排泥管上安装手动或电动阀门。根据氧化池排泥规律，沿池长方向组成若干个排泥管组，池内安装超声波浓度计并与 PLC 自动控制装置相连接。

5.3.2　生物接触氧化法的特征

1）生物接触氧化法的优点如下：

①有填料，形成气、液、固三相共存，有利于有机物、氧的转移，充氧效率高，传质条件好。

②填料表面形成生物膜立体结构,有丝状菌存在。
③有利于保持膜的活性,抑制厌氧膜的增殖,生物活性高,污泥龄长。
④负荷高,耐冲击负荷,处理时间短,动力消耗低。
⑤操作简单,无需污泥回流,不产生污泥膨胀、滤池蝇。
⑥有较高的生物膜浓度,可达 10～20 g/L,生成污泥量少,易沉淀。

2) 生物接触氧化法的缺点如下:
①去除效率低于活性污泥法;工程造价高。
②运行不当,填料可能堵塞;布水、曝气不易均匀,出现局部死角。
③大量后生动物容易造成生物膜瞬时大量脱落,影响出水水质。

5.3.3 工程应用实例

(1) 微污染水源水预处理

上海惠南水厂扩建工程规模为 30×10^4 m³/d,分两期建设。一期生物预处理工程的设计规模为 12×10^4 m³/d。全部设计是在国内经过深入研究,并在国内多处生产性试验和实际工程应用的基础上进行的。设计采用推流式池型,原水中的氨氮浓度在 3 mg/L 以内,设计的有效停留时间为 1.45 h,一期生物接触氧化池设 2 座,每座的净化能力为 6×10^4 m³/d,每座池又分为独立的 2 格,每格池的平面尺寸为 74.5 m×8.0 m,有效深度为 4.25 m;填料采用弹性波纹立体填料,尺寸 ϕ173 mm×3 500 mm,曝气器采用球冠可张微孔曝气器,尺寸为 ϕ192 mm×55 mm,生物接触氧化池设计的气水比为(0.8∶1)～(1.5∶1);进水采用溢流堰加穿孔配水墙,出水采用指形槽,排泥采用穿孔管排泥。

惠南水厂生物预处理工程由生化池和鼓风机房两部分组成,工程造价约 92 元/m³/d。处理的全部成本减去节省的混凝剂和消毒剂费用后,为 0.035 元/m³。由此可见,接触氧化法生物预处理工艺,与传统的臭氧—活性炭技术相比,造价和运行成本低,操作及维护管理简便,在当前饮用水普遍受污染的情况下不失为一种具有广泛应用前景的技术。

生物接触氧化池应用于微污染源水的预处理与废水处理有很大不同,设计针对微污染源水的特点,着重于过程控制,对填料系统、曝气系统和排泥系统等几个关键部分进行优化设计,采用国内外多项专利技术和科研成果以达到提高系统处理效率、降低系统造价、简化系统操作和维护的目的。如填料支架采用预应力混凝土梁和紧绷支架;曝气系统采用球冠型可张微孔曝气器和专用曝气器支架,采用分段控制曝气的运行方式,池内各段的生物量可按实际情况调整,池内设有较完善的脱膜设施,生化池进出水段装有在线水质检测仪表;排泥采用斗式槽内设穿孔排泥管,池底排泥槽装有污泥浓度计。可根据实际运行状况和处理效果分别调整各段的运行参数,并可根据生化池的运行规律编排不同运行模式由 PLC 自控运行。

(2) 城市污水处理

位于广东省番禺市郊的祈福新村污水处理厂，拥有 4 万人口，设计处理能力为 8 000 m³/d，于 1998 年投入运行。其工程特点为：

1) 无剩余污泥。

该处理厂第一年运行中没有剩余污泥产生及排放，这主要是由于填料体积有机负荷低(0.23 kg BOD/(m³·d))，由于吸附生长的生物膜固定在载体填料上，形成了菌、藻、原生动物(如轮虫)及后生动物(如线虫)组成的较长的食物链，它们能减少污泥的产生。此外，在曝气池中微生物以生物膜形式附着在载体上，大大减少了曝气池出水中污泥的流失，在出水中 TSS<30 mg/L，而且在二沉池中沉淀的剩余污泥很少，导致污泥浓缩池、污泥脱水机和污泥排放系统从未用过。

2) 低能耗。

由于脱水机不运行，无污泥回流系统，能耗只来自鼓风机、除砂机、自动格栅除污机的运行。鼓风机的装机容量为 30 kW，每天运行 6 h，格栅的装机容量为 1.5 kW，每天运行时间为 3 h，除砂机的装机容量为 2.15 kW，每天运行 2 h。该废水厂处理废水的能耗为 0.05 kW·h/m³，远低于常规活性污泥系统的处理能耗(0.15~0.3 kW·h/m³)。

3) 出水水质好，可直接回用作为中水。

由于进水 BOD 浓度较低，水力停留时间较长，有机负荷较低，使出水 BOD_5 和氨氮值均较低，其值达到中水水质标准，可以直接回用。

4) 设计的安全系数过大。

运行数据表明，设计的水力停留时间 6 h 过长，2 h 已足够。如果按广东省的标准，只需 0.75 h 的填料接触时间就能达标。气水比设计为 6∶1，实际只需 2.5∶1。

(3) 工业废水的处理

工业废水如石油化工废水、印染废水、高浓度抗生素废水等都可以用生物接触氧化法进行处理。

第6章 厌氧生物处理新技术

厌氧处理是既节能又产能的工艺,它可以处理高浓度的有机污废水,也能处理中等浓度的有机污水。污水的厌氧处理是有机污染物经大量厌氧微生物的共同作用,被最终转化为甲烷、二氧化碳、水、硫化氢和氨。

6.1 概　　述

人类对厌氧生物处理法的研究,首先是从处理人类粪便开始的。从1896年英国出现第一座用于处理生活污水的厌氧消化池起,厌氧生物处理技术至今已有百余年历史。厌氧反应器的发展可分为3个典型阶段:

第一阶段,以厌氧澄清池或连续搅拌式反应器(Continuously stirred-tank reactor,CSTR)为代表,其主要缺点在于污泥停留时间和水力停留时间很难分开,出水含固量高,处理效率较低。

第二阶段,随着对颗粒污泥和生物膜等技术的深入了解,Schroepfer在20世纪50年代研究了厌氧接触工艺,20世纪60年代又开发了厌氧生物滤池(Anaerobic filter,AF),1974年荷兰的Lettinga等人开发出了以升流式厌氧污泥床(Upflow anaerobic sludge Blanket,UASB)为主的第二代反应器。它有效地分离了水力停留时间和固体停留时间,使反应器中活性微生物的保持量显著提高,水力停留时间明显缩短,有机负荷大大提高。AF和UASB反应器的发明,推动了对以微生物固定化和提高污泥与废水混合效率为基础的一系列新的高效厌氧反应器的研究,如厌氧附着膨胀床(Anaerobic attached film expanded bed,AAFEB,1978年)、厌氧流化床(Anaerobic fluidized bed,AFB,1979年)、厌氧生物转盘(Anaerobic rotating biological contactor,ARBC,1980年)、厌氧折板式厌氧反应器(Anaerobic baffied reactor,ABR,1982年)。虽然第二代高效厌氧反应器系统成功地分离了污泥停留时间和水力停留时间,但是进水与厌氧污泥之间并不能保持充分的接触,这种情况使得UASB反应器的应用受到了限制,一般被用在中、高温条件下处理中、高浓度的有机废水,很少用于较低温度下低浓度废水的处理。

第三阶段的第三代厌氧反应器是在UASB反应器的基础上进行改进而来的,主要是为拓宽其应用范围及实现污泥与进水的充分混合。20 世纪 80 年代后,专家们先后研发出了上流式污泥床过滤器(Upflow blanket filter,UBF)、厌氧折板式反应器(Anaerobic Baffled Reactor,ABR)、厌氧间歇式反应器(Anaerobic sequencing batch reactor,ASBR)、厌氧膜生物系统(Anaerobic membrane biosystem,AMBS)、厌氧内循环(Inside cycling,IC)反应器、厌氧膨胀颗粒污泥床(Expanded granular sludge bed,EGSB)反应器等。近来,基于阶段式多相厌氧消化(Stage multi-phase anaerobic,SMPA)系统的最新的第三代厌氧反应器的研究逐渐兴起。新型高效厌氧反应器的出现,使得厌氧处理技术正逐渐成为一种能够满足环境质量要求的较为经济的热门、核心技术。

第三代反应器的高效率厌氧处理系统满足了以下两个条件:①系统内能够保留大量的活性厌氧污泥;②反应器进水应与污泥保持良好的接触。其缺点是不如第二代反应器易于控制。因为运行控制困难或构造复杂,以及颗粒污泥培养较慢等因素的限制,目前生产实践中第三代厌氧反应器应用较少。比较有代表性的反应器有 EGSB 和 IC 反应器等,COD 有机负荷超过 10 kg/(m³·d)。通过部分应用实践证明,这些反应器充分发挥了第二代高污泥量和高效传质、高有机负荷率的特点,是很有发展前景的高效厌氧反应器。

与好氧技术相比,厌氧技术所拥有显而易见的优势,使人们越来越关注于将厌氧技术的应用范围扩大到在任何温度下处理任何废水,而且在污水处理厂中倾向于将厌氧消化由预处理阶段变成主要的处理阶段。这种转变要求反应器的结构、操作条件,对反应过程的控制能满足各种条件下的要求。在最新的发展中,SMPA 系统在这方面显示了巨大的潜力。Lettinga 在预测未来厌氧技术的发展动向时提出,SMPA 方法是今后研究和发展的主要方向,该方法适合不同温度条件下对不同类型基质的高效处理。

6.2 厌氧生物滤池

20 世纪 50 年代中期,Coulter 等人在研究生活污水厌氧生物处理时,曾使用一种充填卵石的反应器,这可谓是厌氧生物滤池工艺的早期尝试,美国斯坦福大学的 McCarty 等人在总结已有的有机废水厌氧生物处理工作的基础上,对厌氧生物滤池工艺进行了研究,使其取得较大的发展,同时他们从理论上进行了系统的阐述,于 20 世纪 60 年代末正式将其命名为厌氧生物滤池。

传统的好氧生物系统一般的 COD 容积负荷率在 2 kg/(m³·d) 以下,而在 McCarty 研究发展厌氧滤池之前的厌氧反应器,一般 COD 容积负荷率在 4~5 kg/(m³·d) 以下。采用厌氧滤池处理溶解性废水时进水 COD 容积负荷可达到

10~15 kg/(m³·d)。因此,厌氧滤池的发展大大提高了厌氧反应器的处理速率,使反应器容积大大减少,厌氧生物滤池工艺的研究和开发,标志着厌氧消化技术进入了一个新的发展阶段。

6.2.1 厌氧滤池应用概况

据报道,厌氧滤池系统可处理食品加工、制药、酿酒、屠宰及溶剂生产等工业废水,还可以处理生活污水。表6-1较详细列出了厌氧滤池处理各种污水的应用及运行概况。

表6-1 厌氧生物滤池处理各种废水的应用概况

废水类型	COD (g/L)	反应器容积 (m³)	COD容积负荷 [kg/(m³·d)]	HRT(d)	温度 (℃)	COD去除率 (%)	滤池类型
小麦淀粉	5.9~13.1	380	3.8	0.9	中温	65	有回流
淀粉生产	16.0~20.0	1000	6~10	—	36	80	升流式
制糖	20.0	1 500×2	5.0~17.0	0.5~1.5	33	55	升流式
甜菜制糖	9.0~40.0	50 和 100	—	<1.0	35	70	升流式
食品加工	2.6	6.0	6.0	1.3	中温	81	升流式
牛奶厂	2.5	9.0	4.9	0.5	28	82	升流式
牛奶厂	4.0	500	5.8~11.6	1~2.2	30	73~93	下向流
屠宰场	16.5	27.0	6.1	13.0	40	60	升流式
养猪场	24.4	22.0	12.4	2.0	33~37	68	升流式
土豆加工	7.6	205	11.6	0.68	36	60	升流式
土豆烫漂	2.0~10.0	1 700	7.7	0.7	>30	80	升流式
酒糟	42.0~47.0	150 和 185	5.4	8.0	55	70~80	升流式
酒糟	16.5	27.0	6.1	13.0	40	60	升流式
酒糟上清液	9	—	7.26	1.2	28	83.9	部分填充
酒糟上清液	9	—	6.0	1.5	28	87.7	有回流
豆制品	24.0	1.0	3.3	7.3	中温	72	升流式
豆制品	22.0	1.0	9.0	2.4	中温	68	升流式
豆制品	20.3	2.5	11.1	1.8	30~32	78.4	升流式
黑碱液回收冷凝水	7.0~8.0	5.0	7.0~10.0	1.0	中温	65~80	升流式
化工	16.0	1 300	16.0	1.0	35	65	有回流
化工	9.14	1 300	7.52	1.2	37	60.3	升流式
制药废水	1.2~16	—	3.4	0.5~1	25	68.4~86.9	升流式
啤酒生产	6~24	—	1.6	3.8~15	35	79	升流式
鱼类加工	5	—	10.0	—	中温	90	下向流

6.2.2 厌氧滤池工艺系统

厌氧滤池是一个内部填充有微生物附着填料的厌氧反应器。填料浸没在水中，微生物附着在填料上，也有部分悬浮在填料空隙之间。污水从反应器的下部（升流式厌氧滤池）或上部（降流式厌氧滤池）进入反应器，通过固定填床，在厌氧微生物的作用下，污水中的有机物被厌氧分解，并产生沼气。沼气气泡自下而上在滤池顶部释放出来，进入沼气收集系统，净化后的水排出滤池外。

厌氧滤池常用滤料与塑料填料，其容积表面积一般是 100 m^2/m^3，空体积达到 90%～95%，滤料可以使微生物附着生长，但是其主要的作用是截留悬浮生长的污泥。可以认为滤料介质是许多微型管状沉淀池，能够提高液－固分离效率，使悬浮态的微生物污泥截留在反应器内，也能够促进气－固分离。有多种类型的滤料已经在厌氧滤池系统得到成功应用，研究表明，横向流形式的滤料具有较强的气－液－固分离能力。

厌氧滤池内污泥 VSS 的质量浓度可达 10～20 g/L，滤池内厌氧污泥的保留主要有两种方式：①细菌在厌氧滤池内固定的填料表面形成生物膜；②在填料之间细菌形成聚集的絮体。高浓度厌氧污泥在反应器内的积累是厌氧滤池具有高速反应性能的生物学基础，在一定的污泥比产甲烷活性下，厌氧反应器负荷与污泥浓度成正比。同时，厌氧滤池内形成的厌氧污泥较厌氧接触工艺的污泥密度大、沉降性能好，因而其出水中的剩余污泥不存在分离困难的问题。由于厌氧滤池内可自行保留高浓度的污泥，也不需要污泥的回流。

6.2.3 厌氧滤池的特点

1）依靠填料的作用，反应器内可持留大量的生物体，使污泥停留时间达到 100 d。由于污泥不易流失，无需进行污泥沉淀分离和回流。

2）各种不同的微生物自然分层固定于滤池的不同部位，使它们的微环境得到自然优化，污泥的活性较高；厌氧污泥在厌氧滤池内有规律分布还使得反应器对有毒物质的适应能力较强，可以生物降解的毒性物质在反应器内的浓度也呈现规律性的变化，加之厌氧生物膜形成各种群落的良好共生关系，在厌氧滤池内易于培养出适应有毒物质的厌氧污泥。

3）由于填料是固定的，废水进入厌氧滤池内，逐渐被细菌水解酸化，转化为乙酸和甲烷，废水组成沿不同反应器高度逐渐变化。因此微生物种群的分布也呈现规律性，在底部进水处，发酵细菌和产酸细菌占有最大比重，随着反应器高度的上升，产乙酸菌和产甲烷菌逐渐增多并占主导地位。细菌的种类与废水成分有关，而在已酸化的废水中,发酵与产酸菌不会有太大的浓度。

4)装置结构简单,易于建造;工艺运行稳定,易于操作。由于微生物以生物膜和颗粒污泥的状态存在,再加上填料的屏障作用,冲击负荷不会引起污泥的大量流失。冲击负荷过后,滤池能很快自动恢复到正常的工作状态。

5)因承受水力负荷的能力较强,与其他工艺相比,厌氧滤池工艺更适用于浓度较低的有机废水的处理。

6)因装有填料,不仅造价偏高,而且易于堵塞,特别是滤池底部。因此厌氧滤池对废水悬浮物有一定的限制。

6.2.4 厌氧滤池的运行及影响因素

(1)填料的影响

填料的选择对厌氧滤池的运行有重要的影响,具体的影响因素包括填料的材质、粒度、表面状况、比表面积和孔隙率等。在我国,各单位先后选用了许多填料,其中有卵石、炉渣、瓷环、塑料竹编空芯球、蜂窝填料、波纹填料、尼龙管、软纤维填料、包尔环等。Bonastre 和 Paris 于 1989 年提出了对厌氧滤池理想填料的建议:①保持较高的容积表面积;②质地粗糙,可使细菌附着;③保证生物惰性;④保证一定的机械强度;⑤费用较小;⑥选择合适的形状、空隙度和填料尺寸。

填料的形状及孔隙大小也是重要因素。为此已有多种空心柱状、环状的填料问世。采用空隙率较大的空心填料可能是有益的,因为厌氧滤池中厌氧菌大部分生长在填料之间的空隙中,在表面生长的生物膜仅占 1/4~1/2,因此大孔隙率有助于保留更多的污泥,同时有利于防止堵塞。对于块状填料,应选择适当的粒径,据报道,填料粒径应在 0.2~60 mm 之间选用。粒径较小的填料容易堵塞滤池,因此,实践中多选用 2 cm 以上的填料。

厌氧滤池在 0.8 m 高度时废水中的绝大多数有机物已去除,高度在 1 m 以上时 COD 的去除率几乎不再增加。过多增加填料高度只是增大了反应器的体积,在一定的进水流量和浓度下,反应器容积增加,但 COD 去除率没有明显变化。因此,一些研究者认为,在一定的容积负荷率下,浅的填料高度可提供更有效的处理。但反应器填料高度小于 2 m 时,污泥有被冲出反应器的可能,而不能保持高的效率,同时有可能由于出水悬浮物的增多而使出水水质下降。

(2)温度的影响

大多数厌氧滤池在 25~40 ℃中温范围内运行。Genung 等采用厌氧滤池处理低温低浓度废水,发现在 10~25 ℃下仍能高效处理低浓度废水。他同时发现,当温度在 10~25 ℃范围变化时,BOD 的去除率并未受到影响,长期运行后,厌氧滤池也未堵塞,但是低温运行时反应器负荷较低。在负荷增高后,情况有所不同。特别值得指出的是,不论采用哪种湿度范围的厌氧滤池工艺,若反应器温度已经确定,不能直接改变温度而使反应器成为另一种温度范围,因为各温度范围生长的微生物种群是完全不同的。任何温度变动都会对工艺的稳定运行产生不利影响。

(3) pH 值的影响

厌氧微生物对 pH 值较为敏感,一般讲,反应器内 pH 值应保持在 6.5~7.8 范围内,且应尽量减少波动。稳定运行的厌氧滤池对 pH 值变化有一定的承受能力,厌氧滤池系统 pH 值低于 5.4 时,维持 12 h 后仍能很快恢复。

(4) 反应器的布水装置

生物滤池底部应设布水装置,使进水均匀地分布至整个底面上,以减轻短流程度。有关参数可参考化工或发酵工程设备,但应当注意,当流速较小时,多孔环管和排管等分布器自身也出现短流,且当悬浮物含量高时,易于堵塞。对直径较小的厌氧滤池可采用多管布水系统,而对于直径较大的厌氧滤池则宜采用可拆卸的多管布水系统。由于装有填料,水流的横向扩散受到限制,因此每个喷口的服务面积不宜过大。经验表明,服务面积为 5~1.0 m^2 时,可取得较好的效果。

(5) 反应器的启动

厌氧滤池的启动是指通过反应器内污泥在填料上成功挂膜,同时通过驯化并达到预定的污泥浓度和活性,从而使反应器在设计负荷下正常运行的过程。厌氧滤池启动可采用投加接种污泥(接种现有污水厂消化污泥),投加污泥可与一定量的待处理废水混合,加入反应器中停留 3~5 d,然后开始连续进液。开始时 COD 负荷应低于 1.0 kg/(m^3·d),对于高浓度和有毒废水要进行适当的稀释,并在启动过程中使稀释倍数逐渐减少,负荷应当逐渐增加,一般当废水中可生物降解的 COD 去除率达到 80% 时,即可适当提高负荷。如此重复进行直到达到反应器的设计能力。厌氧滤池在中断运行长达几个月后,可以很快恢复其原有的处理能力,说明厌氧滤池采用间断运行是可行的。

依照 Camilleri 等的经验,亚硫酸盐在酵母废水处理中起到抑制作用,系统启动时必须去除亚硫酸盐,只有去除后才能不会出现重大问题。Salkinoja-Salonen 等为解决接种生物不易在反应器填料上附着的问题,一开始让系统在好氧条件下运行,然后投加分泌黏液的微生物,然后再厌氧运行。

(6) 反应器的堵塞与控制

对于升流式厌氧滤池,由于反应器底部污泥浓度特别高,因此容易引起反应器的堵塞。堵塞问题是影响厌氧滤池应用的最主要的问题之一。据报道,升流式厌氧滤池底部污泥质量浓度可高达 60 g/L,由于堵塞问题难以解决,所以厌氧滤池以处理可溶性的有机废水占主导地位。悬浮物的存在易于引起的堵塞,一般进水悬浮物的质量浓度应控制在 200 mg/L 以下。但是如果悬浮物可以生物降解并均匀分散在水中,则悬浮物对厌氧滤池几乎不产生不利影响。填料的正确选择对含悬浮物的废水处理是很重要的,对含悬浮物的废水应选择粒径较大或孔隙度大的填料。

克服滤层堵塞也可通过改变滤池的运行方式来实现。采用降流式厌氧滤池有助于克服堵塞,在升流式厌氧滤池中,微生物以填料间的絮体形式为主要的存在方式,而降流式中微生物则几乎全部附着在填料上以生物膜的形式存在,这是降流式厌氧滤池不易堵塞的原因,但同时降流式厌氧滤池也具有不易保存高浓度污泥、细菌增殖缓慢等缺点。降流式厌氧生物滤池的另一个优点是在处理含硫废水时,由于所产生的 H_2S 大部分从上层向上逸出,因此,在整个反应器内,H_2S 的浓度较小,有利于克服其毒性的不利影响。

(7) 反应器的运行方式

普通的厌氧滤池中污泥分布不均匀,容易发生进水部位堵塞、滤池空间不能充分利用等问题,因此,许多研究者开发出出水回流的厌氧滤池、部分填充填料厌氧滤池及串联式厌氧滤池等工艺。多级串联有利于在每个反应设备内维持某些微生物所必需的生态条件,从而充分发挥各类微生物的作用。当第一级滤池运行一段时间堵塞后,定期改变出水和进水方向可以改善运行效果,同时,由于细胞内源分解作用的增加可以使生物体净产量减少。

6.3 升流式厌氧污泥床(UASB)

升流式厌氧污泥床反应器(UASB)是荷兰学者 Lettinga 等在 20 世纪 70 年代开发的。当时他们在研究升流式厌氧滤池时注意到,大部分的净化作用和积累的大部分厌氧微生物均在滤池的下部,于是便在滤池底部设置了一个不装填料的空间来积累更多的厌氧微生物,后来全部取消了池内的填料,并在池子上部设置了一个气、液、固三相分离器,便产生了一种结构简单、处理效能很高的新型厌氧反应器。由于这种反应器结构简单,不用填料,没有悬浮物堵塞问题,因此一出现即引起广大水处理工作者的注意,并很快被广泛应用于工业废水和生活污水的处理中,成为第二代厌氧反应器的典型代表。

6.3.1 UASB 反应器的原理及构造

UASB 反应器构造如图 6-1 所示,废水由底部均匀地引入反应器,污水向上通过包含颗粒污泥或悬浮层絮状污泥的污泥床,在废水与污泥颗粒的接触过程中发生厌氧反应,在厌氧状态下产生的沼气(主要是甲烷和二氧化碳)引起内部循环,这对于颗粒污泥的形成和维持有利。沉淀性能较差的污泥颗粒或絮体,在气流的作用下于反应器上部形成悬浮污泥层。在污泥层形成的一些气体附着在污泥颗粒上,与混合液一起上升,当消化液(含沼气、污水和污泥的混合液)上升到三相分离器时,气体受反射板的作用折向气室而与消化液分离;污泥和污水进入上部沉淀区,受重力作用泥水分离,上清液从沉淀区上部排出,污泥被截留于沉淀区下部,并通过斜壁靠重力自动返回反应区内,集气室收集的沼气内由气管排出反应器。三相分离器的工作,可以使混合液中的污泥沉淀分离并重新絮凝,有利于提高反应器内的污泥浓度,而高浓度的活性污泥是 UASB 反应器高效稳定运行的重要条件。反应器内不设搅拌装置,上升的水流和产生的沼气可满足搅拌要求。

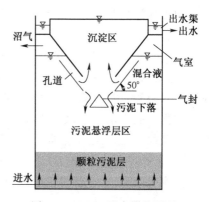

图 6-1 UASB 反应器的原理

UASB 反应器主要由下列几部分组成。

1)进水配水系统 进水配水系统设在反应器底部,主要功能是将废水尽可能均匀地分配到整个反应器,使有机物均匀分布,并具有一定的水力搅拌功能,使污水与微生物充分接触。它是反应器高效运行的关键之一。

2)反应区 包括污泥床区和污泥悬浮层区,是 UASB 反应器的核心区,也是富集厌氧微生物的区域。废水与厌氧污泥在这里充分接触,产生强烈的厌氧反应,有机物主要在这里被厌氧菌所分解。污泥床主要由沉降性能良好的厌氧颗粒污泥组成,SS 质量浓度可达 50~100 g/L 或更高。污泥悬浮层主要靠反应过程中产生的气体的上升搅拌作用形成,污泥质量浓度较低,SS 一般在 5~40 g/L 范围内。

3)三相分离器 由沉淀区、集气罩、回流缝和气封组成,其功能是把沼气、污泥和液体分开。污泥经沉淀区沉淀后由回流缝回流到反应区,沼气分离后进入气室。三相分离器的分离效果将直接影响反应器的处理效果。

4)出水系统 其作用是把沉淀区液面的澄清水均匀地收集起来,排出反应器。出水是否均匀对处理效果有很大影响。

5)气室 也称集气罩,其作用是收集沼气。

6)浮渣清除系统 其功能是清除沉淀区液面和气室表面的浮渣。如浮渣不多可省略。

7)排泥系统 其功能是定期均匀地排除反应区的剩余厌氧污泥。

在 UASB 反应器中,最重要的设备是三相分离器,这一设备安装在反应器的顶部并将反应器分为下部的反应区和上部的沉淀区。为了在沉淀区中取得对上升流中污泥絮体或颗粒的满意沉淀效果,三相分离器的一个主要目的就是尽可能有效地分离从污泥床中产生的沼气,特别是在高负荷的情况下。集气室下面反射板的作用是防止沼气通过集气室之间的缝隙逸出沉淀室。另外挡板还有利于减少反应室内高产气量所造成的液体紊动。

UASB系统稳定运行的原因在于：①反应器内形成沉降性良好的颗粒污泥或絮体污泥；②由产气和进水的均匀分布所形成的良好的自然搅拌作用；③设计合理的污泥沉淀系统和三相分离系统，使沉淀性能良好的污泥保持在UASB系统内。

根据不同废水水质，UASB反应器的构造有所不同，主要可分为开放式和封闭式两种。开放式UASB反应器的特点是反应器的顶部敞开，不收集沉淀区液面释放出的沼气，有时虽然也加盖，但不一定密封。这种UASB反应器主要适用于处理中低浓度的有机废水，中低浓度废水经反应区后，出水中的有机物浓度已较低，所以在沉淀区产生的沼气数量较少，一般不回收。这种形式的反应器构造比较简单，易于施工安装和维修。

封闭式UASB反应器的特点是反应器的顶部是密封的。三相分离器的构造也与前者有所不同，它不需要专门的集气室，而在液面与池顶之间形成一个大的集气室，可以同时收集到反应区和沉淀区产生的沼气。这种形式的反应器适用于处理高浓度有机废水或含硫酸盐较多的有机废水。因为处理高浓度有机废水时，在沉淀区仍有较多的沼气逸出，必须进行回收，并可较好地防止臭气释放。这种形式的反应器的池顶可以是固定的，也可做成浮盖式的。

UASB反应器水平截面一般采用圆形或矩形，反应器的材料常用钢结构或钢混结构。采用钢结构时，常为圆柱形池子；当采用钢混结构时，常为矩形池子。由于三相分离器的构造要求，采用矩形池子便于设计、施工和安装。目前应用的UASB反应器几种主要构造形式，可分为两类，一类是周边出沼气，顶部出水的构造形式；另一类为周边出水，顶部出沼气；当反应器容积较大时，也可设多个出水口或多个沼气出口的组合形式。

6.3.2 UASB反应器的特点

在UASB反应器中能够培养得到具有良好沉降性能和高比产甲烷活性的厌氧颗粒污泥，因而相对于其他同类装置，UASB反应器具有一定的优势，其突出特点为：

1）有机负荷较高，水力负荷能满足要求。

2）提供一个有利于污泥絮凝和颗粒化的物理条件，并通过工艺条件的合理控制，使厌氧污泥能保持良好的沉淀性能。

3）通过污泥的颗粒化和流化作用，形成一个相对稳定的厌氧微生物生态环境，并使其与基质充分接触，最大限度地发挥生物的转化能力。

4）污泥颗粒化后使反应器对不利条件的抗性增强。

5）UASB反应器中，由于颗粒污泥的密度比人工载体小，在一定的水力负荷下，可以靠反应器内产生的气体来实现污泥与基质的充分接触,可省去搅拌和回流污泥设备和所需的能耗。

6)在反应器上部设置的三相分离器,使消化液携带的污泥能自动返回反应区内,对沉降良好的污泥或颗粒污泥避免了附设沉淀分离装置、辅助脱气装置和回流污泥设备,简化了工艺,节约了投资和运行费用。

7)在反应器内不需投加填料和载体,提高了容积利用率,避免了堵塞问题。

UASB 反应器已成为第二代厌氧处理反应器中发展最为迅速、应用最为广泛的装置。目前 UASB 反应器不仅用于处理高、中等浓度的有机废水,也开始用于处理城市污水这样的低浓度有机废水。但大量工程应用显示,以 UASB 为代表的第二代厌氧反应器还存在一些不足,如当反应器布水系统等装置确定后,如果在低温条件下运行,或在启动初期(只能在低负荷下运行),或处理较低浓度有机废水时,由于不可能产生大量沼气,相应的扰动较弱,会使反应器中混合效果变差,出现短流;如果用提高反应器的水力负荷来改善混合状况,则会出现污泥流失。

6.3.3 厌氧颗粒污泥的形成及其性质

(1)厌氧颗粒污泥的定义

厌氧颗粒污泥是不同类型、种群的微生物在废水处理过程中经自身固定化而形成的一种共生或互生的微生物凝聚体,是一种特殊的生物膜。一个污泥颗粒就是一个微生态系统。许多微生物如细菌、酵母、霉菌和其他真菌等都能够发生凝聚作用,而凝聚是一种普遍存在的自然现象。微生物的这种凝聚对废水的生物处理是非常有用的。分散的单个菌体在溶液中不稳定,由于它们体积微小,密度比水小,并带有负电荷,很难沉降,因而容易被冲洗出水处理设备。凝聚使单个菌体吸附在一起,形成污泥颗粒,不仅可增加污泥的沉降性能,保证反应器中具有高浓度微生物,而且可改善污泥的生理条件,从而有利于菌体生长和它们之间的相互作用。Alphenaar 将颗粒污泥定义为具有自我平衡能力的微生态系统、特别适宜于上流式废水处理系统的微生物聚集体。

在生长繁殖过程中,各类菌群的菌体本身所产生的胞外黏液物质将不同的菌体粘连起来并相互交融,丝状菌则穿插其间,对颗粒的形成起到缠绕和坚固作用。在此系统中,有利于形成多种菌群共同生长繁殖和多种菌群协同对有机物降解的生化条件,构成了生物之间的优化组合和生物与环境之间的相互依托,充分发挥颗粒污泥的群体活性。

厌氧颗粒污泥是高效厌氧反应器的典型特征,不仅具有边界清晰、质地密实、沉降性能好、甲烷活性高的优点,而且具有多孔状物理结构,孔隙率很高,比表面积巨大,吸附位点众多等优点。所以,厌氧颗粒污泥不仅有很强的生物降解能力,而且很容易吸附大分子物质,具有较强的吸附能力,还是一种新型、高效生物吸附剂,它对有机污染物、重金属、染料等具有很高的吸附去除效率。

(2)以厌氧颗粒污泥为主体的厌氧反应器的优点

①颗粒污泥内是一个微生态系统,不同类型的种群组成了共生或互生体系,缩短了微生物细胞与细胞之间、细菌与中间产物之间的距离,使不同类型的微生物细胞间的传质更容易。因为细胞之间的传质速率与其距离成反比,传质速率的提高也相应提高了生物代谢效率,所以有利于复杂有机底物的降解,也大大提高了颗粒污泥的比产甲烷活性。

②厌氧颗粒污泥的形成极为有效地改善了污泥的沉降性能,使生物体能够在高产气量、高上升水流流速状态下保留在反应器内,避免了微生物随出水而大量流失的可能性,有效地减少了游离于消化液中微生物个体数量,为保证出水水质创造了条件。

③在废水性质突然变化时(如 pH 值、毒性物的浓度等),颗粒污泥能维持一个相对稳定的微环境,大大降低了厌氧微生物对底物抑制的敏感性,随着絮状污泥逐渐形成颗粒污泥,其抑制反应系数从 2.3 减小到 0.2。

④颗粒污泥的形成提高了反应器的容积负荷,以絮状污泥为主体的反应器,有机负荷较高时会使污泥大量流失,所以反应器负荷一般不超过 5 kg/(m³·d)。只有在颗粒污泥作为微生物体的反应器中才允许有更高的有机容积负荷和水力负荷。所以说,只有形成了颗粒污泥的厌氧反应器才能有更高的有机负荷,才真正算得上高速厌氧反应器。

(3)厌氧颗粒污泥形成的主要影响因素

①基质 基质成分是厌氧颗粒污泥形成的一个重要影响因素,研究结果表明厌氧颗粒污泥可以在很广的进水有机物范围内形成,并不局限于特定的有机物种类。但处理含糖类废水易于形成颗粒污泥,要求废水的 C∶N∶P 约为 200∶5∶1,否则要适当加以补充营养物。Olfing 等的实验得出颗粒污泥的形成是在基质选择影响下的一种单纯的生物现象。还有研究表明基质有限时,粒径停止增加;在低基质浓度下形成粒径较小的颗粒污泥;当基质扩散有限时,生物质开始腐败,会减弱颗粒对剪切力的承受能力,使密度变小,沉淀受到限制。

②污泥负荷率 影响污泥颗粒化进程最主要的运行控制条件是可降解有机物污泥负荷率,当污泥负荷率达 0.3 kg COD/(kgVSS·d)以上时便能开始形成颗粒污泥,这为微生物的繁殖提供充足的碳源和能源,是微生物增长的物质基础。当污泥负荷率达到 0.6 kg COD/(kgVSS·d)时颗粒化速度加快,所以当颗粒污泥出现后应采取措施迅速将 COD 污泥负荷率提高到 0.6 kg COD/(kgVSS·d)左右水平,以利于颗粒化进行。

③水力负荷和产气负荷率 升流条件是以 UASB 为代表的一系列无载体厌氧反应器形成颗粒污泥的必要条件,代表升流条件的物理量是水流的上升流速和沼气的上升流速,即水力负荷率和产气负荷率,通常将两者作用的总和称为系统的选择压(Selection Pressure)。选择压对污泥床产生沿高度(水流)方向的搅拌作用和水力筛选作用。定向搅拌作用产生的剪切力使微小的颗粒产生不规则的旋转运动,有利于丝状微生物的相互缠绕,为颗粒的形成创造一个外部条件。水力筛选作用能将微小的颗粒污泥与絮体污泥分开,污泥床底聚集比较大的颗粒污泥,而密度较小的絮体污泥则进入悬浮层区或被淘汰出反应器。因废水是从床底进入,使得颗粒污泥首先获得充足的食料而快速增长,这有利于污泥颗粒化的实现。Ritta 等认为液体上升流速在 2.5~3.0 m/d 之间最有利于 UASB 反应器内污泥的颗粒化。

④流体剪切力 厌氧颗粒污泥的形成可以看成是一种自固定工艺。流体剪切力对厌氧颗粒污泥的形成、结构等有很大的影响。流体剪切力是由液体流、空气流和粒子之间的摩擦引起的。Beun 等发现当表面空气流速较低时,在 USBR 中不能形成稳定的好氧颗粒污泥。当在较高的表面空气流速的作用下时,污泥颗粒化现象开始发生,并且由于高的剪切力形成了光滑、密实、稳定的颗粒污泥。

⑤流体流动形式 到目前为止几乎 100% 的厌氧和好氧颗粒污泥都是在柱状的气体或液体上向流的反应器中形成的,且较大的反应器高径比有利于颗粒污泥的形成。从流体动力学上讲,柱状上向流反应器在流体和微生物聚集体之间可以产生不同的相互作用形式。上向流可以创造沿反应器高度的类似的环形流,微生物聚集体持续地受到这种环形水力的摩擦作用,根据热力学原理这种摩擦力可以使微生物聚集体形成规则的颗粒,并具有最小的表面自由能。从这一方面看具有较大的高径比的柱状生物反应器可以提供优化的流体与生物聚集体之间的作用形式,有利于厌氧颗粒污泥的形成。

⑥接种污泥 为了使反应器内快速实现污泥颗粒化,投加一定量的接种物是必要的,一般要求接种污泥具有一定的产甲烷活性。资料表明,厌氧消化污泥是较好的接种污泥,其他凡存在厌氧菌的污泥,如河床底污泥、厌氧塘底泥等,也均可作为接种污泥;胡纪萃等甚至用好氧活性污泥作为种泥培养出了颗粒污泥。要强调一点,接种污泥仅仅是作为"种子",而颗粒污泥的产生是建立在新繁殖的厌氧菌的基础上,只有采用颗粒污泥填加到处理同类废水的反应器时,颗粒污泥才能立即发挥作用。处理同类废水时,当接种量为反应器容积的 1/4~1/3 时,经 2 个星期左右的运行反应器就能达到设计负荷率。

⑦碱度 碱度对污泥颗粒化的影响表现在两方面:一是对颗粒化进程的影响;二是对颗粒污泥活性的影响。在一定的碱度范围内,进水碱度高的反应器污泥颗粒化速度快,但颗粒污泥的产甲烷活性(Spccific methanogenic activity,SMA)低;进水碱

度低的反应器其污泥颗粒化速度慢,但颗粒污泥的 SMA 高。因此,在污泥颗粒化过程中进水碱度可以适当偏高(但不能使反应器体系的 pH>8.2,这主要是因为此时产甲烷菌会受到严重抑制)以加速污泥的颗粒化,使反应器快速启动;而在颗粒化过程基本结束时,进水碱度应适当偏低以提高颗粒污泥的 SMA。

⑧环境条件　常温(20 ℃左右)、中温(35 ℃左右)、高温(55 ℃左右)均可培养出厌氧颗粒污泥。一般来说,温度越高,实现污泥颗粒化所需的时间越短,但温度过高或过低对培养颗粒污泥都是不利的。此外,保持适宜的 pH 值(6.8～7.2 之间)也是极为重要的。

(4)厌氧颗粒污泥的形成机理

由于厌氧颗粒污泥的形成是一个十分复杂的物理化学与微生物过程,到目前为止,还没有比较全面的理论能够清楚地阐明颗粒污泥的形成机理。现有的厌氧污泥颗粒化的理论和模型较多,有近 20 种,只有晶核假说、无机物作用说、胞外聚合物假说和选择压模型最为大家所认同。

1)晶核假说。

Lettinga 早期提出晶核假说,认为颗粒污泥化类似于结晶过程,在晶核基础上颗粒不断发育,最后成为成熟的颗粒污泥,晶核一般来源于接种污泥后反应器运行过程中产生的无机盐沉淀或絮体破碎后的惰性物质。

而 Macleod 等认为内核的形成主要是甲烷丝菌的关键作用。首先,甲烷丝菌相互聚集在一起,具有一定框架作用;其次,使产乙酸的细菌以及利用氢的细菌附着于其上,为甲烷丝菌提供乙酸底物;最后,发酵型细菌在外围生长,由此形成颗粒污泥。Henjian 等认为,颗粒污泥的形成分两步,由甲烷八叠球菌和甲烷丝菌构成核,核再成长为颗粒污泥。

2)无机物作用说。

很多研究发现,$CaCO_3$、$Ca_3(PO_4)_2$、FeS、SiO_2 等化合物和金属离子,在颗粒污泥形成过程中起着重要作用。该学说也存在多种分支:①电中和假说:Forster 等认为钙和硅带正电,吸附在带负电的细胞表面,中和了电荷,减弱细菌间的静电斥力,并通过盐桥作用而促进细胞的互相凝聚在一起,形成团粒。②惰性物质作用:Dubourguier 等发现 FeS 与水相有较高的表面张力,且甲烷丝菌易于附着于各种惰性载体上并表现出疏水性,因此 FeS 有助于稳定颗粒中微生物菌群,从而对颗粒结构的稳定具有一定的作用。③Grotenhuis 等发现,Ca 和 Si 对增强颗粒污泥的稳定性、强度等方面具有重要的作用。④Mahoney 等加 Ca^{2+} 形成的颗粒污泥沉降性能好,并且可加快反应器启动。⑤絮凝作用:加入絮凝剂有利于颗粒污泥形成。在一定的浓度范围内,某些化合物和金属离子在稳定颗粒结构和加快颗粒形成等方面有一定促进作用。

3) 胞外多聚物假说。

不少研究者利用投射和扫描电子显微镜,发现产甲烷八叠球菌和某些杆菌会分泌出一层薄薄的黏液层(即胞外多聚物 ECP),从而推测其在颗粒污泥形成中有着重要作用。ECP 主要由蛋白质和多聚糖组成,ECP 的组成可影响细菌絮体的表面性质和颗粒污泥的物理性质。分散的细菌是带负电荷的,细胞之间有静电排斥力,ECP 的产生可改变细菌表面电荷,从而产生凝聚作用。

4) 选择压学说。

选择压是指在 UASB 反应器中由上升的液体和气流形成的冲击作用。该学说的基本观点基于自然淘汰、选择优化的原则。Spaghetti 认为,颗粒污泥的形成过程是水力负荷、产气负载等物理作用对微生物进行选择的过程。

(5) 颗粒污泥的形成过程

Madeod 等认为,首先发生聚集的细菌是那些产乙酸菌,这些细菌为甲烷丝菌、甲烷八叠球菌提供所需的底物,期间产生的胞外黏液物质将不同的菌体粘连起来并相互交融,对不同类型的细菌种群起到缠绕和坚固作用,逐渐形成污泥颗粒。在此系统中,非甲烷菌在颗粒化初期具有重要的意义。颗粒污泥的形成可划分为 5 步:

① 细胞转移至惰性材料或其他细胞表面;
② 通过物理化学作用力使细胞可逆地吸附到"底物"表面;
③ 通过微生物的附属物和聚合物使细胞不可逆地附着在"底物"上;
④ 细胞进一步繁殖,形成初生颗粒污泥;
⑤ 初生颗粒污泥进一步完善结构和调整细菌的代谢而形成表面光滑的、密度较大的颗粒污泥。

(6) 厌氧颗粒污泥的性质

1) 厌氧颗粒污泥的外观形态。

厌氧颗粒污泥的形状有球形、杆形、椭球形等,但大多数是椭球形。成熟的厌氧颗粒污泥表面边界清晰,直径变化范围 0.5～5.0 mm,最大直径可达 7.0 mm,但大于 7.0 mm 的厌氧颗粒污泥比较少见。Alphenaa 定义厌氧颗粒污泥时认为其直径应该大于 0.5 mm,过小的污泥聚集体可能尚不稳定或不具有厌氧颗粒污泥的典型特征,因为它们过于细小而容易被洗出。通常用已经酸化的底物培育的颗粒污泥比用未酸化的底物(如葡萄糖)培育的颗粒污泥小。

厌氧颗粒污泥的颜色通常是黑色或灰色,贺延龄和 Kosaric 曾观察到白色颗粒污泥。颗粒污泥的颜色取决于处理条件,特别是与 Fe、Ni、Co 等金属及硫化物有关。Kosaric 等发现当颗粒污泥中的 S/Fe 值比较低时,颗粒呈黑色。

2) 颗粒污泥的化学组成。

颗粒污泥的成分是非常复杂的,且在不同的生长环境条件下,颗粒污泥中的各组分区别很大。一般厌氧颗粒污泥的化学组成与细菌相似,主要有蛋白质、烃类化合物以及灰分等。颗粒污泥的干重(TSS)是挥发性悬浮物(VSS)与灰分(ASH)之和。VSS主要由细胞和胞外有机物组成。通常情况下VSS占污泥总量的比例是70%~90%,Lettinga等给出的范围为30%~90%,其下限30%是在高浓度Ca^{2+}存在条件下取得的。Ross在其研究中发现含VSS约90%的颗粒污泥中,粗蛋白占11.0%~12.5%,烃类化合物占10%~20%。颗粒污泥中一般含C约40.5%、H约7%、N约10%。

其实,颗粒污泥中无机灰分含量因生长底物的不同而有较大的差异,其范围值为8%~66%。一般中温条件下,复杂底物培养的颗粒污泥灰分比一般底物培养的低;高温下培养的颗粒污泥灰分比中温下培养的污泥高1.5倍。Dubourgier等报道,颗粒污泥灰分中钙、碳酸钙、铁、磷、硫、镁、钾和钠等元素或物质含量较多。由X射线分析表明,这些无机矿物主要是碳酸钙、磷酸钙、硫化铁、硅酸盐等。颗粒中还有较高含量的镍和钴,很可能以硫化物的形式存在。

陈忠余测得颗粒污泥干物质中有机物质占45%左右,无机物质(灰分)占55%左右。灰分中Si、Al、Ca、Fe、Mg等元素含量较高,K、Cu含量略低。

3)颗粒污泥的结构。

厌氧颗粒污泥的结构指各种微生物在颗粒污泥中的分布情况。颗粒化过程本身的复杂性决定了颗粒污泥结构的复杂性,生长基质、操作条件、反应器中流体流动状况等多种因素都会影响颗粒污泥的结构。人们运用扫描电子显微镜和透射电子显微镜对厌氧颗粒污泥的表面和内部结构进行了观察,发现颗粒污泥中存在有大量的不同种类的微生物,微生物种类和这些微生物之间的相互关系与废水的组成和反应器操作条件等都有直接关系。一般来说,简单废水所培育的颗粒污泥微生物种类较少,结构相对简单;而复杂废水所培育的颗粒污泥则微生物种类繁多,结构也相对复杂,没有清晰的内部组织。

对颗粒污泥结构的论述长期以来有两种观点:一种观点认为颗粒污泥中不同细菌是随机地在颗粒污泥中生长,并没有明显的结构层次;另一种观点则认为细菌在颗粒污泥中的分布有比较清晰的层次性,并提出了这种颗粒污泥的三层结构理论。

Lettinga认为颗粒污泥是一个中间含细菌的洞穴核心,外面包围着一些明显成层的细菌结构。最外层大约为10~20 μm厚,含有整个颗粒污泥表面所能观察到的全部细菌,如Methanococcales、Methanospirill;次外层的厚度与最外层相似,也为10~20 μm厚,主要由杆菌组成,还存在形似MeManobrevibacter属的细菌和SyntroPhobacter属的细菌。最外层和次外层之间由一些自由空间分开,并通过一些细小的丝状菌连接起来。最内层由一些大菌团组成,这些大菌团主要由形似Methanothrix concil和soehngenii的弧状杆菌$[(0.4\sim0.5)\mu m\times(10\sim18)\mu m]$等组成。在这一层中还存在大量的洞穴。这三层中所有细菌都为胞外多聚物所包裹。

4) 厌氧颗粒污泥的特性。

① 孔隙率：

溶解性底物、厌氧过程的中间产物和末端产物在颗粒污泥中的传递是以扩散为基础的，扩散速率和孔隙大小则决定了传质的量。不同大小分子的扩散与孔隙的大小与分布有关。用扫描电镜观察颗粒污泥表面，经常可以发现许多孔隙和洞穴，这些孔隙和洞穴被认为是底物传递的通道，气体也可经此输送出去。直径较大的颗粒污泥往往有一个空腔，这是由于底物不足而引起细胞自溶造成的，大而空的颗粒污泥容易被水流冲出或被水流剪切成碎片，成为新生颗粒污泥的内核。

Alphenaar 测得颗粒污泥的孔隙率大都在 40%～80% 之间，有的低至 10%，有的可高达 95%。Alphenaar 还发现小颗粒污泥的孔隙率较高而大颗粒的孔隙率较低，他认为这可能是由于细胞自溶物堵塞了毛细孔或由于大的颗粒内部细胞在孔隙中生长造成堵塞。虽然在光学显微镜下可以看到大颗粒切面中央的孔洞或相对大的空腔，但这些空腔在很大程度上已被细胞裂解物或死细胞所封闭，这就使得许多孔隙在传质中不起作用。而小的颗粒则由更多的幼龄细胞组成，其高的孔隙率使其具有更大的生命力和产甲烷活性。

② 比产甲烷活性：

投加补充适量的镍、钴、钼和锌等微量元素有利于提高污泥产甲烷活性，因为这些元素是产甲烷辅酶重要的组成部分。测定比产甲烷活性可以鉴定厌氧消化中各种不同生理菌群的性能。颗粒污泥的比产甲烷活性是在给定底物的分批实验中测定的。高的产甲烷活性是优质颗粒污泥的特性之一。比产甲烷活性一般为 $10\sim42$ mmol $CH_4/(gVSS \cdot d)$。然而，嗜温颗粒污泥的比产甲烷活性可达 148 mmol $CH_4/(gVSS \cdot d)$。一般，小颗粒污泥比大颗粒污泥具有更强的生命力和更高的产甲烷活性。反应器进水完成后颗粒污泥仍保持繁殖能力，UASB 反应器关停几个月后产甲烷活性可以很容易地被重新激活。

③ 沉降性能：

颗粒污泥必须具有良好的沉降性能才能使颗粒污泥长期保留在反应器中，从而充分发挥厌氧细菌的作用，保证反应器的高效运行。厌氧颗粒污泥沉降性能以污泥体积指数（SVI）和污泥沉降速率两个指标来表示。已有研究表明，厌氧颗粒污泥的沉降速度范围为 18～100 m/h，一般为 18～50 m/h。

④ 胞外多聚物：

对于环境微生物而言，污泥颗粒中对于单个细胞大约 50% 的胞外多聚物存在于细胞表面 40 μm 内，但在菌胶团中胞外多聚物主要集中在菌胶团中间，即为细胞的相互连接。一般胞外多聚物由噬菌体、溶解的细胞及微生物分泌的其他有机物质组成。它包括多糖、蛋白质、脂肪、核酸、磷脂、腐殖酸、糖醛酸、氨基糖以及无机成分等，是生物絮体、生物膜和生物颗粒的主要成分。胞外多聚物是一种天然高分子化合物，它的组成受到外界很多因素的影响，如细胞生长过程的分泌物、细胞表面的脱落物、细胞裂解以及从外界环境中吸附的物质等。

⑤表面疏水性：

疏水性缔合作用可以发生在分子内，也可以发生在分子间。1990 年 Dill K. A. 在《Science》上指出，疏水性是指非极性溶液（溶质）在极性水中所呈现的不稳定状态，从而引起一系列热能（熵）和分子重新分布及排列的变化。疏水作用的热力学驱动力主要是熵的增加。因为有机分子溶于水中后，在它的周围高度有序地包裹着水分子，水分子的排列制约了它的自由运动，这个过程本身就是一个熵值减少的过程，即水分子由无序到高度有序是热力学不利过程。这就促使有机物小分子倾向于簇集在一起，减少与水分子的接触面，从而使熵值有所增加。细胞表面疏水性作为细胞自絮凝过程中重要的亲和力，根据热力学理论，表面疏水性的增强将导致表面剩余 Gibbs 自由能的减少、细胞自絮凝能力的增强和致密结构的形成。因此疏水性在污泥颗粒化过程中起至关重要的作用。颗粒污泥的表面疏水性一般在 40%～75%，约为传统絮状污泥的 2 倍，并随着水力剪切力的增强和污泥沉降时间的缩短而提高。

⑥表面电荷

废水处理体系中微生物的聚集体、污泥颗粒以及悬浮胶体态有机污染物都具有胶体颗粒的性质，因此它们也和胶体颗粒一样带有电荷，遵循胶体颗粒的一般规律。胶体和悬浮物颗粒表面都带有电荷，它们所带电荷的数量和性质对絮凝作用有很大影响。固体表面电荷通过静电引力和范德华力将溶液中电荷符号相反的离子牢固地吸附在固体表面附近，从固定相表面到过剩电荷为零处称为扩散双电位层。从切面到溶液中的电位差叫 Zeta 电位，表示扩散层的厚度和电荷密度的特性。扩散层厚度大时，Zeta 电位高，颗粒之间不能相互接近，保持稳定状态。在絮凝化学中，Zeta 电位是非常重要的参数，可以测定出 Zeta 电位以反映胶体颗粒的稳定性。根据经典理论，Zeta 电位（Z）可用式（6-1）表示：

$$Z = 4\pi\sigma\delta D \tag{6-1}$$

式中　δ——扩散层厚度；

　　　σ——颗粒的电荷密度；

　　　D——水的介电常数。

胶体颗粒表面带有相同电荷时相互排斥，排斥力和排斥能的大小与颗粒间的距离和所带的电荷有关。排斥能大则颗粒不能靠近，不利于絮凝沉淀而保持其胶体的稳定状态。排斥能与吸附层和扩散层界面上的电位及颗粒半径成正比，所以吸附层和扩散层界面上的电位越高，排斥能越大，颗粒越不易靠近，越稳定。粒径小时排斥能小,颗粒容易靠近,有利于絮凝。目前普遍认为无机高分子絮凝剂主要是通过电性中和压缩双电层,降低 Zeta 电位,减少微粒间的排斥能,从而达到絮凝的目的。有机高分子絮凝剂主要是利用带有许多活性官能团的高分子线状化合物吸附多个微粒的能力,通过架桥作用聚集在一起,形成一些较大体积的絮团,从而达到絮凝的目的。

多数情况下,废水中厌氧颗粒污泥和悬浮胶体态有机污染物都带有电荷,可以看作胶体颗粒。两者之间吸引能和排斥能的相互作用决定其絮凝能力,也影响污泥颗粒吸附有机污染物的性能。一般絮凝能力强的颗粒,其吸附性能就强,即厌氧颗粒污泥的吸附性能和颗粒的絮凝性能呈正相关性。

⑦密度:

厌氧颗粒污泥湿密度一般约在 $1.030 \sim 1.080$ g/cm³ 之间。污泥颗粒的密度除了与微生物自身物理性质有关外,还可能与颗粒直径有关。Beetfink 和 Vander Heuvel 认为密度随颗粒直径的增大而降低。Alphenaar 等也证实这个结论,并测定了 4 种由工业废水处理厂得来的颗粒污泥的密度,认为在废水处理过程中底物转化过程首先在颗粒污泥外层进行。由于底物向内部的扩散强度有限,故污泥内部底物浓度要低得多,当浓度低到一定程度,颗粒内部由于细胞自溶而导致微生物量减少。因此在颗粒污泥中,其密度沿径向由外向内呈递减趋势,这样就造成直径越大的颗粒密度越小。

但也有不同的看法,FitzpatrichJ A 等就认为密度与直径无关。而 Hulshoft pole 的测定结果却表明,颗粒污泥的密度与其灰分的含量有较强的相关性,Dubourgi 等也认为灰分的数量与颗粒污泥的密度有良好的相关性。

⑧强度:

颗粒污泥的强度是一个重要性质,因为它在反应器中不停地运动,如果强度过低就会破损而随着出水排出反应器,造成污泥的流失。Hulshoff Pole 用自己发明的一种测定颗粒污泥强度的方法,测得几种工业废水中得到的颗粒污泥在破裂之前可抵抗 $(0.26 \sim 1.51) \times 10^5$ Pa 的压力,而在实验室 VFA 混合液中培养的颗粒污泥强度仅为 0.1×10^5 Pa。Hulshoff Pole 还比较了灰分和颗粒直径对颗粒强度的影响,认为颗粒强度与灰分的相关性不强,而与其直径的关系较大,较小的颗粒污泥强度较好,这也是在实际的水处理系统中难以形成较大颗粒污泥的原因。Uubourgier 等也报道说颗粒污泥的灰分与其强度的相关性不显著。

6.3.4 UASB 反应器的启动与调试运行

在实际工程中,厌氧反应器建造完成后,快速顺利地启动反应器是整个废水处理工程中的关键。厌氧生物处理反应器成功启动的标志,是在反应器中短期内培养出活性高、沉降性能优良并适用于处理废水水质的厌氧污泥。UASB 的启动分为两个阶段；第一阶段是接种污泥在适宜的驯化过程中获得一个合理分布的微生物群体；第二阶段是这种合理分布群体的大量生长、繁殖。

UASB 调试之前需对反应器进行气密性试验，确保无泄漏后，配备与所处理废水特性相似的污泥作为接种污泥，由于厌氧污泥增殖缓慢，厌氧调试运行时间一般较长，大约需 2～6 个月的时间，接种污泥量大可缩短调试时间。污泥一旦成熟，就可以长期贮存，并且可以季节性或间歇性运转，二次启动的时间也将会大大缩短。

(1) UASB 反应器启动的要点

1) 选取性能优良的接种污泥，以保证反应器有较好的微生物种源，接种 VSS 污泥量为 12～15 kg/m³ (中温性)；添加部分颗粒污泥或破碎的颗粒污泥，也可加快污泥颗粒化进程；

2) 初始污泥 COD 负荷率为 0.05～0.1 kg/(kg·d)；

3) 当进水 COD 质量浓度大于 5 000 mg/L 时，采用出水循环或稀释进水；

4) 保持乙酸质量浓度约为 800～1 000 mg/L；

5) 除非 VFA 的降解率超过 80%，否则不增加污泥负荷率；

6) 允许稳定性差的污泥流失，洗出的污泥不再返回反应器；

7) 截住重质污泥。

(2) UASB 的启动工艺条件控制

① 接种污泥　接种污泥的数量和活性是影响反应器成功启动的重要因素。不同的污泥接种量宏观的表现为反应器中污泥床高度不同。污泥床厚度以 2～3 m 为宜，太厚或过浅均会加大沟流和短流。Lettinga 认为，中温 UASB 反应器接种稠密型污泥时 VSS 接种量为 12～15 kg/m³，接种稀薄型污泥时接种量大约为 6 kg/m³ 左右；高温 UASB 反应器最佳接种量为 6～15 kg/m³。

② 废水性质　Lettinga 认为，低浓度废水有利于 UASB 反应器的启动，主要是有利于污泥结团，在低浓度下可避免毒物积累。COD 质量浓度大于 4 000 mg/L 时，废水采用出水回流或稀释为宜，以降低局部区域的基质浓度。启动过程中，悬浮物质量浓度应控制在 2 g/L 以下。在处理粪便污水时，进水 SS 质量浓度应控制在 3.25～4.02 g/L 之间。如果采用颗粒污泥接种，随着启动过程的推进，反应器中颗粒污泥出现逐渐消失的情况，可能是氨态氮的毒害作用或悬浮物的影响。对可生化性较差的废水，启动时适当添加生活污水或淀粉，能起到加速启动作用。

③ 反应器的升温速率　不同种群产甲烷细菌对其适宜的生长温度范围均有严格要求。反应器升温速率太快，会导致内部污泥的产甲烷活性短期下降。在培养初期，进水应循序升温，较合理的升温速率为 2～3 ℃/d，最快不宜超过 5 ℃/d。

④进水温度控制　影响反应器消化温度的主要因素包括:进水中的热量值、反应器中有机物的降解产能反应和反应器的散热速率。在启动后期,应采取一定的有效措施,平衡各影响因素对反应器消化温度的影响,控制和维持反应器的正常消化温度。研究发现,通过对回流水加热,将进水温度维持在高于反应器工作温度8～15 ℃的范围,可保证反应器中微生物在规定的工作条件下进行正常的厌氧发酵。

⑤进水方式　进水方式可在一定程度上影响反应器的启动时间。在反应器的启动初期,由于反应器所能承受的有机负荷较低,可以采用出水回流与原水混合,间歇脉冲的进水方式,如每天进水5～6次,每次进水4 h左右。

⑥进水pH值控制　在厌氧发酵过程中,环境的pH值对产甲烷细菌的活性影响很大,通常认为最适宜的pH为6.5～7.5。因此,启动初期进水pH值应控制在7.5～8.0范围内。

⑦容积负荷增加方式　反应器的容积负荷直接反映了基质与微生物之间的平衡关系。初始进料应采用间歇式进料方式,进水COD负荷0.2 kg/(m³·d),待产沼气高峰过后,视其pH值及挥发酸的高低(VFA质量浓度不大于200 mg/L),增加负荷,稳定运行一阶段,逐步缩短进料间隔时间,保持恒温运行,并注意污泥回流,逐渐达到设计能力。应当注意:废水中原来存在和产生出来的各种挥发酸在未能有效分解之前,不应增加反应器负荷。同一负荷要稳定运行一段时间,根据运行状况,再改变负荷。

⑧启动阶段完成的判定　可以通过分析反应器耐冲击负荷的稳定性来评价反应器启动是否完成:如果冲击负荷结束后,系统能很快恢复原来状态。说明系统已具有一定的稳定性,此时认为反应器已经完成了启动过程,可以进入负荷提高或运行阶段。

(3) 缩短UASB启动时间的途径

1)投加无机絮凝剂或高聚物:

为了保证反应器内的最佳生长条件,必要时可改变废水的成分,其方法是向进水中投加养分、维生素和促进剂等。有研究表明,在UASB反应器启动时,向反应器内加入质量浓度为750 mg/L亲水性高聚物(WAP)能够加速颗粒污泥的形成,从而缩短启动时间。

2)投加细微颗粒物:

人为地向反应器中投加适量的细微颗粒物如黏土、陶粒、颗粒活性炭等,有利于缩短颗粒污泥的出现时间,但投加过量的惰性颗粒会在水力冲刷和沼气搅拌下相互撞击、摩擦,造成强烈的剪切作用,阻碍初成体的聚集和黏结,对于颗粒污泥的成长有害。

(4) UASB反应器颗粒污泥的培养

UASB反应器中污泥的存在形式分为絮状污泥和颗粒污泥。在设计与运行负荷都不太高的情况下,絮状污泥完全可以满足要求。但从技术经济角度考虑,颗粒污泥的出现标志着高负荷厌氧反应器的成功设计与运行。在 UASB 反应器启动过程中,如果有足够的颗粒污泥作为种泥,将为反应器的启动提供很多方便,但实际情况是大多 UASB 反应器在启动初期都采用城市污水污泥作为种泥,所以在培养颗粒污泥阶段,还应注意以下几点:

1)保证适宜的营养:保持 COD∶N∶P=200∶5∶1,如废水中缺乏氮磷,则应加以补充;

2)严格控制有毒物质浓度,使其在允许浓度以下;

3)保持 pH 值在 6.5~7.5 之间,对含碳水化合物为主的有机废水,必须在反应器内保持碱度($CaCO_3$ 在 1 000 mg/L 左右,维持足够的缓冲能力,确保 pH 值在上述范围内;

4)为了给微生物提供足够的养料,应在不发生酸化的前提下,尽快把 COD 污泥负荷率提高到 0.5~0.6 kg/(kg·d)并保持表面负荷在 0.3 $m^3/(m^2·h)$ 以上,以加速颗粒化进程;

5)根据废水的化学性质,考虑是否补充微量元素,如 Ca^{2+}、Fe^{3+}、Ni^{2+}、Co^{2+} 等。

6.3.5　UASB 反应器的运行控制与管理

(1)运行控制

反应器正常运行后,主要观测控制的指标有:进水水质、温度、处理负荷、沼气组分、出水的挥发酸含量与微生物的种类、污泥沉降性能及停留时间等。简单地讲,进水水质要稳定,水量均匀,增加负荷也应逐渐提高,不要有较大波动,运行温度要恒定,每日波动范围不超过 2 ℃,同时监测化验出水挥发酸(VFA<300 mg/L),正确控制有机负荷,这样可以尽快形成较大的颗粒污泥。

(2)污泥流失的原因及控制对策

污泥的过量积累和过量流失均不利于反应器的正常运行,因此必须加以有效控制。对于污泥过量积累,控制的措施较简单,只需排除过量部分即可;但对于污泥过量流失,则需要通过控制工艺条件来加以抑制。在启动过程中,由于污泥尚未颗粒化,因此出水会带走一定量的轻质污泥,但每次所引起的污泥流失不应该太多。通常,控制反应器的有机负荷是控制污泥过量流失的主要方法,而提高污泥沉淀性能则是防止污泥流失的根本途径。对有机负荷进行控制容易在短期内见效,而污泥沉淀性能的提高则需要较长的时间。

为了弥补启动中污泥过量流失的影响,也可在 UASB 反应器后设置停留时间 2~3 h 的沉淀池,可产生以下效益:

1)可加速污泥的积累、缩短启动间;
2)去除悬浮物,提高出水水质;
3)遇到冲击负荷时,可回收流失的污泥,保持工艺运行的稳定性;
4)污泥返回反应器进一步分解,可减少污泥排放量。

6.4 膨胀颗粒污泥床(EGSB)

膨胀颗粒污泥床(EGSB)是在 UASB 反应器的基础上发展起来的第三代厌氧生物反应器。从某种意义上说,是对 UASB 反应器进行了几方面改进:①通过改进进水布水系统,提高液体表面上升流速及产生沼气的搅动等因素;②设计较大的高径比;③增加了出水再循环来提高反应器内液体上升流速。这些改进使反应器内的液体上升流速远远高于 UASB 反应器,高的液体上升流速消除了死区,获得更好的泥水混合效果。在 UASB 反应器内,污泥床或多或少像是静止床,而在 EGSB 反应器内却是完全混合的,能克服 UASB 反应器中的短流、混合效果差及污泥流失等不足,同时使颗粒污泥床充分膨胀,加强污水和微生物之间的接触。由于这种独特的技术优势,使 EGSB 适用于多种有机污水的处理,且能获得较高的负荷率,所产生的气体也更多。

6.4.1 EGSB 反应器工艺原理

EGSB 反应器主要是由进水系统、反应区、三相分离器和沉淀区等部分组成,如图 6-2 所示。污水由底部配水系统进入反应器,根据载体流态化原理,很高的上升流速使废水与 EGSB 反应器中的颗粒污泥充分接触。当有机废水及其所产生的沼气自下而上地流过颗粒污泥床层时,污泥床层与液体间会出现相对运动,导致床层不同高度呈现出不同的工作状态。在反应器内的底物、各类中间产物以及各类微生物间的相互作用,通过一系列复杂的生物化学反应,形成一个复杂的微生物生态系统,有机物被降解,同时产生气体。在此条件下,一方面可保证进水基质与污泥颗粒的充分接触和混合,加速生化反应进程;另一方面有利于减轻或消除静态床(如 UASB)中常见的底部负荷过重的状况,从而增加了反应器对有机负荷的承受能力。

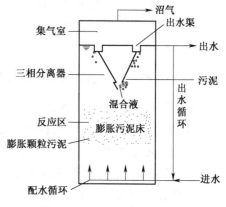

图 6-2 EGSB 反应器构造图

三相分离器的作用首先是使混合液脱气,生成的沼气进入气室后排出反应器,脱气后的混合液在沉淀区进一步进行固液分离,污泥沉淀后返回反应区,澄清的出水流出反应器。为了维持较大的上升流速,保障颗粒污泥床充分膨胀,EGSB 反应器增加了出水再循环部分,使反应器内部的液体上升流速远远高于 UASB 反应器,强化了污水与微生物之间的接触,提高了处理效率。

6.4.2　EGSB 反应器的特性

EGSB 反应器在结构及运行特点上集 UASB 和 AFB 的特点于一体,具有大颗粒污泥、高水力负荷、高有机负荷等明显优势,均有保留较高污泥量,获得较高有机负荷,保持反应器高处理效率的可能性和运行性,该工艺还具备区别于 UASB 和 AFB 的特点:

1) 与 UASB 反应器相比,EGSB 反应器高径比大,液体上升流速($4\sim10$ m·h^{-1})和 COD 有机负荷(40 kg/(m^3·d))更高,比 UASB 反应器更适合中低浓度污水的处理。

2) 污泥在反应器内呈膨胀流化状态,污泥均是颗粒状的,活性高,沉淀性能良好。

3) 与 UASB 反应器的混合方式不同,由于较高的液体上升流速和气体搅动,使泥水的混合更充分;抗冲击负荷能力强,运行稳定性好。内循环的形成使得反应器污泥膨胀床区的实际水量远大于进水量,循环回流水稀释了进水,大大提高了反应器的抗冲击负荷能力和缓冲 pH 值变化能力。

4) 反应器底部污泥所承受的静水压力较高,颗粒污泥粒径较大,强度较好。

5) 反应器内没有形成颗粒状的絮状污泥,易被出水带出反应器。

6) 对 SS 和胶体物质的去除效果差。

6.4.3　EGSB 反应器的启动与运行存在的主要问题

目前对 EGSB 反应器的研究和应用还比较有限。虽然 EGSB 反应器拥有众多的 UASB 反应器不具备的优点,但由于反应器结构和设计思想的不同,以及微生物只能在一定的温度范围内生长、发育、繁殖、分解,当低于某个温度时,微生物就失去活性,处于被抑制状态等原因,EGSB 反应器在其应用的领域、操作技术、污泥特性及机理方面还存在较多完善的地方。

(1) 颗粒污泥的培养问题

不同温度下 EGSB 反应器启动面临的首要问题是种泥的选择。颗粒污泥、厌氧消化污泥、牛粪和下水道污泥均可作为 EGSB 反应器的种泥。处理某一温度下废水的接种污泥,最佳选择是选择这一温度下 EGSB 反应器的颗粒污泥,因为在经过短的启动期后,EGSB 反应器即能获得理想的运行效果。但现在,在许多国家获取能用于启动大型 EGSB 反应器处理相似废水的厌氧颗粒污泥是非常困难的,甚至是不可能的,购买和运输的费用也较高。而接种处理不同废水的颗粒污泥需很长一段时间的适应期,因此,需要考虑选择其他种泥来启动 EGSB 反应器。一般来讲,市政消化污泥不仅是最易获取的,而且也是较适宜的接种污泥。市政消化污泥不仅具有较高的产甲烷活性,而且也具有复杂的微生物生态系统,适于处理多种废水。

但接种市政消化污泥时,由于厌氧菌生长缓慢(尤其是产甲烷菌),反应器启动期很长,一般需要 60~240 h 才能正常运行,因此,形成高活性、稳定的颗粒污泥所需的较长的启动期仍是 EGSB 反应器所面临的一个主要问题,这也正是限制其实际应用的关键因素。因而对于污水厌氧生物处理工业来说,迫切需要寻求不同温度下厌氧颗粒污泥的大量、快速培养技术。

(2) EGSB 反应器的启动

与其他厌氧工艺一样,EGSB 反应器处理装置的启动时间长。其投产调试时间要比好氧工艺长得多,有时甚至需要 1 年的时间,这是因为厌氧微生物合成新细胞所需有机物的数量比好氧微生物要多,繁殖周期也比后者长。在 18~30 ℃条件下,好氧菌世代时间为 20~30 min;而大部分厌氧菌的世代时间为 15 d,甚至更长一些。EGSB 反应器能否在不同温度下稳定、高效地运行,在很大程度上取决于反应器内的污泥性能。好的污泥应该具有良好的沉淀性和高产甲烷活性,并且应呈颗粒状。为此,EGSB 反应器的启动越来越受到研究者和工程者的重视。

(3) 对难降解有毒物质的高效降解

采用厌氧技术处理不同温度的工业废水已成趋势,但由于许多工业废水中有一些难降解、有毒或可通过各种方式影响生物处理系统的物质,最终造成系统处理效率低甚至失败。已有许多有关厌氧、好氧生物技术能降解多种毒性和难降解物质的报道,但有一点值得注意,毒性物质的消失并不意味着这些物质完全转化为无毒物质或矿化。有可能这些物质仅被转化为一些中间产物,而且在某些情况下,这些中间产物比原来的物质具有更大毒性,更难降解。这已在高氯乙烯、五氯苯酚、多氯联苯等物质在中温条件下的降解过程中得到证实。

中温条件下,当废水中含有对微生物有毒害作用的物质或是难于生物降解的物质时,采用 UASB 反应器都很难获得较好的效果。由于 EGSB 反应器具有很高的出水循环比率,它可以将原水中毒性物质的浓度稀释到微生物可以承受的程度,从而保证反应器中的微生物能良好生长;同时反应器中液体上升流速大,废水与微生物之间能够充分接触,可以促进微生物降解能力。因此,采用 EGSB 反应器处理毒性或难降解的废水可以获得较好的效果。

厌氧—好氧技术已被人们普遍接受用于工业废水的处理,以降解有毒性、难降解物质。但由于这些物质的厌氧转化常常是不完全的,而且厌氧代谢中间产物的积累也会对产甲烷菌产生抑制,从而造成厌氧处理效率降低,以致增加后续好氧处理系统的负荷,最终使整个系统处理效率降低。在 EGSB 反应器中创造好氧菌与厌氧菌共存、氧化与还原作用同时发生的环境能够将一些难降解的毒性物质有效降解,使多种污染物可同时作为基质被微生物利用,降低毒性中间代谢的聚集,这样不但可以用一个反应器代替原来的两个反应器,减少投资,而且微生物的多样性和代谢物的及时交换使处理系统更加稳定。

6.5　内循环 IC 厌氧反应器

内循环厌氧反应器(Internal circulation,简称 IC)是 20 世纪 90 年代由荷兰 Paques 公司开发的专利技术,它是在 UASB 反应器基础上开发出的第三代超高效厌氧反应器,是一种具有容积负荷高、占地少、投资省等突出优点的新项厌氧生物反应器,其特征是在反应器中装有两级三相分离器,反应器下半部分可在极高的负荷条件下运行。整个反应器的有机负荷和水力负荷也较高,并可实现液体内部的无动力循环,从而克服了 UASB 反应器在较高的上升流速度下颗粒污泥易流失的不足。

6.5.1　IC 反应器结构和工作原理

IC 反应器是在 UASB 反应器的基础上发展起来的技术,两种反应器中都存在厌氧细菌聚集形成的"颗粒污泥",因此,两者都是上流式颗粒污泥处理系统。废水在反应器中都是自下而上流动,污染物被细菌吸附并降解,净化过的水从反应器上部流出。IC 反应器具有很大的高径比,一般可达 4~5,反应器的高度可达 1~25 m。所以在外形上看,IC 反应器是个厌氧生化反应塔。如图 6-3 所示。

污水直接进入反应器的底部第一反应室,通过布水系统与颗粒污泥混合,在第一级高负荷的反应区内形成一个污泥膨胀床,大部分有机物在这里被转化成沼气,所产生的沼气由第一反应室的集气罩收集,并沿着提升管上升。由于采用的负荷高,产生的沼气量很大,沼气

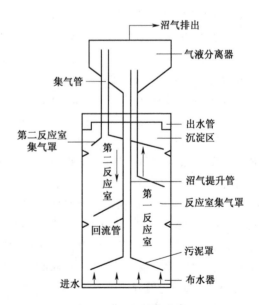

图 6-3　IC 反应器构造原理

上升的过程中会产生很强的提升能力,同时把第一反应室的泥水混合液通过提升管提升至设在反应器顶部的气液分离器,被分离出的沼气由气液分离器顶部的沼气排出管排走。分离出的泥水混合液将沿着回流管回到第一反应室的底部,并与底部的颗粒污泥和进水充分混合,实现第一反应室混合液的内部循环。内循环的结果是:第一反应室不仅有很高的生物量,很长的污泥龄,还具有很大的升流速度,使该室内颗粒污泥完全达到流化状态,具有很高的传质速率,使生化反应速率提高,极大地改善了污染物从液相到颗粒污泥的传质过程,从而大大提高第一反应室的有机物去除能力。

经过第一反应室处理过的废水,会自动地进入第二反应室继续处理。废水中的剩余有机物可被第二反应室内的厌氧颗粒污泥进一步降解,使废水得到更好的净化,提高出水水质。产生的沼气由第二反应室的集气罩收集,通过集气管进入气液分离器。第二反应室的泥水混合液进入沉淀区进行固液分离,因为 COD 浓度已经降低很多,所以产生的沼气量降低,因此,扰动和提升作用不大,从而出水可以保持较低的悬浮物。处理过的上清液由排水管排走,沉淀下来的污泥可自动返回第二反应室。这样,废水就完成了在 IC 反应器内处理的全过程。

所以,IC 反应器也可以简单地理解为两个上下组合在一起的 UASB 反应器,一个是下部的高负荷部分,一个是上部的低负荷部分,废水处理中产生的沼气的引出也分为两个阶段。由下面第一个 UASB 反应器产生的沼气作为提升的内动力,使升流管与回流管的混合液产生密度差,实现下部混合液的内循环,使废水获得强化处理。上面的第二个 UASB 反应器对废水继续进行后处理(或称精处理),使出水达到预期的处理要求。

6.5.2　IC 反应器的工艺特点

(1) 具有很高的容积负荷率

IC 反应器由于存在着内循环,传质效果好,生物量大,污泥龄长,其进水有机负荷率远比 UASB 高,一般可高出 3 倍左右。处理高浓度有机废水,如土豆加工废水,当 COD 质量浓度为 10 000~15 000 mg/L 时,进水 COD 容积负荷率可达 30~40 kg/(m^3·d)。处理低浓度有机废水,如啤酒废水,当 COD 质量浓度为 2 000~3 000 mg/L 时,进水 COD 容积负荷率可达 20~25 kg/(m^3·d),HRT 仅为 2~3h,COD 去除率可达 80%。

(2) 节省基建投资和占地面积

IC 反应器的体积仅为 UASB 的 1/4~1/3 左右,所以可降低反应器的基建投资。IC 反应器不仅体积小,而且有 4~8 倍的高径比,高度可达 16~25 m,所以占地面积特别小,非常适用于占地面积紧张的厂矿企业采用。

(3) 沼气提升实现内循环，不必外加动力

厌氧流化床载体的流化是通过出水回流由水泵加压实现，因此必须消耗一部分动力。而 IC 反应器是以自身产生的沼气作为提升的动力实现混合液的内循环，不必另设水泵实现强制循环，从而可节省能耗。但对于间歇运行的 IC 反应器，为了使其能够快速启动，需要设置附加的气体循环系统。

(4) 抗冲击负荷能力强

由于 IC 反应器实现了内循环，处理低浓度废水（如啤酒废水）时，循环流量可达进水流量的 2~3 倍。处理高浓度废水（如土豆加工废水）时，循环流量达进水流量的 10~20 倍。因为循环流量与进水在第一反应室充分混合，使原废水中的有机物质得到充分稀释，大大降低有害程度，从而提高了反应器的耐冲击负荷能力。

(5) 具有缓冲 pH 的能力

IC 工艺可充分利用循环回流的碱度，提高反应器缓冲 pH 变化的能力，从而节省进水的投碱量，降低运行费用。

(6) 出水的稳定性好、启动快

IC 反应器相当于上下两个 UASB 反应器的串联运行，下一个 UASB 反应器具有很高的有机负荷率，起"粗"处理作用，上面一个 UASB 反应器的负荷较低，起"精"处理作用，相当于两级 UASB 工艺处理。一般情况下，两级处理比单级处理的稳定性好，出水水质较为稳定。由于内循环技术的采用，致使污泥活性高、增殖快，为反应器的快速启动提供了条件，IC 反应器启动期一般为 1~2 个月，而 UASB 的启动周期达 4~6 个月。

(7) 污泥产量小

剩余污泥少，约为进水 COD 的 1%。由于厌氧菌是颗粒污泥，具有表面积大、沉降效果好的特点，大大提高了有机污染物 COD 与污泥接触的机会，污泥得到充分养分，维持一定的大小和沉降性，使反应器污泥产量有效减少。

(8) 不足

IC 反应器高度一般较高，而且内部结构相对复杂，增加了施工安装和日常维护的困难。高径比大就意味着进水泵的能量消耗大，运行费用高。另外，为适应较高的生化降解速率，许多 IC 反应器的进水需调节 pH 值和温度，为微生物的厌氧降解创造条件。从强化反应器自身功能的程度看，这无疑增加了 IC 反应器以外的附属处理设施。

6.6 两相厌氧生物处理技术

6.6.1 两相厌氧工艺的原理

两相厌氧消化(two-phase anaerobic digestion)。有时也称为两步或两段厌氧消

化(two-step anaerobic digestion)。两相厌氧消化工艺是随着厌氧消化机理的研究和厌氧微生物学的发展而出现和改进的工艺。前面曾分析过,厌氧消化过程是由几大类不同种类的细菌组成的微生物群落共同完成的一系列反应。不同类型的细菌具有不同的生理化特性、最适 pH 范围以及营养要求等。一般可以将厌氧细菌简单地分为两大类:即产酸细菌和产甲烷细菌。相应地,厌氧消化过程也可分成两个阶段:即产酸阶段和产甲烷阶段。在这两个阶段内,负责有机物转化的细菌在组成及生理化特性方面均存在着很大的差异,在第一阶段中起作用的主要是水解发酵细菌,它们能将复杂大分子有机物水解为简单小分子的单糖、氨基酸、脂肪酸和甘油等,然后再进一步发酵为各种有机酸及醇类等。水解和发酵细菌的种类很多,它们的主要特点是代谢能力强,繁殖速度快,对环境条件的适应性很强。第二阶段中的细菌主要是产甲烷菌,它们的种类相对较少,能利用的基质也非常有限,繁殖速度很慢,倍增时间一般在十几小时,甚至长达 4~6 d。此外,产甲烷细菌受环境因素(如 pH 值、温度、有毒有害物质或抑制物质等)的影响较大,比第一阶段的细菌要敏感得多。

要维持传统的单相厌氧反应器正常、高效地运行,必须在一个反应器内维持上述两类特性迥异的细菌之间的平衡,即要保证由发酵菌和产酸细菌所产生的有机酸等产物能够及时有效地被产甲烷细菌利用并最终转化为甲烷和二氧化碳等无机产物;否则,就会造成反应器内有机酸的积累,严重时会导致反应内 pH 值下降,pH 值下降又会进一步对产甲烷细菌的活性和代谢能力产生不利影响,甚至会产生严重的抑制作用,进一步降低转化和消耗有机物的能力。由于 pH 值下降对发酵和产酸细菌产生的不利影响不如其对产甲烷菌所产生的那样严重,结果会造成更为严重的有机酸积累和更大程度的 pH 下降,以及更为严重的对产甲烷菌的抑制作用。实际上,这样的过程就是厌氧反应器出现"酸化现象"的过程,许多实际运行的经验告诉我们,如果厌氧反应器发生了酸化现象,要想将其恢复正常就很困难,需要较长的时间,甚至时间很长也不能奏效。在某些实际工程中,如果厌氧反应器出现了严重的"酸化现象",在条件许可的情况下,操作人员宁可将反应器内的污泥全部舍弃,重新投加接种污泥,进行培养驯化。因为这一方案可能比在原有基础上努力恢复运行所需要的时间短。由此,我们可以看出,在传统的单相厌氧反应器中维持发酵和产酸细菌与产甲烷细菌之间的平衡不是一件容易的事。

另外,由于产甲烷细菌对环境条件的要求远高于发酵和产酸细菌,而且产甲烷菌的生长速率也远低于发酵和产酸细菌,因此,在运行传统的单相厌氧反应器时,都是按照产甲烷细菌的要求来选择运行条件,而且还会采取繁杂的措施来尽量维持二者之间的平衡。这样的一种运行控制策略虽然可以首先保证产甲烷细菌的正常生长和发挥其正常的代谢功能,但可以肯定,这对于水解细菌、发酵和产酸细菌等菌群来说,就不一定是其最适的生长环境条件和能最好地发挥其代谢功能的条件。但是,由于它们的适应能力较强,生长速率也较快,因此即使不是处在最适条件下,还是能够比较充分地发挥其代谢功能。可以说,传统的单相厌氧反应器的运行,是在一定程度上牺牲了第一阶段细菌的部分功能,以保证产甲烷菌能处在最佳的环境条件下的。在国外,绝大多数的厌氧反应器都会采取加热和保温的措施,以保证反应器内的温度处在产甲烷细菌的最佳温度范围内,即 35~37 ℃(中温运行)或者是 55~65 ℃(高温运行);同时为了确保反应器内的 pH 值被严格地控制在产甲烷细菌的最适范围内(6.8~7.2),一般的厌氧反应器都设置了在线 pH 值控制装置,通过计量泵泵入酸或碱,严格地将反应器内 pH 值控制在所设定的范围之内。但是在国内,由于应用厂家一般不愿意在 pH 值和温度等的自动控制方面投入太多资金,因此设计者会选择其他方式来尽可能地保证反应器的正常运行。一般主要有两个措施:①降低设计负荷,反应器在相对较低的负荷下稳定运行,两大类细菌之间的平衡也相对较为容易保持,这种措施会增大反应器的容积和基建投资;②增加进水中的投碱量,使反应器内维持较高的碱度,即提高反应器的缓冲强度,使其在运行过程中不致产生酸的积累,但是这种做法会增加反应器的运行费用。

为了克服传统单相厌氧反应器的上述缺陷,早在 1971 年,Ghosh 和 Pohland 就提出了相分离的概念,即建造两个独立运行的反应器,通过调控各自的运行参数,使其分别满足产酸和发酵细菌及产甲烷菌的最适生长条件,这样就可以在两个不同的反应器中分别培养出第一阶段细菌(产酸和发酵细菌)和第二阶段细菌(产甲烷菌),使其分别发挥其各自最大的代谢能力,从而使整个工艺达到更好的处理效果,增强厌氧处理工艺的处理能力和提高工艺的运行稳定性。根据两个反应器中各自产物的特征,把第一个反应器称为产酸相(acidogenic phase)反应器,第二个反应器称为产甲烷相(methanogenic phase)反应器,由此形成了所谓的"两相厌氧消化"的概念。随着现代高效厌氧消化技术的兴起和发展,两相厌氧消化工艺也像其他高效厌氧反应器的开发和研究一样,受到人们越来越多的重视,得到了多方面的研究和应用。相分离的实现对于整个处理工艺主要可以带来以下两个方面的好处:①提高产甲烷相反应器中污泥的产甲烷活性;②提高整个处理系统的稳定性和处理效果。

6.6.2 两相厌氧消化的特点

1)两相厌氧消化工艺将产酸菌和产甲烷菌分别置于两个反应器内,并为它们提供了最佳的生长和代谢条件,使它们能够发挥各自的最大活性,较单相厌氧消化工艺的处理能力和效率大大提高。

2)两相分离后,各反应器的分工更明确,产酸反应器对污水进行预处理,不仅为产甲烷反应器提供了更适宜的基质,还能够解除或降低水中的有毒物质如硫酸根、重金属离子的毒性,改变难降解有机物的结构,减少对产甲烷菌的毒害作用和影响,增强了系统运行的稳定性。

3) 为抑制产酸相中的产甲烷菌的生长而有意识地提高产酸相的有机负荷,从而提高产酸相的处理能力。产酸菌的缓冲能力较强,因而冲击负荷造成的酸积累不会对产酸相有明显的影响,也不会对后续的产甲烷相造成危害,能够有效地预防在单相厌氧消化工艺中常出现的酸败现象,出现后也易于调整与恢复,提高系统的抗冲击能力。

4) 产酸菌的世代时间远远短于产甲烷菌,产酸菌的产酸速率高于产甲烷菌降解酸的速率,在两相厌氧消化工艺中产酸反应器的体积总是小于单相产甲烷反应器的体积。

5) 同单相厌氧消化工艺相比,对于高浓度有机污水、悬浮物浓度很高的污水、含有毒物质及难降解物质的工业废水和污泥的处理,两相厌氧消化工艺具有很大的优势。

厌氧消化两相分离的主要优缺点见表 6-2。

表 6-2 厌氧消化两相分离的主要优缺点

优 点	缺 点
1. 将限速步骤水解(第一相)和甲烷化(第二相)分离并最适化	1. 互养关系打破
2. 提高了反应器的动力学和稳定性	2. 基建、工程和运行较困难
3. 每相的 pH 独立	3. 缺乏各种废物处理工程运行经验
4. 提高了反应器对冲击负荷的稳定性	4. 基质类型和反应器类型之间的不稳定性
5. 可选择生长较快的微生物种群	

6.6.3 两相厌氧生物处理系统的适用范围

一种废水是否适宜于两相厌氧消化处理可通过分析废水中的主要成分的转化途径来进行估计。如碳水化合物含量高、脂肪含量低的废水,比脂肪含量高、碳水化合物含量低的废水更适宜于两相系统。通常一种废水如果不需互养关系进行酸化的组分含量高,则适宜两相处理;反之,则宜于单相处理。对于在产酸相反应器中可能脱毒的化合物,其两相的适宜性还不是很清楚。用两相系统处理中等脂肪酸含量废水比单相系统处理效率高。对于其他可能产生抑制作用的化合物,包括氯代化合物和芳香族化合物,两相系统也可使处理效率提高。两相厌氧具有优点如下:

1) 适合处理富含碳水化合物而有机氮含量低的高浓度废水。采用单相厌氧反应器处理废水时,一旦负荷率升高,易产生酸败现象,且一旦发生酸败,恢复正常运行则需要较长的时间。但是在两相厌氧工艺中,由于产酸和产甲烷反应分开在两个反应器中进行,便于控制,不至于影响系统的正常运行。

2)适合处理有毒性的工业废水。许多工业有机废水中含有浓度较高的硫酸盐、苯甲酸、氰、酚等成分,由于产酸菌能改变毒物的结构或将其分解,使毒性减弱甚至消失,故能有效地消除毒物对产甲烷菌的抑制作用。

3)适合处理高浓度悬浮固体的有机废水。由于产酸菌的水解酸化作用,废水中的悬浮固体浓度大大降低,解决了悬浮物质引起的厌氧反应器的堵塞问题,有利于废水在产甲烷反应器中的进一步处理。

4)适合处理含难降解物质的有机废水。一些大分子物质在单相厌氧反应器中易积累,到一定浓度时对产甲烷菌会产生抑制作用,但在两相厌氧生物处理系统中,产酸菌可以将这些大分子物质水解成小分子物质,便于产甲烷菌进一步的代谢。例如,硫酸盐和亚硫酸盐法草浆造纸黑液用单相厌氧反应器难于处理,但采用两相厌氧反应器处理后,其甲烷相 COD 的最大去除率可高达 86.47%。

第 7 章 生物脱氮除磷新技术

20 世纪 80 年代以来,生物脱氮除磷技术有了重大发展。随着对水体富营养化防治重要性认识的加强,许多国家增加或提高了排放标准中对氮、磷的要求,为此,大批的生物脱氮、除磷污水厂被建设和使用,并根据不同的水质条件和处理要求提出了许多生物脱氮、除磷工艺及改良工艺。例如 Phoredox 工艺(改良型巴顿普工艺)、UCT 工艺、VIP 工艺、百乐卡工艺、CASS 工艺等。总的来说,生物脱氮除磷主要是朝着提高效率、缩短水力停留时间、悬浮与附着相结合,装置设备化小型化方向发展。下面分别进行阐述。

7.1 污水生物脱氮新技术

传统的生物处理脱氮方法对氮的去除主要是靠微生物细胞的同化作用将氮转化为细胞原生质成分,所以传统的生物处理方法只能去除生活污水中约 40% 的氮。生物法脱氮新技术主要是针对传统生物脱氮理论而言,就是在好氧、低基质浓度条件下通过硝化菌的作用将氨氮氧化为硝酸盐,在缺氧、可利用碳源及碱度充足的条件下,反硝化菌将硝酸盐还原成气态氮而从水中去除。如 A/O 工艺、A^2/O 工艺、Bardenpho 工艺、UCT 工艺、MUCT 工艺、VIP 工艺、氧化沟以及 SBR 工艺等。然而最近的一些研究表明:生物脱氮过程中出现了一些超出人们传统认识的新现象,如硝化过程不仅由自养菌完成,异养菌也可以参与硝化作用;某些微生物在好氧条件下也可以进行反硝化作用;特别值得一提的是有些研究者在实验室中观察到在厌氧反应器中 NH_3-N 减少的现象。这些现象的发现为水处理工作者提供了新的理论和思路,其中一部分较为前沿的工艺有短程硝化反硝化、反硝化除磷、同步硝化反硝化等。这些工艺都面临亚硝酸盐稳定积累的问题。

7.1.1 短程硝化—反硝化工艺——Sharon 工艺

传统硝化反硝化脱氮途径为: $NH_4^+ \longrightarrow NO_2^- \longrightarrow NO_3^- \longrightarrow NO_2^- \longrightarrow N_2$,即硝化过程是将 NH_4^+ 经 NO_2^- 氧化为 NO_3^-,反硝化过程先后以 NO_3^-、NO_2^- 作为电子受体最终将氮化合物还原为 N_2。短程硝化—反硝化生物脱氮也可称为亚硝酸型生物

脱氮技术。其原理就是将硝化过程控制在 NO_2^- 阶段而终止,然后直接进行反硝化。这一过程相当于将传统的硝化过程中从 NO_2^- 转化为 NO_3^- 与反硝化,再从 NO_3^- 转化为 NO_2^- 这两个过程省去;反硝化菌直接以 NO_2^- 作为最终受氢体,把亚硝氮还原为氮气。因而整个生物脱氮过程也可以经 $NH_4^+ \longrightarrow HNO_2 \longrightarrow N_2$ 这样的途径完成。

亚硝酸型生物脱氮具有以下优点:亚硝酸菌世代周期比硝酸菌世代周期短,泥龄也短,控制在亚硝酸型阶段易提高微生物浓度和硝化反应速率,缩短硝化反应时间,从而可以减少反应器容积,节省基建投资。另一方面,从亚硝酸菌的生物氧化反应可以看到,控制在亚硝酸型阶段可以节省氧化 NO_2^- 到 NO_3^- 的氧量,还可在反硝化时降低或省去有机碳源的总需求量。该工艺与传统工艺相比,O_2 和 CH_3OH 分别节约了 25% 和 40%。因此,亚硝酸型硝化既可节能降耗,又能提高整体工艺的处理效率,具有广阔的研究和应用前景。

1997 年荷兰戴尔夫特(Delft)理工大学 Helling 等根据短程硝化-反硝化的原理,开发了 Sharon 工艺,在碱度充足的条件下,废水中 50% 的 NH_4^+-N 被亚硝化菌氧化为 NO_2^--N。Sharon 工艺应用了硝酸菌和亚硝酸菌的不同生物速率,通过调控温度、pH、溶解氧、水力停留时间等参数,实现短程硝化反硝化。即在高温(30~35 ℃)下,利用亚硝酸菌的生长速率快,最小停留时间短的特性控制系统的水力停留时间,使其介于硝酸菌和亚硝酸菌的最小停留时间之间;从而使亚硝酸菌有最高的浓度而硝酸菌被自然淘汰,维持稳定的亚硝酸积累,亚硝酸盐的积累可达到 100%。

Sharon 工艺缩短了脱氮反应的历时,减少了硝化中的产酸量,也就减少了碱的投加量;同时减少了耗氧和动力消耗,节省了大量开支。但有必要指出的是,本工艺处理后的出水,可能含有较高的亚硝酸盐,所以实际运行时,和其他工艺组合或许能提高脱氮效率。Sharon 工艺对高浓度氨氮、低碳氮比的含氨废水具有良好的处理效果,所以处理对象主要用在二级处理系统中的污泥消化上清液和垃圾滤出液等废水。对于大量的城市污水(一般属于低温低氨污水),要使大量污水升温并保持在 30~35 ℃难以实现。

在 Sharon 工艺运行要点:第一,根据较高温度下(30~35 ℃)亚硝化菌的增长速率明显高于硝化菌的生长速率,利用亚硝化菌增殖快这一特点,使硝化菌在竞争中失败。温度高有利于提高细菌的比增长速率,于是反应器中能够保持足够的亚硝化菌浓度,而无需污泥停留,即在 Sharon 工艺中污泥龄完全等于水力停留时间(SRT=HRT)。因此,反应器的污泥排出率(1/SRT 即 1/HRT)能被设定在某一数值从而控制亚硝化菌停留在反应器中,而让增殖较慢的硝化菌排出系统。这样在完全混合反应器里控制较短的水力停留时间,提供较高的温度就可以将硝化菌去掉。35 ℃为

Sharon 工艺安全运行温度,此时亚硝化菌的最大比增长速率为 2.1/d,在实际情况下污泥停留时间为 1 d 左右。第二,Sharon 工艺维持在低溶解氧(0.5 mg/L)下,亚硝酸菌的增殖速率加快近 1 倍,而硝酸菌的增殖速率没有任何提高,从 NO_2^- 到 NO_3^- 的氧化过程受到严重的抑制,从而导致了 NO_2^- 的大量积累。第三,对亚硝酸菌而言,游离态氨才是其真正的底物,而不是 NH_4^+;NO_2^- 对亚硝酸菌虽有抑制作用,但在高 pH 值(pH = 8)时,这种抑制作用非常有限;而游离态氨对硝酸菌具有明显的抑制作用。因此,Sharon 工艺反应器内的 pH 值较高(pH=7~8),有利于 $NO_2^- - N$ 的积累。Sharon 工艺具有如下一些特点:

①脱氮速率快,投资和运行费用低。

②温度高(30~35 ℃),反应期内微生物增殖速度快,好氧停留时间短,限制在 1 d。

③微生物活性高,而 K_s 值也相当高,结果出水浓度为每升几十毫克,进出水浓度无相关性,进水浓度越高,去除率越高。

④高温下亚硝化菌较硝化菌增长快,亚硝酸盐氧化受阻,系统无生物体(污泥)停留(因 SRT=HRT),所以只需简单地限制 SRT 就能实现氨氧化而亚硝酸盐不氧化。

⑤进水浓度高,有大量热量产生,这一点在设计中应考虑到。

⑥因工艺无污泥停留,排出水中悬浮固体不影响工艺运行。

⑦只需单个反应器,使处理系统简化。

7.1.2 厌氧氨氧化 Anammox 工艺

厌氧氨氧化(Anaerobic ammonium oxidation,简称 Anammox),也是荷兰 Delft 大学于 1990 年提出的一种新型脱氮工艺。即在厌氧条件下,微生物直接以 NH_4^+ 为电子供体,以 NO_2^- 为电子受体,将 NH_4^+ 或 NO_2^- 转变成 N_2 的生物氧化过程,或者说利用亚硝酸盐作为电子受体来氧化氨的过程。其反应式为:

$$NH_4^+ + NO_2^- \longrightarrow N_2\uparrow + 2H_2O$$

反应过程中亚硝酸盐是一个关键的电子受体,与硝化作用相比,它用硝酸盐取代氧作为电子受体;与反硝化作用相比,它用氨取代有机物作为电子供体。所以 Anammox 工艺也划归为亚硝酸型生物脱氮技术。如果说上述的 Sharon 工艺还只是将传统的硝化反硝化工艺通过运行控制缩短了生物脱氮的途径,Anammox 工艺则是一种全新的生物脱氮工艺,完全突破了传统生物脱氮工艺中的基本概念。

由于参与厌氧氨氧化的细菌是自养菌,因此不需要另加碳源来支持反硝化作用,与常规脱氮工艺相比可节约 100%的碳源。而且,如果把厌氧氨氧化过程与一个前置的硝化过程结合在一起,那么硝化过程只需要将部分 NH_4^+ 氧化为 $NO_2^- - N$,这样的短程硝化可比全程硝化节省 62.5%的供氧量和 50%的耗碱量。

Stijn WyfFels 等使用示踪剂 ^{15}N 对 N_2 的形成原因进行研究，证实两个氮原子分别来自于氨盐和亚硝酸盐。厌氧氨氧化菌是自养菌，不需要添加有机物来维持反硝化，世代时间长达 3 周。目前发现的厌氧氨氧化菌有 Brocadia anammoxidans, Kuenenia stuttgartiensis, Scalindua sorokinii, Scalindua brodae 和 Scalindua wagneri。这些厌氧氨氧化菌除了分布广外，还具有代谢途径多的特点。主要应用于 Anammox, Sharon - Anammox, CANON 和甲烷化等与厌氧氨氧化的偶合工艺。目前对于厌氧氨氧化菌(Anammox)在氮循环中的贡献以及该菌种的一些生态特性仍不是十分清楚。

各种生态系统中的 Anammox 菌必须生活在氧气受限的条件下(如：好氧和缺氧的交界处)，Anammox 菌和 AOB(氨氧化菌)是否能共存于自然界中同一微生境中，这需要进一步的研究。迄今为止，Anammox 菌对于全球范围内氮损失的贡献大小，及其自然界中一些环境中氮的损失是否确实由 Anammox 菌造成的，这些问题还没得到明确证实和研究。

厌氧氨氧化菌也实现了氨氮的短程转化，缩短了氮素的转化过程，对能耗和碳源的依赖更少，具有极大的优越性。厌氧氨氧化菌与甲烷菌、好氧氨氧化菌的协同偶合作用又为新型的脱氮工艺提供了可能性。然而由于其生长速度慢，比增长率低，因此研究高效富集培养厌氧氨氧化菌，解决其菌体增殖和持留问题，以便于有效应用于污水处理，是今后一段时间内的重要研究方向。

影响 Anammox 工艺的因素主要有：基质抑制，厌氧氨氧化过程的基质是氨和亚硝酸盐，如果两者的浓度过高，会对厌氧氨氧化过程产生抑制作用；pH 值，由于氨和 NO_2^- 在水溶液中会发生离解，因此 pH 值对厌氧氨氧化具有影响作用，其适应 pH 值范围为 6.7~8.3，最适应 pH 值为 8。

7.1.3 亚硝化—厌氧氨氧化(Sharon-Anammox) 组合工艺

Jetten 等人将 Anammox 工艺与 Sharon 工艺组合，将 Sharon 的出水作为 Anammox 的进水，可以克服 Sharon 工艺反硝化需要消耗有机碳源、出水浓度相对较高等缺点。通过对 Sharon 工艺的控制，使出水中 NH_4^+ 与 NO_2^- 比例为 1∶1，对污泥硝化出水进行处理，将氨氮和亚硝酸根在厌氧条件下转化为 N_2 和水。由于 Sharon 工艺在反硝化过程中要消耗有机碳源，并且出水亚硝酸盐浓度相对较高，因此以 Sharon 作为硝化反应器、Anammox 作为反硝化反应器的组合工艺，不仅可免去反硝化反应的外加碳源，还能有效地提高脱氮效率。反应式如下：

$$0.5NH_4^+ + 0.75O_2 \longrightarrow 0.5NO_2^- + H^+ + 0.5H_2O \tag{7-1}$$

$$0.5NH_4^+ + 0.5NO_2^- \longrightarrow 0.5N_2 + H_2O \tag{7-2}$$

$$NH_4^+ + 0.75O_2 \longrightarrow 0.5N_2 + H^+ + 1.5H_2O \tag{7-3}$$

Sharon-Anammox 工艺被用于处理厌氧硝化污泥分离液并首次应用于荷兰鹿特丹的 Dokhaven 污水处理厂。由于剩余污泥浓缩后再进行厌氧消化，污泥分离液中的氨浓度很高(约 1 200～2 000 mg/L)，因此，该污水处理厂采用了 Sharon-Anammox 工艺，并取得了良好的氨氮去除效果。厌氧氨氧化反应通常对外界条件(pH 值、温度、溶解氧等)的要求比较苛刻，但这种反应节省了传统生物反硝化的碳源和氨氮氧化对氧气的消耗，因此对其研究和工艺的开发具有可持续发展的意义。

Sharon-Anammox 组合工艺，与传统的硝化/反硝化相比，更具明显的优势：
①减少需氧量 50%～60%；
②无需另加碳源；
③污泥产量很低；
④高氮转化率；6 kg/(m³·d)(Anammox 工艺的氨氮去除率达 98.2%)。

7.1.4 OLAND 工艺

OLAND (Oxygen-limited autotrophic nitrification and denitrification) 工艺，又称限氧自养硝化—反硝化工艺。是限氧亚硝化和厌氧氨氧化相偶联的一种新增生物脱氮工艺，它是由比利时根特(Gent)大学微生物实验室于 1996 年开发研制的。此工艺的关键是严格控制溶解氧浓度(0.2～0.4 mg/L)，使硝化过程仅进行到 NH_4^+ 氧化为 NO_2^- 阶段，由于缺乏电子受体，由 NH_4^+ 氧化产生的 NO_2^- 氧化未反应的 NH_4^+ 形成 N_2。溶解氧是硝化与反硝化过程中的重要因素，低浓度下，亚硝酸菌增殖速度加快，补偿了由于低氧造成的代谢活动的下降，硝酸菌则因受到明显的抑制作用而导致氧化亚硝酸盐的能力下降，使得整个硝化阶段中氨氧化未受到明显的影响。该生物脱氮系统还实现了生物脱氮在较低温度(22～30 ℃)下的稳定运行，并通过限氧调控淘汰硝酸菌，实现了硝化阶段亚硝酸盐的大量稳定积累。此技术核心是通过严格控制 DO，使限氧亚硝化阶段进水 NH_4^+-N 转化率控制在 50%，进而保持出水中 NH_4^+-N 与 NO_2^--N 的比值在 1：(1.2±0.2)。反应式如下：

$$0.5NH_4^+ + 0.75O_2 \longrightarrow 0.5NO_2^- + 0.5H_2O + H^+ \tag{7-4}$$

$$0.5NH_4^+ + 0.5NO_2^- \longrightarrow 0.5N_2 + H_2O \tag{7-5}$$

总反应为：

$$NH_4^+ + 0.75O_2 \longrightarrow 0.5N_2 + 1.5H_2O + H^+ \tag{7-6}$$

在 OLAND 系统中，控制反应的关键是氧的供给，即如何提供合适的氧使硝化反应只进行到亚硝酸阶段。目前，这种控制只是在纯的细菌培养中得以实现，而在连续的混合细菌培养中还很难做到。OLAND 工艺无需电子供体，与传统硝化—反硝化生物脱氮工艺相比可以节约充氧能耗 65% 和省 100% 的电子供体，但它的处理能力还很低。

7.1.5 生物膜内自养脱氮工艺(CANON)

所谓生物膜内自养脱氮工艺(Completely autotrophic nitrogen removal over nitrite,简称 CANON)就是在生物膜系统内部可以发生亚硝化,若系统供氧不足,膜内部厌氧氨氧化(Anammox)也能同时发生,那么生物膜内一体化的完全自养脱氮工艺便可能实现。在实践中,这种一体化的自养脱氮现象已经在一些工程或实验中被观察到。

在支持同时硝化与 Anammox 的生物膜系统中,通常存在 3 种不同的自养微生物:亚硝化细菌、硝化细菌和厌氧氨氧化细菌。这三种细菌竞争氧、氨氮与亚硝酸氮。如上所述,由于亚硝化细菌与硝化细菌间对氧的亲和性不同,以及传质限制等因素,亚硝酸氮在生物膜表层的聚集是可能的。当氧向内扩散并被全部消耗后,厌氧层出现厌氧氨氧化细菌便可能在此生长。随着未被亚硝化的氨氮与亚硝化后的亚硝酸氮扩散至厌氧层,Anammox 反应开始进行。CANON 工艺的化学程式如下:

$$NH_4^+ + \frac{3}{4}O_2 \longrightarrow \frac{1}{2}N_2 + \frac{3}{2}H_2O + H^+ \qquad (7-7)$$

7.1.6 同步硝化反硝化

(1)基本原理

同步硝化反硝化(Simultaneous nitrification and denitrification,SND)是指在低氧条件下,在一个反应器中硝化作用和反硝化作用同时进行,从而可以一步达到污水脱氮的效果。

早先认为反硝化的酶系统会被氧气所抑制,系统中微环境的存在是 SND 产生的最主要的原因,反硝化过程只在微环境中才能发生。后来的研究表明,当反应器中的好氧条件下存在缺氧甚至厌氧的微环境时,就同时存在异养硝化菌和好氧反硝化菌。从物理学角度解释 SND 的微环境理论是目前已被普遍接受的观点。理论认为,由于氧扩散的限制,在微生物絮体内产生溶氧梯度。微生物絮体的外表面 DO 较高,以好氧菌、硝化菌为主;深入絮体内部,反硝化菌占优势;正是由于微生物絮体内缺氧环境的存在,导致了 SND 的发生。另外,从生物学角度解释,微生物学家已报道发现了好氧反硝化菌和异养硝化菌。由于大多数异养硝化菌同时是好氧反硝化菌,能够直接把氨转化成最终气态产物。因此,从生物学的角度看,好氧同步硝化反硝化是可能的,事实也证明在有氧条件下的反硝化现象确实存在于不同的生物处理系统,如生物转盘、SBR、氧化沟、CAST、MBR、SMBR 等工艺,在这些工艺中污泥不仅停留时间长,浓度高,而且在反应器局部范围内还可以形成厌氧或缺氧环境,有利于反硝化的进行,节省反应时间和空间。这些特点提高了其在污水处理中的应用价值,也使同步硝化反硝化作用受到了越来越广泛的关注。近年来多种好氧反硝化菌被分离和研究,好氧反硝化技术的机理研究、应用研究也取得了一定进展。张光亚、王宏宇等人都分离纯化到好氧同时硝化反硝化菌,进一步证明反硝化可以在有氧的条件下发生。

异养硝化是指异养微生物在好氧条件下将有机或无机氮(还原态 N)氧化为 NO_2^- 和 NO_3^- 的过程。异养硝化微生物包括细菌、放线菌、真菌以及藻类。异养硝化菌种类繁多,并且其可以利用的基质范围广泛,如铵、胺、酰胺、N-烷基羟胺、肟、氧肟酸及芳香硝基化合物等,这使得异养硝化机理到目前仍不清楚,其代谢途径也未被确定和证实。迄今为止,异养硝化作用经常用来说明在自养硝化微生物不能生长或未能检测到的土壤中实际发生的硝化作用。土壤沉积物和熟土能够释放 N_2O 和 NO,研究者认为可能与异养硝化细菌的异养硝化—反硝化有关。国内学者发现喷射环流反应器在好氧条件下具有良好的脱氮性能,该反应器在硝化过程中实现了对亚硝酸盐的积累,反应器的脱氮效果随进水 C/N 值的增加而提高,证明了异养硝化细菌的存在。同时对废水处理过程中产生的废气进行气相色谱分析,结果表明废气中氮气的含量比空气的增加了 0.24%,证明反应器中发生了反硝化反应。综合试验结果表明,喷射环流反应器中的脱氮机理为亚硝酸盐型同步硝化反硝化。此外,在一些污水处理系统中发现了异养硝化作用,但异养硝化的处理能力不高,今后研究应朝着如何强化和提高异养硝化菌在污水脱氮中的作用和贡献等方向努力。

SND 与传统生物理论相比具有很大的优势,它可以在同一反应器内同时进行硝化和反硝化反应,具有以下优点:①曝气量减少,降低能耗;②反硝化产生 OH^- 可就地中和硝化产生的 H^+,SND 能有效地保持反应器内的 pH;③因不需缺氧反应池,可以节省基建费用,或至少减少反应器容积;④能够缩短反应时间,节约碳源;⑤简化了系统的设计和操作等。因此 SND 为降低投资并简化生物除氮技术提供了可能性。

(2)影响因素

① 溶解氧 溶解氧对同步硝化反硝化至关重要,通过控制 DO 浓度,使硝化速率与反硝化速率达到基本一致才能达到最佳效果。首先溶解氧浓度要满足含碳有机物的氧化和硝化反应的需要,若硝化不充分也难以进行反硝化;其次溶解氧浓度又不宜太高,以便在微生物絮体内产生溶解氧梯度,形成缺氧微环境,同时系统的有机物不要消耗太多,影响反硝化的碳源。由于反硝化反应主要发生在生物絮体内部的微缺氧区,所以水中的主体 DO 浓度的确定与絮体的尺寸大小有直接关系。同时,反应器形式、污泥浓度等因素也对 DO 的控制有很大的影响,因此文献中 DO 的范围变化也相当大。大多生产性实验的结果为 0.5~1.0 mg/L。对于不同的水质和不同的工艺,实现 SND 的具体 DO 浓度水平需要在实践中确定。

②碳源 对于同步硝化反硝化系统,由缺氧环境和好氧环境一体化及硝化反硝化同时发生,使得有机碳源对整个反应影响尤为重要。碳氮比过低,满足不了反硝化

的需要;过高,降低硝化反应的速率,不利于氨氮的去除。高廷耀等在生产性实验中将污泥有机负荷控制在 0.10～0.15kg BOD_5/(kg MLSS·d)范围内,在保证 BOD_5 去除的同时,预留了同步反硝化的碳源,保证反硝化顺利进行。对于碳源的投加方式,一些学者也进行了研究。采用分批补加碳源(COD)的操作方法可以减轻反应后期碳源不足造成的影响,并且对比乙醇、丙三醇和葡萄糖作为碳源同步硝化反硝化脱氮效率可知:采用较难降解物质作为碳源,可以延长 COD 的消耗时间,维持反应器内的低 DO 状态,达到与分批补料相同的处理效果。

③其他因素 影响 SND 的控制因素还有很多,如 ORP、温度、pH 等也都会对 SND 有着一定的影响。利用氧化还原电极电位 ORP 控制实际上是一种间接 DO 控制。ORP 可以很好地反映 DO 的变化,特别是 DO 比较低时。pH 是影响废水生物脱氮处理工艺运行的一个重要因子。兼顾硝化菌和反硝化菌的最适 pH 值应保持在 8.0 左右。

(3)应用状况

目前关于 SND 已有很多研究报道。如:高浓度氨氮废水在序批式反应器中进行同步硝化反硝化,明确不同溶解氧浓度和进水碳氮比对同步硝化反硝化脱氮性能的影响。利用曝气过滤一体化装置中进行同步硝化反硝化,并确定最佳运行参数。在膜生物反应器中通过控制 DO 浓度,实现同步硝化反硝化。国外学者发明了 3 级生物膜反应器(RBC),可在好氧环境下高效去除氮和有机物。

目前很多同步硝化反硝化(SND)的研究,有的是通过控制 SBR 反应器的曝气时间保证反应器内先后出现好氧和厌氧环境,有的是由于反应器内空间上的供氧不均形成好氧和厌氧区域,还有的是利用生物膜厚度或生物絮体半径上产生的氧浓度梯度形成表面好氧、里层厌氧的微环境。这些研究都是基于传统的脱氮原理,分为好氧硝化和厌氧反硝化两段完成的。而在合适的条件下的好氧反硝化,可以实现真正意义上的同步硝化反硝化。目前微生物的好氧反硝化现象仍处于研究阶段,还存在机理研究不成熟,反硝化效率不高等问题,故尚未有完全使用好氧反硝化的工程实践。

7.2 污水生物脱氮除磷新技术

所有生物除磷工艺皆为活性污泥法的修改,即在原有活性污泥工艺的基础上,通过设置一个厌氧阶段,选择能过量吸收并贮藏磷的微生物(称为聚磷菌),以降低出水的磷含量。在第 2 章中曾讲述过:聚磷菌在厌氧的不利环境条件下(压抑条件),可将贮积在菌体内的聚磷分解。在此过程中释放出的能量可供聚磷菌在厌氧压抑环境下存活之用;另一部分能量可供聚磷菌主动吸收乙酸、H^+ 和 e^-,使之以 PHB 形式贮藏在菌体内,并使发酵产酸过程得以继续进行。聚磷分解后的无机磷盐释放至聚磷菌体外,此即观察到的聚磷细菌厌氧放磷现象。进入好氧区后,聚磷菌即可将积贮的PHB好氧分解,释放出的大量能量可供聚磷菌的生长、繁殖;同时,一部分能量可供聚磷菌主动吸收环境中存在的溶解性磷酸盐,并以聚磷的形式贮积在体内,此即聚磷菌的好氧吸磷现象。虽然,此时活性污泥中其他好氧性异养细菌也能利用废水中残存的有机物进行氧化分解,释放出能量可供其生长、繁殖,但由于废水中大部分有机物已被聚磷菌吸收、贮藏和利用,所以在竞争上得不到优势。可见厌氧、好氧交替的系统仿佛是聚磷细菌的"选择器",使它能够一枝独秀。

根据上述微生物生理现象,在生物除磷工艺中,先使污泥处于厌氧的压抑条件下,使聚磷细菌体内积累的磷充分排出,再进入好氧条件下,使之把过多的磷积累于菌体内,然后使含有这种聚磷细菌菌体的活性污泥立即在二沉池内沉降,上清液即已取得良好的除磷效果的处理水,留下的污泥中磷含量可占干重的6%左右,一部分以剩余污泥形式排放后可作为肥料,另一部分回流至曝气池前端。这就是改良活性污泥法、A/O系统及Bardenpho法的除磷原理所在。

传统的生物脱氮过程是由硝化菌好氧硝化和反硝化菌缺氧反硝化先后实现的,而除磷过程也是由聚磷菌在厌氧/好氧交替的条件下完成的。因此要实现同时脱氮除磷必须使硝化菌、反硝化菌和聚磷菌共存。而脱氮和除磷是两种不同的生化反应,由于生物脱氮和生物除磷过程均需要有机体作为供氢体,所以在同一生物脱氮除磷工艺中会因竞争易降解有机碳源而互相抑制,影响脱氮除磷效果。

7.2.1 反硝化除磷

最近的一些研究证明,在活性污泥中存在着一类兼性厌氧反硝化聚磷菌((Denitrifying polyphosphate accumulating organisms,简称DPAOs或Denitrifying phosphorus removing bacteria 简称DPB),它们能在缺氧环境下摄磷,同时利用NO_3^-取代氧为电子受体来氧化污水中的有机物,这就使得摄磷和反硝化这两个不同的生物过程能够借助同一类细菌在同一种环境中实现。$NO_3^- - N$也不再被视为除磷工艺的抑制性因素,而是作为最终电子受体进行反硝化吸磷反应。这类反硝化细菌的生物摄磷作用被称为反硝化除磷。DPB能够缓解生物脱氮和除磷两个独立过程中争夺有机碳源的矛盾,为生物除磷提供了一个新的途径。

反硝化除磷是用厌氧、缺氧交替环境来代替传统的厌氧、好氧环境,驯化培养出一种以硝酸根作为最终电子受体的反硝化聚磷菌。反硝化聚磷菌除磷能力与传统工艺中普通聚磷菌相似,是通过它们的代谢作用来同时完成过量吸磷和反硝化过程,能利用NO_3^-作为电子受体来氧化细胞内贮存的聚羟基烷酸(PHA),然后以氮分子的形式从废水中脱除,在吸收磷的同时进行反硝化,从而达到同时除磷脱氮的双重目的。这样可以最大限度地减少碳源需求量,降低耗氧量,提高脱氮除磷效率,因此具有广阔的应用前景。近年来国内外许多研究者在 SBR 系统的研究中均发现了具有反硝化能力的聚磷菌。而且,已经发现反硝化能由在厌氧－缺氧增强生物除磷系统中的反硝化聚磷菌完成,同时进行反硝化脱氮和磷的吸收。

影响反硝化除磷的因素有很多。研究表明,对于普通聚磷菌(PAOs),会由于碳源种类的不同,在利用不同碳源的过程中释磷速率和 PHA 合成的种类会存在明显的区别。在诱发磷释放的过程中,以乙酸产生的效果最好,可以在厌氧段投加一些以乙酸为代表的短链脂肪酸来提高聚磷菌的释磷能力,从而为缺氧段的大量吸磷创造条件。而对于反硝化聚磷微生物来说,污水中含有的低分子有机物质含量越多,厌氧段初始磷的释放速率越快,磷的释放也越充分,后续反硝化脱氮和吸磷效果越好。进水 COD 浓度对厌氧反应器的释磷量和缺氧反应器的吸磷量作用是一样的。随着进水 COD 浓度的增加,厌氧反应器的释磷量增加,缺氧反应器的吸磷量也增加。缺氧反应器中的 COD 浓度不应过高,因为较高的 COD 浓度会引起缺氧反应器中反硝化菌与反硝化聚磷菌之间的竞争,由于反硝化聚磷菌在与常规的反硝化菌竞争中处于劣势,反硝化聚磷菌的生长受到抑制,从而导致缺氧吸磷量减少,因此要控制 COD 的浓度。

反硝化除磷技术的优点是节省碳源和能量。常规生物脱氮除磷工艺中有限的碳源只够反硝化菌或除磷菌之用,而反硝化除磷使可利用的有限碳源能够满足反硝化和生物除磷两方面的需要。从微生物生态学观点来看,只有硝化需要好氧环境,而反硝化除磷过程并不需要曝气。DPB 的存在和增殖并不意味着在生物脱氮除磷工艺中省去厌氧段,因为省去厌氧段将导致细菌的活性从除磷反硝化向普通反硝化转移。

应用反硝化除磷技术处理城市污水,不仅可节省曝气量,而且还可减少剩余污泥量,使投资和运行费用得以降低。反硝化除磷脱氮反应器有单污泥和双污泥系统之分。目前较典型的双污泥系统有 A_2N 工艺、Dephanox 工艺和 HITNP 工艺。单污泥系统的代表则是 UCT 工艺,而 BCFS 工艺是一种变型的 UCT 工艺。此外实现反硝化除磷的新途径还有 AOA-SBR 法、颗粒污泥法、内循环气升式序批式生物膜法(内循环气升式 SBBR)等。

7.2.2 UCT 工艺

在改良 Bardenpho 工艺中,进入厌氧反应池的硝酸盐浓度直接与出水硝酸盐浓度有关,而且直接影响到磷的吸收。为了使厌氧池不受出水所含硝酸盐浓度的影响,南非的开普敦大学开发出一种类似于 A^2/O 工艺的 UCT(University of cupetown)工艺。

UCT 工艺是在 A^2/O 工艺的基础上对回流方式作了调整以后提出的工艺,其与 A^2/O 工艺的不同之处在于沉淀池污泥是回流到缺氧池而不是回流到厌氧池,同时增加了从缺氧池到厌氧池的混合液回流,这样就可以防止好氧池出水中的硝酸盐氮进入到厌氧池,破坏厌氧池的厌氧状态而影响磷在厌氧过程中的充分释放。由缺氧池向厌氧池回流的混合中 BOD 浓度较高,而硝酸盐很少,为厌氧段内所进行的发酵等提供了最优的条件。在实际运行过程中,当进水中总凯氏氮(TKN)与 COD 的质量比较高时,需要通过调整操作方式来降低混合液的回流比以防止硝酸盐进入厌氧池。但是如果回流比太小,会增加缺氧反应池的实际停留时间,而试验观测证明,如果缺氧反应池的实际停留时间超过 1 h,在某些单元中污泥的沉降性能会恶化。

为了使进入厌氧池的硝态氮尽可能少,保证污泥具有良好的沉淀性能,简化 UCT 工艺的操作,Capetown 大学又开发了改良型的 UCT 工艺,如图 7-1 所示。在改良 CUT 工艺中,缺氧反应池被分为两部分,第一缺氧反应池接纳回流污泥,然后由该反应池将污泥回流至厌氧反应池,污泥量比值约为 0.1,硝化混合液回流到第二缺氧反应池,大部分反硝化反应在此区进行。改良型 UCT 工艺基本解决了 UCT 工艺所存在的问题,最大限度地消除了向厌氧段回流液中的硝酸盐量对摄磷产生的不利影响,但由于增加了缺氧段向厌氧段的回流,其运行费用较高。

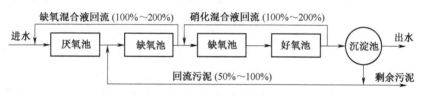

图 7-1　改良型 UCT 工艺

7.2.3　BCFS 污水生物脱氮除磷新工艺

BCFS(Biologisch chemische fosfaat stikstof verwijdering)工艺是由荷兰 Delft 科技大学在 UCT 工艺的基础上开发的,是一种变型的 UCT 工艺。UCT 工艺设计原理是基于对聚磷菌所需环境条件的工程强化,而 BCFS 的开发是为了从工艺角度创造 DPB 的富集条件,它充分利用反硝化除磷菌(DPB)的缺氧反硝化除磷作用以实现磷的完全去除和氮的最佳去除,对于城市污水在处理过程中无需添加化学药剂。根据反硝化除磷机理,在单一活性污泥系统中,宜设置前置反硝化段(前缺氧段),从好氧段末端流出的富含硝酸盐的活性污泥回流到前置反硝化段。厌氧段与前置缺氧段相连接,接受进水和来自前置缺氧段硝酸盐含量很少的回流污泥(类似于 UCT 工艺)。BCFS 工艺由 5 个功能独立的反应器(厌氧池、选择池(或称接触池)、缺氧池、缺氧/好氧池、好氧池)及 3 路循环系统构成,如图 7-2 所示。循环 A 是为了提供释磷条件,其硝酸盐<0.1 mg/L。因为回流污泥被直接引入到选择池,所以,从好氧池设置内循环 B 到缺氧池十分重要,它起到辅助回流污泥向缺氧池补充硝酸盐氮的作

用。循环 C 的设计是在好氧池与混合池之间建立循环,以增加硝化或同步硝化与反硝化的机会,为获得良好的出水氮浓度创造条件。主要作用见表 7-1。

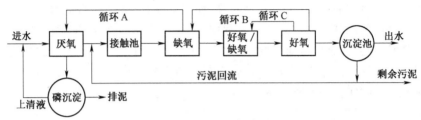

图 7-2　BCFS 工艺流程

表 7-1　BCFS 中各路循环的主要作用

循环代码	主要作用	控制点	氧化还原电位控制范围(mV)
A	提供污泥释磷条件 即硝酸盐氮<0.1 mg/L	厌氧池	−450～−300
B	提供硝化混合液	缺氧池	−150～0
C	反硝化脱氮	缺氧/好氧池	−100～50(或 0)

该工艺中 50% 的磷均由 DPB 去除,通过控制反应器之间的 3 路循环来优化各反应器内细菌的生存环境,充分利用了 DPB 的缺氧反硝化除磷作用,实现了磷的完全去除和氮的最佳去除。充分利用了磷细菌对磷酸盐的亲和性,将生物摄磷与富磷上清液(来自厌氧释放)离线化学沉淀有机结合,使系统能获得良好的出水水质。

从工艺流程上看,BCFS 工艺较 UCT 工艺创新之处如下:

1)BCFS 工艺增加了两个反应池,即在 UCT 工艺的厌氧和缺氧池之间增加一个选择池,在缺氧池和好氧池之间增加一个缺氧/好氧混合池。该设计不仅可以较好地抑制丝状菌的繁殖,还可形成低氧环境以获得同时硝化反硝化,从而保证出水中较低的总氮浓度。

2)BCFS 工艺增设在线分离、离线沉淀化学除磷单元。BCFS 工艺通过增加磷分离工艺,避开了生物除磷的不利条件(泥龄过长、进水 BOD/P 比值过低),以生物除磷辅以化学除磷这种方式容易获得极低的出水正磷酸盐浓度,并能在保证良好出水水质条件下大大降低 COD 用量。

3)与 UCT 工艺相比,BCFS 增设了两个内循环,能辅助回流污泥向缺氧池补充硝酸氮,并使好氧池与混合池之间建立循环,以增加硝化或同步硝化反硝化的机会,为获得良好的出水氮浓度创造条件。

7.2.4　A_2N-SBR 双污泥脱氮除磷系统

基于缺氧吸磷的理论而开发的 A_2N(Anaerobic-Anoxic-Nitrification)-SBR 连

续流反硝化除磷脱氮工艺,是采用生物膜法和活性污泥法相结合的双污泥系统,如图 7-3 所示。在该工艺中,反硝化除磷菌悬浮生长在一个反应器中,而硝化菌呈生物膜固着生长在另一个反应器中,两者的分离解决了传统单污泥系统中除磷菌和硝化菌的竞争性矛盾,使它们各自在最佳的环境中生长,有利于除磷和脱氮系统的稳定和高效。与传统的生物除磷脱氮工艺相比较,A_2N 工艺具有"一碳两用"、节省曝气和回流所耗费的能量少、污泥产量低以及各种不同菌群各自分开培养的优点。A_2N 工艺最适合碳氮比较低的情形,颇受污水处理行业的重视。

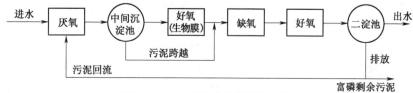

图 7-3 A_2N 反硝化除磷脱氮工艺

当进水碳氮比较高时,需要在 A_2N 工艺的缺氧池后添加曝气池,这就形成了 Dephanox 工艺。

7.2.5 AOA-SBR 脱氮除磷工艺

AOA-SBR 法就是将厌氧/好氧/缺氧(简称 AOA)工艺应用于 SBR 中,充分利用了 DPB 在缺氧且没有碳源的条件下能同时进行脱氮除磷的特性,使反硝化过程在没有碳源的缺氧段进行,不需要好氧池和缺氧池之间的循环,达到氮磷在单一的 SBR 中同时去除的目的。采用此工艺处理碳氮质量比低于 10 的合成废水时可以得到良好的脱氮除磷效果,平均氮磷去除率分别为 83%、92%。此工艺不仅可以富集 DPB,而且使 DPB 在除磷脱氮过程中起主要作用。试验结果显示在 AOA-SBR 工艺中 DPB 占总聚磷菌的比例为 44%,远比常规工艺 A/O-SBR(13%) 和 A^2O 工艺 (21%) 要高。AOA-SBR 工艺有两个特点:①在好氧期开始时加入最适碳源以抑制好氧吸磷,此试验中好氧期加入最佳碳源量是 40mg/L;②在此工艺中,亚硝酸盐可以作吸磷的电子受体。

7.2.6 颗粒污泥脱氮除磷

颗粒污泥脱氮除磷目前还处在研究阶段。与普通污泥法相比,好氧颗粒污泥沉降性能较好,生物浓度高,污泥含水率低。随着颗粒污泥的应用,存在于普通污泥中的(诸如污泥膨胀、处理构筑物占地面积大、澄清池二次释磷等)问题都可以被克服。而且好氧颗粒污泥具有反硝化除磷能力,由于颗粒污泥独特的结构以及氧扩散梯度的存在为聚磷菌、硝化菌、DPB 提供了共存的环境,大量 DPB 与硝化菌在颗粒污泥中富集,从而能够实现同步脱氮除磷。

第8章　膜生物反应器技术

在传统的活性污泥法中,泥水分离是在二沉池中完成的,其分离效率依赖于活性污泥的重力沉降作用特性,沉降性越好,泥水分离效率越高。而污泥的沉降性取决于曝气池的运行状况,改善污泥沉降性必须严格控制曝气池的操作条件。水力停留时间(HRT)与污泥龄(SRT)相互依赖,提高容积负荷与降低污泥负荷往往形成矛盾。常规活性污泥系统运行过程中易出现污泥膨胀,产生大量剩余污泥,其处置费用能占污水处理厂运行费用的25%~40%,而且出水中含有悬浮固体,出水水质不理想。1969年,美国的Smith等人提出用膜的高效分离技术取代常规活性污泥法中的二沉池,可达到二次沉淀池无法比拟的泥水分离和污泥浓缩效果,不仅可以大幅度提高生物反应器中的混合液浓度,使泥龄增长,还能通过降低F/M比使剩余污泥量减少,出水水质显著提高,特别是对悬浮固体,病原细菌和病毒的去除尤为显著。这就是膜生物反应器(membrane bioreactor,简称MBR)的雏形。该技术一经提出,立即吸引了大家的注意,从而掀起了人们对膜生物反应器的研究热潮。

MBR是废水生物处理技术和膜分离技术有机结合的生物化学反应系统,以其独特的优点在城市污水、给水处理等方面得到广泛的关注和应用。由于具有出水水质优、占地少、易实现自动控制等许多常规工艺无法比拟的优势,在污水处理与回用中所起的作用也越来越大,不仅是一种新型高效的污水处理与回用工艺,而且具有非常广阔的应用前景。目前,MBR工艺在高层建筑的中水回用、高浓度有机废水的处理、难降解有机废水的处理和给水处理等领域都得到应用。由于MBR工艺的投资与运行费用较高,在我国的推广应用还有一定困难。但随着水资源短缺的加剧与环境保护的需要,MBR作为一种水污染控制与中水回用的新技术将受到越来越多的关注并被广泛应用。

8.1　MBR工艺的研究进展及其发展应用

(1) MBR的研究进展

膜生物反应器最早出现在酶制剂工业中,在水处理中研究膜生物反应器技术稍晚于酶制剂工业,可以追溯于1969年美国的Dorr-Oliver公司把活性污泥法和超滤工艺结合处理城市污水。1970 年 Hardt 等用一个 10 L 的好氧生物反应器处理合成废水,用超滤膜来实现泥水分离,其中的 MLSS 浓度高达 30 000 mg/L,是常规好氧系统的 23 倍,膜通量为 7.5 L/(m^2·h),COD 去除率为 98%。1972 年 Shelf 等开始了厌氧型的膜生物反应器的研究工作。尽管这些工艺获得了很好的出水水质,但由于当时膜技术相对落后,膜材料种类少,价格昂贵,使用寿命短,限制了该工艺的长期稳定运行。也限制了膜生物反应器的实际运用研究,直到 1985 年膜生物反应器的研究仍处于基础研究阶段。进入 20 世纪 80 年代,由于新型膜材料技术与制造业的迅速发展,膜生物反应器的开发研究逐渐成为热点,其技术和应用在日本得到了极大的发展。1983 年~1987 年,在日本已有 13 家公司使用好氧膜生物反应器处理废水,经处理后的水做中水回用。法国、美国、澳大利亚等国也投入很大精力研究膜生物反应器,使研究内容更加全面和深入。现在膜生物反应器已成功地运用于城市污水、工业废水的处理。目前主要有四家大公司经营 MBR,它们分别是加拿大 Zenon 公司,日本 Mitsubishi Rayon 公司,日本 Kubota 公司,法国 Suez-LDE/IDI 公司。Zenon 公司、Mitsubishi Rayon 公司、Kubota 公司生产一体式中空纤维膜组件,Suez-LDE/IDI 公司生产分体式管式陶瓷膜组件。目前在日本运行的 MBR 占全球的 70%。在 MBR 的运用中,98% 以上为好氧膜生物反应器,其中 55% 是一体式的。

我国膜分离技术是从 1958 年研究离子交换膜开始的,研究起步较晚,但发展十分迅速。20 世纪 90 年代以来,清华大学先后引进日本和法国的膜生物反应器成套设备,进行了膜生物反应器系统污水处理特性及生物反应器运行条件的研究。同济大学在引进日本成套设备的基础上开展了厌氧膜生物反应器的研究工作。1993 年前后,许多高校与研究所加入了膜生物反应器的开发研究工作。目前全国已有膜科学与技术的研究开发单位上百个。主要研究膜工艺的开发和膜污染的防治等内容,具体方向大致如下:

①探索不同的生物处理工艺出水水质的差别:生物处理工艺有普通活性污泥法、接触氧化法、A/O 法、生物膜法,还有活性污泥与生物膜相结合的复合工艺、两相厌氧工艺等。

②研究 MBR 工艺的机理及数学模型、操作参数、影响因素等内容;MBR 由膜分离单元与生物反应器组成,因此影响因素不仅包括常规生物动力学参数,还包括膜的相关参数。常规生物动力学参数包括容积负荷、污泥浓度、污泥负荷、污泥龄、水力停留时间、溶解氧、pH 值、温度等;膜的相关参数包括膜材料、膜孔径、荷电性、连续或间歇曝气、运行出水抽吸方式、水力条件等。

③对生化处理效率的研究:主要看膜生物反应器对有机物、氨氮、总氮及磷的去除率。研究表明,膜生物反应器对难降解有机物、氨氮等有较高的去除率,而对总氮及磷的去除效果不理想。所以要想在 MBR 中实现除磷,最好用化学药剂法沉淀

去除。

④MBR应用范围研究:将MBR的处理对象扩展到高浓度食品饮料废水、石化污水、港口含油洗涤废水、洗车废水、印染废水、高浓度有机农药废水、高浓度氨氮废水等领域。目前,MBR已有大楼污水、居民生活污水回用及医院废水工程的处理实例。

⑤膜污染研究:主要研究膜污染机理或通过改变各种相关工艺参数来预防膜污染;研究膜污染清洗方法,膜改性等消除膜污染。

综合国内外研究现状,其主要研究方向可以分为生化反应与膜性能两大方面,而难点又主要在膜性能方面,如:①膜分离新材料的研制;②制膜新方法的研究;③对现有膜材料进行表面改性与复合;④膜组件的研究等。

纵观现状,国外公司实力较强,膜组件形式多样化,国内还存在较大的差距。单就膜组件而言,一个显著的特点是国外已实现了高度集装的模块化。而国内主要有杭州"浙大凯华"公司研制的PP屏幕式中空纤维微滤器件/组件、天津"膜天膜"公司研制的PVDF中空纤维膜组件等,采用的膜材料和组件形式相对单一,膜器件的集成度不高,而且性能和规模均落后于国外同类产品。因此在加强膜材料研制的同时,也需要加快新型膜器件结构和模块化膜组件的设计与制造。

(2) MBR工艺在国内外的应用现状

在MBR中,对COD的去除,膜截留的作用有10%～20%的贡献率,其去除率不会低于90%,出水可以达到生活杂用水水质标准。对于氨氮等分子较小的污染物,膜分离的直接去除效果不大。不过由于膜对硝化菌的截留作用,世代时间较长的硝化菌能够在HRT较小的条件下生存富集,故大多数MBR工艺对NH_3-N的去除效果非常好,去除率大于90%。但由于厌氧环境不充分,对TN的去除不理想,出水硝态氮含量较高,要想获得理想的TN去除率必须对反应器内DO水平进行控制($DO<1$ mg/L)。除磷也是MBR工艺中的难点,从大多数MBR工艺运行结果来看,出水总磷浓度很难降至1 mg/L以下。要达标,常常采用投加絮凝剂以共沉淀模式来提高磷的去除效果。另外,MBR能通过膜面沉积层的截留作用去除细菌和病毒。研究表明,几乎所有的MBR工艺都取得了对致病菌和病毒的有效去除,出水中肠道病毒、总大肠杆菌、粪链球菌、粪大肠杆菌和大肠埃希氏杆菌等都低于检测值,甚至达到检不出的水平。但是应该注意,MBR虽然对细菌和病毒有较好的去除作用,但是如果膜组件长期运行,可能会在出水管内滋生细菌,造成出水细菌的超标,因此应定期对膜组件和出水管内壁进行消毒处理。

虽然MBR工艺具有处理效率高、占地面积小、剩余污泥量少、出水水质好等优点而在城市污水和生活污水处理、洗浴废水、造纸废水、化工废水、食品污水处理等领域有了实际应用。但由于MBR工艺的基建投资要高于传统的活性污泥法,并且膜污染的问题还没有彻底得到解决,也限制了该工艺的使用规模,只是在水量较小的场合才考虑采用。MBR 在国内的应用主要在以下几个方面:①土地填埋场渗滤液及堆肥渗滤液的处理;②粪便污水处理;③难降解有机工业废水处理;④小规模城市污水处理及回用;⑤高层建筑中水回用;⑥饮用水生产。

虽然 MBR 有着很多优点,但是膜生物反应器并没有迅速完全地取代传统水处理技术在水处理中的市场地位。因为它的缺点也是很突出的,如能耗高、成本高、氧利用率低、膜污染严重等。产生这些缺点的原因,首先,是经济技术问题不过关,科学技术的发展水平决定了膜的性能和价格。需要研究与开发抗污染性强、通量大、强度高、耐酸碱与微生物腐蚀、耐污染、使用寿命长、价格低的膜材料,在这方面,国内技术也远远不如国外;而且由能耗造成的运行费用较高也是制约膜生物反应器废水处理工艺进一步发展的因素之一,再就是膜污染失效。膜生物反应器在使用一段时间后,膜污染会越来越严重,最终面临失效。

(3) 膜生物反应器的发展前景

随着社会经济的发展,膜技术水平将围绕水资源的开发利用、污水处理、天然气净化、回收有用物质等市场需求,将得到更快的发展。随着国民生活水平的提高,用水需求将越来越大,对中水回用量必将大增,对中水处理技术的要求将会更加严格。这将促进 MBR 的应用与研究向高层次、高水平发展。目前,对 MBR 已有的研究成果基本上都是以提高生化效率、降低能耗、减缓膜污染为技术目标而进行的。今后膜生物反应器的应用可能获得更迅速发展,主要会在以下方面:

1) 用于居民小区污水回用,与土地处理等系统联合,发挥景观效益与中水回用效益。

2) 用于居民点、度假村、旅游风景区等无排水管网地区小规模的污水处理与回用。

3) 用于宾馆、洗车、流动工厕等有回用需求、但又受到占地限制的污水处理与回用。

4) 用于现有城市污水处理厂的升级改造。

5) 垃圾填埋渗滤液的处理及回用。

6) 用于高浓度、有毒、难降解等特殊废水的处理与回收。

7) 深入研究膜污染的机理和防治,研制高效、高强度且廉价的膜材料。

8.2 MBR 的工艺原理和分类

膜生物反应器主要由膜组件和生物反应器两部分构成。水质的好坏主要由膜处理单元决定,所以膜的性能在 MBR 中占有重要地位。膜分离单元的种类主要有微滤、超滤、纳滤、反渗透等几类。生物反应器部分可分为好氧型和厌氧型。好氧法使用的通常是活性污泥法。膜作为一种非常高效的分离手段,并不受混合液中污泥性能的影响,只是机械地根据孔径大小将各种生物菌群和高分子有机物截留下来。膜分离技术的引入,可大幅度提高曝气池的污泥浓度,由传统的 3～5 g/L 提高到 20 g/L,甚至更高,远远高于传统的生物反应器。克服了传统活性污泥法污泥浓度不高等致命的弱点。也使得系统的体积负荷大大提高,处理设施的占地面积大大减小;出水水质稳定且优质,可直接达到回用水的标准;一些生长缓慢、在传统工艺中易流失的菌种可得到保持,有利于难降解物质的降解。膜生物反应器系统中,大量的活性污泥在生物反应器内与基质(废水中的可降解有机物等)充分接触,通过氧化分解有机污染物进行新陈代谢以维持自身生长、繁殖;膜组件通过机械筛分、截留等作用对废水和泥水混合液进行固液分离,大分子物质、微生物等被截留在生物反应器中,避免了微生物流失。生物处理系统和膜组件的有机组合,使系统可在 HRT 很短而 SRT 很长的工况下运行,延长了废水中生物难降解的大分子有机物在反应器中的水力停留时间,加强了系统对难降解物质的去除效果,提高了系统的出水水质和运行的稳定程度。由于系统的 SRT 长,对世代时间较长的硝化菌的生长繁殖有利,所以该系统还有一定的硝化功能。由于不用二沉池,泥水分离率与污泥的 SVI 值无关,可以尽量减小生物反应器的 F/M 比值。在限制基质条件下,反应器中的营养物质仅能维持微生物的生存,其比增长率与衰减系数相当,剩余污泥量很少,甚至为零。

生物膜法也能在膜生物反应器系统中应用。研究发现,微生物附着生长在载体填料的表面形成的生物膜分解废水中有机物,与膜分离技术结合后,比应用活性污泥法具有更大的优势。其主要原因在于生物膜法的处理水中只含少量脱落的、碎小的生物膜,与活性污泥混合液相比,悬浮固体含量低得多,这就相应减小了膜分离的负担,使膜的运行周期更长。

厌氧生物处理技术由于具有能耗低、容积负荷高、能回收燃料气体,且产泥量少等优点在废水处理中也具有很大的应用潜力。厌氧生物反应器与膜分离组合使用后能有效防止微生物的流失,克服厌氧技术的诸多缺点:厌氧微生物生长缓慢,需要维持较长的 HRT,占地面积大等等。将膜分技术与厌氧反应器结合,就有可能产生一种更高效、低耗、易控制、易启动的新型厌氧型膜生物反应器。

根据使用的膜种类和膜在系统中所起作用的不同,一般将 MBR 分为三大类:固液分离膜-生物反应器、曝气膜-生物反应器和萃取膜-生物反应器。固液分离MBR 是研究最广泛的一类膜生物反应器,膜组件用以替代传统生物处理系统中的二沉池,起到截留混合液中固体微生物和大分子溶解性物质的作用。根据膜组件和生物反应器的设置位置不同又可将此类膜生物反应器分为分置式、一体式两大类。

分置式系统是把膜组件与生物反应器分开设置,膜分离部分相对独立,膜组件与生物反应器通过泵与管路相连接。生物反应器中的混合液经泵增压后打至膜组件中,在压力作用下混合液中的液体透过膜,膜滤后水排出系统;固形物、大分子物质等则被膜截留,随浓缩液回流到生物反应器内。分置式系统的特点是运行稳定可靠,易于调节控制;膜易于清洗、更换及增设;膜通量较大;且在一般条件下,为减少污染物在膜表面的沉积,延长膜的清洗周期,需用循环泵提供较高的膜面错流流速,致使水流循环量增大、动力费用增高,并且泵的高速旋转产生的剪切力会使某些微生物菌体失活;其结构略显复杂,占地面积也稍大,且能耗相对较高。

一体式系统将膜组件设置在生物反应器内部,有时又称为淹没式 MBR。废水进入膜生物反应器后,污染物被混合液中的活性污泥分解,混合液依靠重力或在抽吸泵压差作用下由膜过滤出水。膜组件下设置的曝气系统不仅给微生物分解有机物提供了所必需的氧气,而且气泡的冲刷和在膜表面形成的循环流速对污染物在膜表面的沉积起到了积极的阻碍作用。其结构示意图如图 8-1 所示。由于这种形式的膜生物反应器省去了混合液循环系统,并且采用负压操作直接出水,能耗相对较低;占地较分置式更为紧凑,近年来在水处理领域受到了特别关注。不过,由于其压差小,膜通量相对较低,且膜组件浸没在生物反应器的混合液中,污染较快,不易更换和清洗膜组件,所以一般需设置搅拌或旋转设备,以增加膜表面的紊动,或采取一些特殊的运行方式,以减缓膜通量的下降。

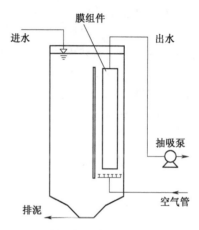

图 8-1 一体式膜生物反应器结构示意图

除了上述工艺外,还有曝气膜-生物反应器、萃取膜生物反应器等。在曝气膜-生物反应器中,采用透气性膜来进行无泡供氧,膜作为曝气扩散器,产生无泡曝气,以提高供氧效率。同时膜本身还可以作为生物反应器内微生物附着生长的载体。通过膜两侧氧的直接供给和营养物的扩散,达到有效降解有机物的目的。在该系统中,由于氧的无泡传递,因此供氧不能对混合液产生混合效果,常通过循环泵、搅拌等来实现混合。此类工艺采用的膜组件型式主要有管式和中空纤维,膜与生物反应器的组合方式也有两种:一是膜放置于生物反应器内,组成一个单元;另一种是膜组件放置在生物反应器外,并设循环系统。在大多数情况下采用前一种方式。透气性膜对生物反应器无泡供氧的氧利用率可达 100%,因不形成气泡,可避免水中某些挥发性的有机污染物挥发到大气中。曝气膜生物反应器的特点是:①氧利用效率高,传统活性污泥法的氧利用率一般只有 10%~20%,而曝气膜生物反应器的氧利用率可以接近 100%;②有机物去除负荷高;③占地少。适用于活性污泥浓度大,供氧要求高的废水的处理。但基建费用高,操作复杂,目前尚未有实际规模的应用实例。

萃取膜生物反应器是利用膜将工业废水中的有毒污染物萃取后再对其进行单独的生物处理。膜由内装纤维束的硅管组成,这些纤维束选择性地将工业废水中的有毒污染物传递到好氧生物相中,再被微生物吸附降解。在该系统中,废水与活性污泥被膜隔开,废水在膜腔内流动,与微生物不直接接触。通过硅树脂或其他疏水性膜的使用,选择性地将工业废水中的有毒污染物萃取并传递到好氧生物相中,然后,这些污染物在生物反应器内被微生物吸附降解。这样,反应器内混合液与工业废水之间就存在一个浓度梯度,在这个浓度梯度的作用下,污染物不断从废水透过膜进入生物反应器。为促进生物反应器内有机物的降解,有时需要向生物反应器添加一些无机营养成分。萃取膜生物反应器适用于萃取和处理废水中的优先污染物,特别适用于以下情况:废水酸碱度高、盐浓度高或含有毒生物难降解有机物,不宜使废水与微生物直接接触处理;废水含有挥发性物质,采用传统的生物处理工艺易随曝气气流挥发。

8.3 MBR主要设计、运行参数的探讨与选择

8.3.1 生物处理工艺参数

MBR对有机物及氮磷的去除主要靠活性微生物系统。膜分离单元只起截流作用,而且其运行效果的好坏与微生物系统的处理能力直接相关。所以,合适的工艺参数是MBR保持良好污泥活性的关键因素。

(1)污泥浓度(MLSS)

污泥浓度是MBR系统的重要参数,不仅影响有机物的去除能力,还对膜通量产生影响。许多研究都表明,污泥浓度与溶解性微生物产物是影响膜通量的重要参数。

污泥浓度对MBR微生物的处理能力的影响:常规活性污泥曝气池中的MLSS为3～5 g/L,MBR的污泥浓度是常规的3～5倍,而且其浓度应不低于4 000 mg/L。污泥浓度太高,会使污泥负荷过低,微生物由于营养缺乏而进行内源呼吸或死亡,其结果一方面可能会加剧混合液中胞外聚合物(EPS)的释放和溶解性微生物产物(SMP)的溶出与积累,影响反应器上清液水质,导致不可逆膜污染,污泥浓度过高或过低时,膜污染发展速率均较快;另一方面 SMP 的累积会对硝化细菌产生抑制作用,使出水NH_3-N升高。不过 TN 的去除效果随 MLSS 的增加而增加。

污泥浓度对MBR膜性能的影响:污泥浓度会影响膜的动态层厚度和黏度,MLSS浓度与膜的产水量线性负相关,和膜过滤阻力也存在相关性。随着污泥浓度增大,膜过滤阻力增大,产水量减小。污泥浓度过高或过低时,膜污染发展速率均较快。

污泥浓度与氧的传质效率、曝气强度的关系:MLSS越高,传质效率越低,需要更

高的曝气强度。导致能耗增加,不利于 MBR 的经济运行。

(2)有机负荷——污泥负荷和容积负荷

研究表明,好氧 MBR 出水受容积负荷与水力停留时间(HRT)的影响较小,而厌氧 MBR 出水受冲击负荷与 HRT 的影响较大。污泥浓度随容积负荷的增加迅速升高,有机物去除速率加快,污泥负荷基本保持不变,从而抑制出水水质的恶化;而在厌氧 MBR 中,污泥浓度升高缓慢,因此厌氧 MBR 出水水质易受容积负荷的影响。MBR 的污泥负荷一般较低,介于 0.1～0.25 kg COD/(kg MLSS·d);体积负荷率较高,介于 1.2～3.2 kg COD/(m^3·d)。在一定范围内,有机物负荷越低,越有利于提高 COD 和 NH_3-N 的去除效率。但过低的污泥负荷(<0.1 kg COD/kg MLSS·d)会使膜生物反应器内微生物由于营养缺乏而死亡或进行内源呼吸而产生过多的 EPS 和 SMP,污泥负增长,降解活性变差。最终导致不可逆膜污染。

(3)生物固体停留时间(SRT)和水力停留时间(HRT)

MBR 的特点是可以实现分别灵活控制污泥停留时间(SRT)和水力停留时间(HRT),使 MBR 工艺控制更灵活。SRT 对污泥的活性影响较大,研究表明:随 SRT 的延长,MLSS 浓度不断增加,污泥的活性先上升后逐渐下降,但当 MLSS 增大到很高后会带来一系列不利影响而加剧膜污染。所以膜生物反应器若要保持良好的污泥活性和减缓膜污染,不宜控制过长的 SRT。具体确定应根据实际运行情况,结合污泥活性、污泥减量和膜通量下降情况综合考虑。研究推荐值:5～35 d。

普通活性污泥法中曝气池的 HRT 越长,处理效果越好。在 MBR 中,处理水质主要由膜决定,与 HRT 关系不大,但 HRT 的长短在一定范围内会影响混合液中溶解性有机物的积累程度,从而引起膜通量下降。学者们根据 MBR 的不同运行特征,推导出了诸多 HRT 的计算式,不过无论用什么计算式,曝气池容积 $V=QT$ 的关系式均成立。这说明 HRT 还反映了生物反应器容积的大小。所以 HRT 的确定,应以维持系统内溶解性有机物的平衡,同时考虑曝气池容积有一定的调节容量即可,不应过大而影响到工程的基建投资。

(4)溶解氧浓度(DO)

溶解氧是曝气池正常运行的主要影响因素。DO 不足或过量都会导致微生物生存环境恶化,影响出水水质。当 DO 浓度较低时硝化菌首先受到抑制,使氨氮去除效果不佳;同时易造成混合液中有机物累积和膜污染。在 2～5 mg/L 范围内,DO 的变化对 COD 的去除效果影响不明显,对氨氮去除率随溶解氧浓度的上升而略有下降,对 TN 去除效果不佳。所以在 MBR 的设计运行中,可通过控制 DO 浓度,促进 MBR 发生同步硝化反硝化或短程硝化反硝化。

(5)气水比、曝气强度、曝气方式

气水比是反应器中每小时气体量和污水量的体积比。通常在曝气池中用气水比的数值来表达曝气强度的大小。气水比越大,曝气强度越高,能耗也越大。强烈的曝气紊动度会破坏污泥絮体,使菌胶团解体,过多释放 EPS 和 SMP,加剧膜不可逆污染,缩短膜过滤周期,使膜更换费用增加。但当曝气强度过低时,膜表面剪切作用减小,同样会导致上述问题。所以,理论上应存在某个经济曝气强度范围,在保证处理效果、有效控制膜污染的同时能耗较低。不同的污泥浓度均存在一个经济曝气强度,经济曝气强度随污泥浓度的增加呈指数递增。经济曝气强度的确定较为复杂,可通过试验,综合考虑去除效果(包括 BOD、NH_3-N、TN 等)、膜污染和能耗来确定。

改变曝气方式也可降低能耗,将连续曝气运行方式改为间歇曝气方式运行,间歇曝气与间歇出水配对运行。研究推荐值:①连续曝气:气水比 30∶1~40∶1。②间歇曝气:膜出水时气水比为 20∶1,停止抽吸时气水比为 40∶1。③间隔时间:抽吸时间≤12 min、停抽时间≥3 min。研究表明:间歇运行减少了混合液中胞外聚合物(EPS)的释放和溶解性微生物产物(SMP)的溶出,能有效控制膜污染,降低能耗。

8.3.2　膜技术参数

MBR 工艺的实质是将膜单元置入到曝气池当中进行污水处理。水质的好坏主要由膜处理单元决定,所以膜的性能在 MBR 中占有重要地位。膜分离单元的种类主要有微滤、超滤、纳滤、反渗透等几类。膜组件是膜生物反应器截留污染物的核心部件,膜的运行效果直接影响 MBR 的处理能力。膜污染程度决定膜的寿命,膜污染的程度又取决膜的技术参数、微生物系统的工艺参数等因素。所以应以减少膜污染或者优化工艺参数等目标来决定膜材料和膜组件形式。

(1)膜材料与孔径

从材质上说膜材料有无机膜与有机膜,由于无机膜的成本相对较高,目前几乎所有的膜材料都依赖于有机的高分子化合物。由于处在恶劣的污水中,膜需要耐受化学、微生物腐蚀,污染物质污堵,外界冲击力等,既要求膜材料有良好的成膜性、热稳定性、化学稳定性,还要有较好的抗污染能力和耐腐蚀性。除了考虑价格与制造工艺外,应该选择物理化学性能较强的膜材料,同时还要考虑高通量、高分离率、低过滤压差等特点。从理论上讲,出水水质主要由膜有效孔径决定,膜孔越小,出水水质越好,所以可根据出水水质的要求选定膜的孔径,要求越高,膜的有效孔径越小。不过也有一对矛盾:膜孔越小,污染可能会越快。在确保水质达标的情况下,理论上选择孔径大的膜可提高膜通量。但试验发现,选用较大的膜孔径,反而会加速膜污染,使膜通量下降很快。

(2)膜性能:膜结构、亲水性、荷电性

高性能的膜是优质膜元件的关键。研究发现,膜表面越粗糙就越容易引起膜污染。亲水性膜和疏水性膜出水水质几乎没有差异,但亲水性膜比疏水性膜具有更优良的抗污染特性。膜材料的电荷与主要污染物电荷相同的膜也较耐污染。

(3) 膜组件的形式

膜元件使用寿命一般是三年左右,这就意味着在设计时就要考虑运行中更换膜组件的可能性。膜组件通常是装了若干个并联的膜元件的单元,配有曝气装置和进出水管。高品质膜组件一般具有以下特点:①膜面积/膜体积最大;②进料一侧具有高的湍流度以促进传质效果;③模块化单元设计便于设计组装、拆卸、更换维修;④单位体积产水量能耗低;⑤单位膜面积造价低;⑥拓展性好,做工精细、耐腐蚀性好,易于清洗等。

尽管各类膜组件工作原理相同,但是其结构型式多样,不同品牌不能互换,甚至同一品牌中往往也有新一代产品不能和老产品相匹配的情况。所以设计中选择膜组件时要考虑远期更换维修及安装的可行性。避免在更换膜时改动支架和连接件,遗留不必要的困难,造成人力和资金浪费。

(4) 膜通量与水动力学条件:膜驱动操作压力(TMP)和出水方式

许多研究者认为 MBR 运行中存在一个临界通量,当膜通量小于这个值时,膜污染与膜自清洗处于动态平衡状态,膜污染不发生或者发展非常缓慢;一旦膜通量超过临界值,膜过滤压差(TMP)明显上升,膜污染急剧发展。在设计压力驱动膜时,一般都采用固定膜通量然后再确定膜驱动压力的值。外置式 MBR 在较高的压力下运行,所以比浸没式的膜通量要大,其操作压力的变化范围为:$0.1 \sim 0.5$ MPa,浸没式膜组件在负压下工作,其 TMP 较小,膜通量不会超过某一临界值。报道的浸没式系统的操作压力范围为 $0.003 \sim 0.03$ MPa。采用间歇出水方式有助于减缓膜污染。

(5) 膜污染及其控制

膜污染影响机理错综复杂,膜污染的程度取决膜的技术参数、微生物系统的工艺参数等因素,而膜污染程度大小又决定着膜的寿命。所以在设计中就应优化设计计算参数,最大限度地减缓膜污染和能耗:①增设预处理设施,控制原水中的颗粒物或大分子有机物的污堵问题;②选择高质量的亲水性膜组件,提高膜的污染自制能力;③优化 MBR 内水动力学条件,包括水流紊动度、曝气强度和曝气运行方式;④优化 MBR 反应器的结构,如在反应器中使用单侧曝气产生的升流紊动冲刷,形成气升循环流动的水力条件,既可有效控制膜污染又能降低运行能耗;⑤优化膜分离操作模式,标定膜临界通量,控制膜通量值,同时采用间歇出水方式;⑥考虑配置进行膜清洗的必要设施,以便在日后的运行中及时地进行膜清洗。

8.3.3 设计计算难点解析

(1) 生物反应池设计计算

高廷耀认为,对于传统活性污泥法的反应池,起初,容积以经验曝气时间作为主要设计依据,即生物反应池容积等于曝气时间乘以设计流量。现在,常用污泥负荷设计。Mogens Henze 认为,污泥负荷法适用于普通活性污泥法,对于有除磷、硝化—反硝化需求的工艺,应采用泥龄法设计;若仍用污泥负荷法设计,多数情况下会满足不了要求。邢传红认为,MBR 工艺中,由于膜的介入,污泥负荷不再是影响处理效果的重要指标,为简化设计过程,HRT、SRT 可作为反应池容积的设计依据。所以,生物反应池的设计计算可以以序批式活性污泥法为基础,充分考虑运行膜单元对工艺参数带来的影响。与曝气池容积计算相关的工艺参数可参照本节工艺参数部分内容进行选取。池型的选择关系到处理水的水力特性,并进一步影响处理效果和膜污染程度,应设计成完全混合式,选用圆形或方形均可,底部做成锥形,以方便排泥。生物反应池中设置横隔板,将池体分为一大一小两部分,膜组件和曝气装置置于小的一侧,强化曝气冲刷强度;横隔板至底部连接通道要足够大以保证水流通畅;在曝气气流的推动下处理水可在反应器内循环流动,类似一个内循环式反应器,如图 8-1 所示。

(2) 排泥问题

虽然 MBR 理论上可以不排泥,但研究发现,惰性污泥长期滞留对 MBR 污泥系统的活性和膜污染中膜堵塞问题影响较大,随着运行时间延长,污泥浓度逐渐升高,污泥对 COD 的降解速率是先升高然后逐渐降低,即污泥的活性随着不排泥时间的延长先上升而后逐渐下降。所以要保持高活性,应定期适量排泥,将污泥浓度控制在一定的范围内,防止污泥老化。排泥时间的确定应结合污泥龄,综合优化各项工艺参数,同时考虑膜的最佳运行工况。研究推荐值:20~36 d。排泥方式可由曝气池快速沉淀后直接排浓缩混合液。

(3) 污泥量计算

剩余污泥量可利用 monod 方程式和 Lawrence-McCarty 方程式中动力学关系进行计算。推荐两种思路:一是采用普通活性污泥法,特别是 SBR 法的污泥量的计算式;二是利用 Lawrence-McCarty 方程式中对生物固体平均停留时间的定义式进行计算:

$$污泥产量 = 1/\theta \times 反应器中污泥量$$
$$= 1/\theta \times VX_v \tag{8-1}$$

式中,V 为生物反应器有效容积(m^3);X_v 为生物反应器内活性污泥浓度(g/L)。经验算,两种方法计算结果相差不大。

(4) 空气量计算

MBR 中曝气的能耗可占运行总能耗的 98% 以上,合理确定空气量是 MBR 工艺的关键环节。曝气除为膜生物反应器中微生物提供足够的氧气外,还能对膜表面的污泥沉积层(可逆污染)进行剪切和吹脱,以缓解膜污染和保持膜通量。另外,曝气还是处理水在池内保持完全混合流态或循环流动的原动力。所以,空气量计算应包括生化反应需氧量、对膜进行冲刷以减轻膜污染和保持处理水循环流动的耗气量。计算时可考虑在满足生化反应的前提下,适当增大气水比,以减缓膜污染和满足循环流动的需求,同时充分考虑降低能耗的可能性。因为实际需氧量比理论需氧量多33%～61%,结合实际情况,在 MBR 中可取最大比进行计算,即按实际需氧量等于2倍的理论需氧量值计算,这样可大大简化计算过程。

第 9 章 生物强化处理技术

生物强化技术产生于 20 世纪 70 年代中期,到了 20 世纪 80 年代以后,在水污染治理、污染土壤的生物修复、大气污染治理中得到广泛的研究和应用。一些废水处理厂的突发事故(如受到有毒有害难降解有机物的冲击)导致水处理系统中活性污泥大量死亡,或是原有系统处理能力不足,使处理后的废水达不到排放标准,于是有针对性地直接向原有系统中投加高效菌种,以"挽救"系统,使其迅速恢复正常,改善出水水质,由此产生了采用各种生物、物理和化学的方法来强化处理过程的生物强化技术。与传统生物处理工艺相比,生物强化技术能在不扩充现有水处理设施的基础上,提高水处理的范围和能力,可有效提高对有毒、有害物的去除效果,改善污泥性能,加快系统启动,增强系统稳定性、耐冲击负荷能力等。

生物强化技术与一般生物治理技术相结合后,显示出独特的作用,在水污染治理中具有广阔的应用前景,这是因为:

1)生物强化技术具有针对性强、应用灵活、效率高等特点,高效菌株的投加能够迅速有效地使原有处理设施恢复正常运转。

2)随着人们环境意识的提高,国内外废水排放的环境标准也日趋严格,某些成分复杂的废水,其出水既要满足整体 BOD、COD 的排放标准,又要尽量降低那些含量虽低、但危害很强的有毒有害污染物,生物强化技术为其去除开辟了一条新途径。

3)对于全球普遍存在的地下水污染,由于污染物浓度一般较低,不足以支持大量菌体的生长,采用生物强化技术,直接向其中投加适量菌种,便可达到预期目标。于是国内外研究人员开始研究把这项技术用于工业废水、地表水及地下水中难降解的有毒有害物质的治理或用于改善和提高废水处理效果。

9.1 生物强化处理技术的作用机理

生物强化技术,就是为了提高废水处理系统的处理能力,利用从自然界中筛选的优势菌种或高效菌种以便于高效地去除某一种或某一类有害物质的方法。生物强化技术的核心是高效微生物,这些高效微生物一般满足 3 个基本条件:菌体活性高、能快速降解目标污染物、具有竞争能力且能维持相当的数量。高效菌株的获得方式主要有驯化、从污染现场或处理设施中筛选分离、诱变、基因重组技术等。将获得的高效菌种再经培养、繁殖即可得大量的高效降解菌，用于目标污染物的治理。需要着重指出的是，随着生物强化技术在环境污染治理中的广泛应用，高效降解菌在环境工程中大量使用，"工程菌"的含义已被日渐混淆。"工程菌"从学术角度上讲是特指"基因工程菌"，即经过 DNA 重组技术改变遗传性状的微生物。但由于基因工程菌的不稳定性及涉及到生态安全问题，故在实际中应用较少。所以在水处理实际应用中所指的"工程菌"绝大多数并非基因工程菌，而是经自然驯化筛选所形成的复合微生物制剂。

生物强化过程可通过向自然菌群中投加具有特殊作用的微生物来增加生物量，固定化细胞或酶来增强其降解活性能力，也能通过改变作用于生物反应过程的环境介质等措施以促进传质、增加酶活性以及加速细胞生长，进而强化对某一特定环境或特殊污染物的反应，菌种与基质之间的作用主要有：

1）直接作用　向处理系统中投入一定量优势菌或高效菌等，这些微生物以目标降解物质为主要碳源和能源，而达到对目标物去除的增强作用。

2）共代谢作用　对于一些有毒有害物质，微生物不能以其为碳源和能源生长，但在其他基质存在下能够改变这种有害物的化学结构使其降解，如甲烷、芳香烃、氨、异戊二烯和丙烯为主要基质生长的一些菌可以产生一种氧合酶，这种酶可以共代谢三氯乙烯（TCE）。不过共代谢机制成功地用在生物强化系统中的例子并不多见。

3）促进传质、增加酶活性以及加速细胞生长　在不投加其他任何生物制剂的条件下，也可利用超声波等物理措施以促进反应物的扩散和传输，强化反应物进入，强化生成物离开酶或细胞活性部位的过程，使酶或细胞活性增加。

生物强化技术是现代微生物培养技术在废水处理领域的良好应用和扩展，能在不扩充现有水处理设施的基础上，提高水处理的范围和能力，近年来在废水处理中的应用日益受到重视。运用过程中，可借助生物强化器或特制生物培养基，在污废水处理厂现场提取曝气池内的微生物，使优势微生物在培养器内快速增殖后再重新返回原曝气池中。常用的运用方式有：直接投加高效微生物、投加生物共代谢基质及辅助营养物质、投加生物强化制剂（工程菌）、投加固定化微生物、采用超声波生物活化器对微生物生长诱导强化等。

9.2　高效菌及其添加技术

9.2.1　高效微生物的选育

要充分发挥高效菌微生物优势，提高其去除有机污染物及其他有毒有害物质的能力。除了进一步改进工艺外，更重要的是要加强高效菌株的选育工作，分离、驯化、培育出高效菌种以处理废水中的目标污染物。在对污染物进行生物处理时，微生物是工作的主体，因此，了解和掌握微生物的基本生理特性，筛选、培育出优势高效菌种，才能获得较好的净化效果，也就是说，获得高效作用于目标降解物的微生物菌种是应用生物强化技术的前提。菌种选育包括选种和育种。选种即根据微生物的特性，应用各种筛选方法从自然界中选择我们需要的菌种。育种即进一步提高已有菌种的某种性能，使其更符合我们的需要。育种一般通过诱变和杂交来实现。变异菌种中通常只有少数菌株在某些性能方面比初始菌株有所提高，育种工作中也存在选种问题，选出的新菌种有待通过育种过程提高其性能。选种与育种有紧密联系。

如何筛选、培育高效菌种，是生物强化技术的关键，也是污染治理工程前期工作中需要着重考虑的问题。在废水生物处理中，适宜的微生物菌种可以取自天然环境，也可以在实验室中由人工分离筛选而得，一般有以下两种方法：

1) 污泥驯化　即利用待处理的废水对微生物种群进行自然筛选，使微生物对污染物逐步适应，从而具有更好的净化性能。

2) 筛选高效菌株　除自然筛选外，在实验室中对微生物菌种进行人工分离，筛选出其中降解能力强的高效菌株。

以上两种方法可以分别实施，也可以相辅而行。除以上两种方法外，也可以通过改变外界条件使微生物发生变异，并且使变异后的性状传给下一代，就得到了变异菌或变异株，进而可以筛选出活性高的菌株。除自发突变外，更多的是采用诱发突变来达到使微生物个体发生变异的目的。根据应用要求，可以从突变株中筛选出某些具有优良性状的菌株供科研和生产使用。适用于生物强化系统的微生物至少应该满足以下要求：

1) 在其他抑制性污染物存在的条件下，在生物处理复杂的微生物群落中，保持对目标污染物的代谢活性。

2) 引入到生物处理系统后，必须有竞争力，能在系统中长期存留。

3) 应该与生物处理系统中的原有微生物兼容，也就是说，可以与原有的微生物群落共同生存，对原有的微生物不产生不良影响。

9.2.2　高效微生物或辅助营养物的投加

投加高效微生物后系统能否成功应用，还要综合考虑水质、水量、投菌量、营养物质、溶解氧、反应器的类型和水力停留时间等诸多因素。

投菌量是微生物投加系统设计的重要参数。随着投菌量的增加，一般生物处理的效果会提高，可明显缩短达到检测目标浓度所需要的时间。但投菌量过大，成本就会升高，投菌量的确定要视水中目标污染物的浓度确定。一般在启动时，投菌量较大，待系统稳定后，投菌量可为启动时的 1/10 左右。

投加方式也是要考虑的一个重要方面。投加后的微生物面临的是一个复杂的环境,即有微生物种群之间的竞争,也有被原生动物捕食的可能。因此,若要达到良好的生物强化效果,投加的微生物必须在处理构筑物中保持一定的代谢活力,维持一定的数量。另外,废水处理构筑物中往往同时含有多种化合物,有的可能对投加的微生物有毒害作用,有的可能会被投加的微生物优先利用而影响目标化合物的降解。直接投加简便易行,但菌体易于流失或被其他微生物吞噬;采用固定化技术,如用高聚合物将菌体包埋,或是固定在载体上,这种方法增加了菌体的竞争性及抗毒物的毒性能力,有力地避免了原生动物的捕食。另外,不同的反应器投加微生物制剂的效果不尽相同,最初人们把这种技术较多地用于活性污泥法,而现在人们尝试将其用于生物膜法,使生物强化菌附着在载体上,减少了菌体的流失。

如果投加高效微生物后,系统强化技术作用较弱或是处理效果不显著,可能有如下原因:

1)污染物的成分复杂　废水中污染物成分复杂,用生物添加技术本身难以达到治理的目的和要求。也就是说,单一的底物与单一的工程菌之间是相对应的,而对于复杂的底物不具有普遍性。

2)目标菌可利用的物质少　废水中微生物可利用其生长的底物浓度太低,不足以维持其生长,使目标菌难以大量繁殖。

3)竞争力差　投加菌不如系统中固有菌的竞争能力强,不能强有力的摄取有限的营养物质,加上微生物之间的关系,添加的工程菌很难发挥作用。

4)捕食作用　在游离状态,系统中原生动物等捕食性动物可将工程菌捕食,促进了原生动物的生长,从而削弱了工程菌作用的发挥。

5)物质降解的顺序性　优势菌优先利用其他易于利用的底物,对目标降解物作用缓慢。

6)抑制物的存在　废水中存在抑制性基质,抑制投加菌的生长和代谢。

7)投菌量不足　投入的菌量不足以使其在系统的菌群中占优势,不利于其作用的发挥。

8)菌体的流失　菌体的存在状态可以影响菌体的流失量,以悬浮状态存在的菌体易流失,固定在载体上的菌体流失量会减少。

9)生态因子的影响　生物制剂必须在合理的处理系统中才能生长并发挥其效能。不利的环境因素如废水的pH值、温度、DO等都会对投加菌产生负面影响。

9.3　微生物固定化技术

生物固定化技术是将单一的酶或生物细胞、单一或混合的优势菌株等经过物理、化学或其他方法处理,固定封闭在特定的载体上,成为固定化酶或固定化细胞。利用酶或细胞等所具有的特异功能进行废水处理的生物强化技术。在固定化酶或固定化细胞的反应器内,废水流经固定化酶或固定化细胞而得到有效处理。酶和细胞被固定后,废水中的生物量得到大量提高,生化反应速率加快。例如将特定的微生物封闭在高分子网络载体内,可使菌体脱落少、活性高,从而提高优势微生物浓度,增加了其在生物处理器中的停留时间。另外,由于固定化作用,生物量不会随废水的排放而流失,处理出水中,不会有游离菌体出现,为安全有效地利用工程菌和专一的酶处理废水提供保障。

9.3.1 固定化方法和固定化载体的选择

固定化方法有载体结合法、交联法、包埋法和膜截留法等。由于包埋法操作简单,对微生物细胞活性影响小,固定化细胞强度高,因而是应用最广泛的固定化方法。固定化载体主要分两类:一类是天然高分子凝胶载体,比较常用的有琼脂、海藻酸钙等;另一类是有机合成高分子凝胶载体,如聚乙烯醇(PVA)、聚丙烯酰胺(PAM)等。

对固定化包埋载体的要求包括:①固定化过程简单,易于制成各种形状,能在常温常压下固定化;②成本低;③固定化过程中及固定化后对微生物无毒;④基质通透性好;⑤固定化密度大;⑥载体内细胞漏出少,外面的细胞难以进入;⑦物理强度及化学稳定性好;⑧抗微生物分解;⑨沉降分离性好。在这些要求中,①~②涉及固定化细胞制备的成本,③~⑥针对固定化细胞的催化活性,而⑦~⑨则是出于对固定化细胞的操作稳定性的考虑。

有不少研究比较了琼脂、明胶、海藻酸钙、聚乙烯醇和聚丙烯酰胺凝胶作为微生物包埋剂的性能。结果表明:琼脂的强度差;明胶内部结构密实、传质性能差;聚丙烯酰胺凝胶对生物有毒性;海藻酸钙和聚乙烯醇凝胶机械性能和传质性能较好,对生物无毒,生物分解性能良好,且固定操作容易,是比较合适的固定化细胞载体。

有些研究者比较了海藻酸盐(CA)和聚乙烯醇(PVA)固定化微生物的性能。结果表明,CA固定化微生物的传质性能优于PVA,但吸附性能不及PVA;在低负荷下,CA固定化微生物对TOC的去除率高于PVA固定化微生物。但在高负荷下,PVA固定化微生物对TOC的去除率高于CA;PVA固定化微生物的强度及稳定性高于CA,PVA是较合适的固定化微生物包埋剂,但其传质性能差,需进一步改善。CA固定化微生物的主要缺点是强度及稳定性不够。必须改善加强后,才能长期应用于废水处理中。虽然CA和PVA各有优缺点,但是它们仍然是目前常用的微生物包埋载体。

9.3.2 固定化酶

酶是生物界普遍存在的物质。我们可以从动物、植物和微生物中提取酶制品。

如从动物肝脏中提取胰蛋白酶、淀粉酶、核糖核酸酶,从木瓜中提取木瓜蛋白酶等。作为酶制剂工业生产则以微生物最为合适,因为与动植物相比,它具有生产周期短、不受地理条件和季节限制、能够大量生产以及生产成本低等特点。利用微生物生产酶制品可以分为菌种选育、发酵培养、分离提取和菌种保存等4个步骤。

固定化酶又称水不溶酶,它是通过物理吸附法或化学键结合法将水溶性酶和固态的不溶性载体相结合,使酶变成不溶于水但仍保留活性的衍生物。

固定化酶比水溶酶稳定,因为载体能有效地保护酶的天然构型,不易受酸、碱、有机溶剂、蛋白质变性剂、酶抑制剂及蛋白酶等的影响,可以在较长时间内使用和保存。固定化酶适合于连续化、自动化和管道化工艺,还可以回收、再生和重复使用。固定化酶可以设计成不同的形式,如处理静态废水把酶制成酶片和酶布;处理动态废水,制成酶柱。

9.3.3 固定化细胞

微生物细胞自身就是一个天然的固定化酶反应器。用制备固定化酶的方法直接将菌体加以固定,即可催化一系列的生化反应。固定化细胞比固定化酶操作简便,成本低廉,能完成多步酶促反应。通常能保留某些酶促反应所必须的 ATP、Mg^{2+}、NAD 等,因此,在参与反应时无需补加这些辅助因子。固定化细胞内含有庞大而复杂的酶系统,其中有些酶对于人们所要求的某些催化反应是不需要的,有时甚至是有害的,这是它的不足之处。酶的固定化方法亦可应用于固定微生物细胞。但由于在结构和功能上有其自身的特殊性,细胞固定另外还有一些不同的方法,如自溶酶法和絮凝法。

1) 自溶酶灭活法　微生物细胞所具有的酶,从广义上讲是酶的一种固定化形式。只要使细胞自溶酶失活,细胞即可反复使用。这些处理方法往往会使细胞中其他酶系和自溶酶一起失活,使其应用范围受到限制。

2) 絮凝吸附法　多聚电解质等絮凝剂有絮凝微生物细胞的作用。这类絮凝剂有聚丙烯酰胺、聚磺化苯乙烯、聚羧酸、聚乙基胺、聚赖氨酸和活性硅胶等。在絮凝过程中加入吸附剂或助滤剂能促进絮凝效果。被絮凝的细胞再经冷冻或干燥处理后,可提高酶活性的稳定性和改善细胞壁的机械性能,使得固定化细胞可以反复使用,降低成本。

9.4　低强度超声波强化污水生物处理技术

超声波和声波一样,是物质介质(通常是空气和液体)中的一种弹性机械波,只是频率不同。通常把频率为 15 kHz～10 MHz 超出人耳听觉上限的声波叫做超声波。

超声波可作为探测与负载信息媒介的检测超声波和传递能量载体的功率超声。检测超声又称为超声波的"被动应用",是利用小功率(毫瓦量级)超声波在媒质中的传播特性,检测或控制各种非声学量及其变化,工作频率一般为 0.5～20 MHz,有时高达 1 GHz,目前已用于研究物质结构、水下定位与通讯、地下资源勘查、工业检测与控制、医学检测与诊断等。功率超声又称为超声波的"主动应用",是用较大功率的超声波对物质作用,以改变或加速改变物质的一些物理、化学和生物特性或状态的技术。工作频率一般在数万赫兹,有时也高达几兆赫兹。功率超声波处理技术具有许多特点,与其他技术比较,常常能大幅度提高处理速度,提高处理质量和完成一般技术所不能完成的处理工作。

超声波应用于生物技术是一个比较新的研究领域。20 世纪 80 年代以来,强超声在生物技术领域中的应用日益受到重视,高强度超声波已在破碎细胞、使酶失活和基因转移等方面得到了较好应用。同时,随着研究的深入和拓宽,许多研究人员对低强度超声波在生物工程技术中的应用研究也越来越感兴趣,他们在研究中发现较低强度的超声波具有改善反应物的质量传输机制、提高酶及固定化酶的催化活性、加速细胞的新陈代谢过程等特点。因此,可将之应用于污水生物处理过程,通过增强微生物的活性,来提高污水的生物处理效率。

9.4.1 低强度超声波的生物效应

超声波在传声媒质中传播时,会通过各种机械机制、热机制或空化机制对传声媒质产生各种作用或效应,称为超声效应。当传声媒质是生物媒质时,此效应称作超声生物效应。超声波在生物介质中传播时,生物组织首先受到机械效应的影响,部分机械能又可转化为热能,当超声声强足够大时,还可能产生空化效应。因此超声波的生物效应产生的机制主要来自于超声波的机械效应、热效应和空化效应。

超声波的机械效应主要包括振动效应和声流效应。超声波作用于生物介质,其高频振动可在液态介质中形成有效的搅动,从而促进了反应物质的混合、扩散和传输。由于超声波的高频振荡作用,反应溶液中底物和产物分子以较高的频率振动,这个过程主要发生在界面层、细胞膜或细胞壁附近,以及在细胞液内,从而使酶与底物和反应物的接触机会增大,同时底物释放加快,加速了对流传输过程,最终达到普通低频机械搅动达不到的效果。超声波在传播过程中,由于声辐照而在液态媒质中产生单向恒定的声辐照压力,由此引起液态媒质的单向流动,称为声流。因此,即使是低强度的超声波也可以通过声流作用来促进对流传输过程。当超声强度适当时,超声波的振动效应和声流效应都能有效促进反应物质的混合和传输;但如果超声强度过大,则会对生物体造成损伤,甚至死亡。

超声波在传播过程中,其能量不断地被媒质吸收而转变为热能,从而使媒质自身温度升高并导致媒质产生某种效应。而且如果采用其他加热方法可获得同样的温升并重现同样效应时,就可以说该效应为热效应。由于发生生化反应的温度范围较窄,因此生物反应一般都保持在一个恒定的温度范围内,所以超声波的热效应不是生物技术中的主要激活原因,但也可能有一定的贡献。

声空化是指在声波作用下,存在于液体中的微小气泡(空化泡、空穴)所发生的一系列动力学过程:振荡、扩大、收缩,乃至崩溃。在大部分情况下,超声效应的产生主要与空化机制相联系。当声波在液体媒质中传播时,它将引起媒质分子以其平衡位置为中心的振动。在声波压缩相(即正压相)内,分子间的距离减小;而在稀疏相(即负压相)内,分子间的距离增大。倘若声强足够大,使液体受到的相应负压力亦足够大,那么分子间的平均距离就会增大以至于超过极限距离,从而破坏液体结构的完整性,导致空化泡形成。一旦空化泡形成,在声波的作用下,它或保持稳定的径向振荡,或继续增长并随之被压缩至崩溃,前者称作稳态空化;而后者称为瞬态空化。稳态空化是在低声强条件下(小于 10 W/cm^2),空化泡所做的稳定的小振幅脉动现象。空化泡以非线性的形式在介质中震荡若干个声周期,振荡过程中空化泡周期性的增大和压缩引起了围绕气泡液体的剧烈运动,即微声流现象的产生。在生物介质中,空化泡周围的细胞颗粒受到微声流作用下切应力的作用,引起细胞膜切线方向上的位移,拉伸了附近的细胞膜,增加了该局部细胞膜的通透性。而整个细胞的作用相互叠加,从而改变细胞通透性,加速细胞膜两侧的物质交换。这一点对于促进对流传输过程具有重要的意义,并且随着声强的增加,空化泡的数目和振幅随之增大,加速物质交换的效果也愈加显著。因此,稳态空化效应是超声波应用于生物技术的基础,具有十分重要的意义。瞬态空化是在高声强条件下(通常大于 10 W/cm^2),空化泡迅速涨大并且破裂,同时产生高温高压并引发强烈的冲击波和高速射流的现象。在空化泡崩溃的瞬间,空化泡周围极小的空间内可以产生 5 000 K 以上的高温和约 5×10^7 Pa 的高压,温度变化率高达 109 K/s,这些极端的环境往往可以分解废水中难降解的有毒有机物质,从而提高废水的可生化性,这就是高强度超声波应用于废水物化处理的理论基础。瞬态空化会破坏细胞结构并使酶失活,这在生物反应中是不希望发生的,因此不能将其直接用于废水的生物处理过程,而只能作为生物处理的预处理工艺。

由上述分析可看出,低强度超声波的机械效应和稳态空化效应使溶质粒子运动加速、细胞膜通透性增加,使传质边界层减薄,提高了反应物进入酶或细胞活性部位,以及生成物进入液体媒质的传质扩散过程。因此这两种效应被普遍认为是低强度超声波强化生物反应的主要作用机制。当然除了这些,有研究者曾参照植物细胞的损伤防御反应提出:比植物细胞要低等的微生物细胞在受到超声波的辐照后也会产生类似植物细胞防御反应的生理强化反应,即低强度超声波还能导致微生物细胞产生损伤效应。损伤效应是超声波促进微生物活性的又一作用机制,即超声波所产生的机械应力可以在细胞表面瞬间造成损伤,当超声强度较低、辐照时间较短时,伤口很小,容易被自身修复;修复的过程可导致酶的分泌增多,细胞繁殖加快,新陈代谢活性增强。

9.4.2 低强度超声波促进生物反应的作用机制

根据对超声波的生物效应分析可以看出,低强度超声波作用于生物反应的过程,其强化作用主要表现为促进传质、增加酶活性,以及加速细胞生长。

1)促进传质 由前述可知,超声波在介质中传播可使介质质点进入振动状态,这个过程主要发生在界面层、膜或细胞壁附近,以及细胞液内,因此超声波可增加生物膜和细胞壁的质量传递的速度;而且低强度超声波的稳态空化作用能够使细胞膜的通透性增加,从而加强细胞内外的物质运输。

2)增加酶活性 低强度超声波作用下,超声强度同酶活性呈正相关,随着强度的增大,酶逐渐被激活,强度越高,酶的催化活性越高。若进一步加大强度,酶变性失活,酶催化活性反而下降。酶的反应速率主要取决于两个因素:传质效率和酶分子构象。超声波通过机械作用、空化作用影响着这2个因素。在较低强度超声波作用下,超声波增加了底物的传质作用。超声波的机械作用增加了底物分子与酶分子的能量,使其运动能力增强,相互间碰撞的几率增大;同时也加强了介质与酶之间传质扩散,超声作用下产生的振动气泡的周围界面有利于介质中的底物分子进入及生成物离开酶活性中心,从而有可能减少次生代谢产物的积累对酶活性的抑制,提高酶促反应的速率。另外,超声使反应生成的水再分配,避免了新生成的水在酶分子表面形成较厚的水化层而影响底物分子和产物分子的传质。在较低强度超声波下产生的稳态空化作用,所形成的空化泡可使其周围的酶分子受到微流产生的切力作用,也对疏通酶内外扩散的传质通道有利。作为活性生物分子的酶,其活性的高低从根本上取决于酶分子构象的合理程度。超声作用于酶分子时,释放的能量可能导致酶分子构象发生变化,从而影响到催化活性的变化。合理的构象变化可使酶活性提高,而不合理的、甚至是破坏性的变化会降低酶的催化活性。低强度的超声波处理可导致酶分子能量的增加与介质温度的升高,引起酶分子构象的微小变化,使酶分子的超微结构更合理,从而表现出较高的催化活性。

3)加速细胞生长 在不破坏细胞的前提下,采用适当的超声频率、强度和辐照时间,可以提高整个细胞的新陈代谢效率,加速细胞生长。前面曾说过,超声波是一种物理能,在低强度和适当的频率下,会产生稳态空化效应。微弱的超声空化作用对细胞产生的破坏很小,能促进可逆渗透,从而加强细胞内外的物质运输,并有可能减少次生代谢产物的积累对微生物的代谢抑制作用,促进代谢产物的合成。而且,超声可以产生微声流,使细胞通透性增加,从而改善细胞内外的传质作用。超声波的机械振动作用还可以增加发酵液的溶氧量,促进细胞的生长。另外,由于超声波是一种能量,加载于混合液时有可能刺激微生物,从而缩短延迟期,减少反应时间。日本的松浦一雄 1994 年研究了超声波对酵母细胞增殖的影响,他认为发酵液中的 CO_2 对细胞生长有抑制作用,低强度长时间超声辐照可以减少发酵液中的 CO_2 溶解度,从而促进细胞的增殖。

9.4.3 低强度超声波反应设备及其强化生物活性的影响因素

影响低强度超声波强化生物过程以及污水生物处理过程的因素比较多,通常涉及两方面因素:反应体系因素和超声系统因素。反应体系性质的影响因素主要是超声混合液的特性,以及微生物或活性污泥自身性质,前者主要包含液体中溶解性气体种类、溶液温度、pH 等,而后者包括微生物或活性污泥的种类和浓度。这些因素对超声波强化过程会产生影响,当其数值不相同时,所需超声波的处理时间、强度也可能不同。

超声系统因素主要包括超声参数和超声波反应器设备两个方面。超声参数主要有超声频率、声能强度、声能密度、声压振幅、超声持续时间和超声间隔等。超声波的频率、声强等通过影响声空化效率而影响超声波强化过程。

在超声波生物强化领域主要使用的是功率超声,常用频率范围为 20~40 kHz。生物化学反应和传递过程的超声波强化作用主要是由超声空化产生的化学效应和机械效应引起的。一般超声频率越低,在液体中产生空化越容易。也就是说要引起空化,频率愈高,所需要的声强愈大。

声能强度是指单位声发射端面积在单位时间内辐照至反应系统中的总声能。声能强度又称超声功率强度,简称声功率,它是影响超声波强化效果的一个重要因素,一般以单位辐照面积上的功率来衡量(W/cm^2)。而声能密度(W/cm^3)是指单位体积溶液被施加的超声能量,也是影响超生强化与反应器设计的一个重要参数。空化作用的产生与超声强度有关,对于一般液体超声强度增加时,空化强度增大,但达到一定值后,空化趋于饱和,此时再增加超声强度则会产生大量无用气泡,从而增加了散射衰减,降低了空化强度。因此,许多学者认为超声波生物强化作用随声强的增大存在一个最大值,当超过该值后,强化作用随强度的增大而降低。

超声时间与超声频率和能量一样,对超声生物强化技术也是一个重要的参数,只有适宜的超声时间才能产生积极的生物效应。由于超声波类型的不同,超声时间的含义也会有所区别。对于脉冲式的超声波,超声间隔指脉冲间隔,一般为数秒钟;超声持续时间是指一次超声波处理的时间,一般为数分钟到数小时。而对于连续式超声波,则超声波处理时间是指每次超声持续的时间,一般为数分钟,而超声间隔是指两次超声之间间隔的时间,一般为数小时甚至数天。

超声波反应器是将超声波作用于微生物或活性污泥,使其活性得到强化的设备。从原理上说,超声波设备中核心部分是超声波的作用装置。超声波设备中的超声波部分分为两大部件:一个是超声波发生器;另一个是超声波换能器(或称超声波振头)。超声波发生器(或称功率源)是一种用于产生并向超声换能器提供超声能量,使之工作于谐振频率的装置。发生器的发展与电力电子器件发展密切相关,有电子管、模拟式晶体管、开关式晶体管等几个阶段。电子管产品缺点较多,目前已经淘汰;模拟式晶体管超声发生器,其线路成熟,成本较低,但体积大,质量重,很难调整到超声换能器最佳频率谐振点上,输出功率受功率管限制,不能达到理想的效果,而且不易于采用现代的数字方式来处理,仅仅在小功率方面应用;开关式晶体管超声发生器是通过调节开关管的占空比来控制输出的功率,具有功耗低,效率高,体积小,重量轻,可靠性好,易于采用数字方式控制等特点。因此,用于生物处理的超声波发生器可根据需要选择模拟式或开关式晶体管,由于一般用于强化生物处理的超声波功率较低,从成本考虑可选择模拟式的晶体管超声波发生器。超声波换能器是将超声波发生器提供的电信号转换为机械振动的装置。应用最广泛的电声换能器主要是压电换能器和磁致伸缩换能器,其中压电换能器的电声转换效率较高。

目前采用的反应器与超声波换能器相配套的系统主要有探头式和槽式两种。探头式反应器是将发射超声波的"探头"(探头是指超声换能器驱动的声变幅杆的发射端,一般由金属钛制成)直接浸入反应液体中,这是声化学反应器系统将超声波能量传递到反应液体中的一种有效方法,在超声波辐照端上可以获得较大的声强。但是,研究表明这种反应器因为发射超声波的探头直径较小(一般为 10~30 mm),有效传递能量的距离仅为 70~100 mm,超声辐照表面积小,能量效率较低,因此,目前该反应器主要用作实验室研究。由于超声波发生器本身不可能将电能全部转变为声能,其中一部分电将转变为热能,反应器的"探头"和反应液体温度将会大幅度上升,所以需要实行温控,一般控制在 10~30 ℃。不过,应用于生物强化的超声波一般输入能量较低,升温不明显,所以热量产生不是超声波生物反应器的限制因素。槽式反应器多由一个不锈钢水槽和其他固定在水槽底部或侧面的超声换能器所组成。装有反应溶液的容器直接放入槽中接受超声辐照,这种反应器声强较低,过程多需辅助以搅拌等附加扩散措施,以提高物质传递的速度。

9.4.4 低强度超声波强化生物降解有机污染物

随着人口增长和工业生产水平的发展,人们生产和使用有机物的种类和数量不断增加,所需要处理的水量也越来越大,水质也越来越复杂。对于传统活性污泥法、SBR 以及 A^2/O 生物脱氮除磷等理论研究日趋成熟、运用也较为广泛的工艺也存在不少问题。如活性污泥菌群增殖速度慢且难以维持较高生物浓度,特别是在冬季,低温造成系统总水力停留时间较长,有机负荷较低,会增加基建投资和运行费用;系统抗冲击能力弱,高浓度含氮进水会抑制脱氮微生物的生长等。此外,随着对水环境标准的不断提高,这些传统的生物脱氮工艺可能会不能满足排放要求。这就迫使人们不断研究开发新的技术,对现有的设施加以改造,以满足水质变化所带来的新要求。研究开发高效经济的生物脱氮强化工艺,尤其是适用于现有污水处理厂改造、能使原有工艺的独特优点得以充分发挥的高效脱氮技术是当前我国污水处理技术的研究重点之一。

生物学的研究表明,低强度超声波可以有效提高酶的活性,促进细胞生长,因此在废水生物处理过程中,通过利用低强度超声波强化微生物的活性来提高污染物的去除效率。

Lin和Wu根据对植物细胞加载低强度超声波的实验结果,认为超声波的强化作用并不仅是通过促进物质传输来实现的,而是因为超声辐照激励了两种参与合成次级代谢产物的关键酶,由此提高了植物细胞的生理活性。因此可以设想,如果在废水生物处理过程中微生物被低强度的超声波刺激后,其活性也发生类似的变化,如酶活性得到提高或细胞的通透性得到提高,而且这种效果可以保持一段时间,那么就不需要对反应器中的混合液进行连续处理,只用间歇处理即可。对于活性污泥法来说,只需要采用间歇加载超声波的模式对反应器中的活性污泥进行强化处理即可,而且可以是浓缩后的活性污泥,从而大幅度降低超声波处理设备投资和运行费用。

低强度超声波强化污水生物处理技术可以实现以较少投入而较大地提高去除有机物及其他污染物效率的目的。考虑经济因素和环保的要求,低强度超声波强化污水生物处理技术适合的情况主要有以下两点。

1)当进水中有机污染物浓度过高,或含有难降解有机污染物,会对微生物活性造成伤害时,采用普通的二级污水生物处理难以使出水达到排放标准。可采用低强度超声波进行强化处理,确保出水达标。

2)当冬季气温较低时,经过低强度超声波强化处理后,可使微生物活性和有机物去除率保持在常温水平。在我国许多北方城市,冬天污水处理效果不稳定,出水水质差,可采用低强度超声波进行强化处理。

低强度超声波可以与各种污水生物处理工艺相组合,而不需要额外的土建设施,其工艺流程可根据各生产工艺的特点和原厂的构筑物情况进行适当调整和安装,操作简单,非常易于实现,应用十分方便。低强度超声波强化污水生物处理技术的关键是超声参数的选择。在实际应用中,应采用自动控制系统,以减少运行管理费用。现以几例典型的污水生物处理工艺进行说明。

1)对传统活性污泥工艺进行低强度超声波强化处理。

根据传统活性污泥工艺的特点,可以在二沉池到曝气池的回流污泥管路上增加一个超声辐照处理器。因为这部分污泥已经经过二沉池的浓缩，所以强化这部分活性污泥可以提高超声波的利用效率，减小超声辐照处理器的体积和设备投资。如果要使用流体动力型超声波设备，则要在超声波系统中安装压力计和流量计，注意控制压力和流量，并调节最适宜的超声频率和声强。所增加的超声辐照处理器的示意图如图 9-1 所示。

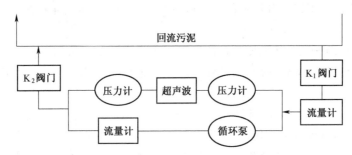

图 9-1　活性污泥法中超声辐照处理安装示意图

在原污泥回流管路上增加一套超声波强化系统，包括一个超声辐照处理器、一个循环泵、2 个阀门、2 个流量计和 2 个压力计。超声辐照处理器可采用流体动力型超声发生器。它是以流体为动力源、利用高速液体来产生超声的装置，它的特点是直接在流体中产生超声。结构简单、处理量大。常用的流体动力型超声发生器是簧片哨，它是利用液体射流的振动激发簧片的振动而产生超声波。这就需要超声波系统的管道中液体的流速达到很高的水平。经过测试得出，当管道中超声波发生器两边的压差达到 0.5 mPa，液体流量达到 50 m^3/h 时，可产生 25 kHz 的超声波。

以最适宜的超声参数为例，对增加超声波强化的操作过程进行简要说明，其操作过程如下：①首先打开回流系统中的进泥阀门，然后打开超声波系统中所有阀门，使污泥充满超声波处理系统；②接着先关闭 K_2，再关闭 K_1，接通超声波系统中的循环泵，循环处理 10 min；③然后先打开 K_2，再打开 K_1，并接通反冲泵，等超声波强化系统管路中的活性污泥完全冲到池子里后，关闭水泵和阀门 K_1、K_2；④管道总体积应根据实际污泥总量进行计算，约为实际浓缩后污泥总量的 10%。

另外，超声波强化系统可采用超声波活化器，通过电声转换来产生超声波，其操作过程和采用流体动力型超声波发生器类似。采用超声波活化器，超声的声强和频率更加容易控制，而且超声波强化系统内采用较小的液体流速即可。

2）对 SBR 工艺进行低强度超声波强化处理。

根据 SBR 工艺的特点，可以在闲置期进行超声的强化处理。此时污泥排水过程已经结束，进行超声化处理所产生的扰动不会对出水水质造成影响。而且此时的污泥已经经过沉淀浓缩，强化浓缩后的污泥可以提高超声波的利用效率，减小超声辐照处理器的体积和设备投资。除了再增加一台自吸泵,将 SBR 中污泥吸到超声辐照处理系统中之外,其余所增加的超声辐照处理器部分仍可如图 9-1 所示,管道总体积应根据实际污泥总量进行计算,还是约为实际浓缩后污泥总量的 10%。

3)对 A^2/O 工艺进行低强度超声波强化处理。

根据 A^2/O 工艺和构筑物特点,该污水处理厂的回流污泥 50% 进入厌氧区,50% 进入缺氧区。这为超声波强化提供了比较好的条件:将超声波生物活化器设置在总回流污泥管路上,即可在回流污泥管路分流之前对其中部分浓缩污泥进行超声波处理,处理后分别进入厌氧区和缺氧区,在各自适宜环境中被强化的 PAO 和反硝化细菌可以发挥作用。低强度超声波强化 A^2/O 工艺流程图所增加的超声辐照处理器部分可以完全与图 9-1 所示相同,其具体操作流程与采用传统活性污泥工艺的超声波强化工艺类似。

9.4.5 研究和应用前景展望

生物处理方法具有处理量大,费用低廉,对溶解性易降解有机物处理效率高等优点,已被广泛应用于污水处理。但是当进水的水质水量变化大,或者含有难降解的物质时,传统的生物处理方法往往处理效果不佳。同时,由于人口的激增和工业生产的发展,产生的污水量越来越多,水质越来越复杂,导致水体富营养化问题愈加严重,迫使越来越多的国家和地区制定更加严格的水质排放标准,从而致使很多污水处理厂面临着改建和扩建。

低强度超声波强化污水生物处理是提高污染物生物去除效率的一项新技术,它可以通过强化微生物活性来提高污水的净化效率。尤其在北方地区,当冬季气温较低时采用超声辐照来刺激微生物活性,将会达到很好的处理效果。并且超声波强化技术设备简单,可以与各种生物处理系统进行组合,不需要额外的土建设施,或仅需要简单的土建设施,成本低廉,在污水生物处理系统的改造中具有广阔的应用前景,对于降低污水生物处理投资成本具有重要意义。

北京航空航天大学刘红教授、谢倍珍博士等对超声波污水处理技术进行了多年研究,已通过实验室和现场小试、中试研究。目前低强度超声辐照提高生物活性已有大量的实验研究基础,并有不少专家在此基础上提出了低强度超声辐照强化污水处理的可行性。但由于活性污泥是一个混合菌落系统,其所表现出的生物活性应看作是一种群体综合特征,而这种特征最终受其组成微生物的个体生理特性所影响,如实验中发现超声波对两种脱氮除磷污泥的影响结果完全不同,原因可能由于两种污泥中的微生物种类不同、对超声波的响应效应也不尽相同。因此,需要对低强度超声波作用细胞或酶的生物效应机理进行更加深入的研究。在未来的研究中可以从基因和蛋白质表达等层面上,从本质上研究低强度超声波强化污水生物处理过程的作用规律和机制。另外,在实验中还发现不同微生物组成的活性污泥对超声波的响应不同,而不同的超声场分布也可能对超声波强化效果有较大的影响,因此,利用低强度超声波强化污水生物处理的核心设备——超声波生物活化器也需进一步的深入探讨。在未来研究中可以专门针对超声波生物活化器的优化进行研究,以不同功能的活性污泥或微生物菌剂为研究对照,优化获得不同参数的超声波生物活化器,为超声波强化技术的实际广泛应用提供设备基础,使低强度超声波强化污水生物处理技术早日实现实际运用。

第3篇 微污染水领域生物处理新技术

第10章 微污染水生物处理新技术

本书第1.5节对于微污染水的特征及其相应的各种物理、化学处理方法进行了详细阐述,此处将不再赘述。当然,对于微污染水生物处理过程中常用的一些生物处理工艺如曝气生物滤池(BAF)、生物接触氧化(BCO)、生物活性炭(BAC)和膜生物应器(MBR)等在前面章节中进行过详细阐述的工艺,此处也不再赘述。如需了解,请查看相关章节内容。本章重点讲述微污染水生物处理新技术及其组合工艺应用等内容。

10.1 当前净水工艺的问题及主要对策

常规混凝、沉淀和过滤,主要去除相对分子质量大于10 000的有机物,对于低分子量有机物的去除率很低。对常规工艺进出水采用气相色谱-质谱联机分析微量有机污染物和进行Ames致突变试验,结果表明:常规工艺对水中微量有机污染物没有明显的去除效果,水中有机物数量,尤其是毒性污染物的数量,在处理前后变化不大;预氯化产生的卤代物在混凝、沉淀及过滤处理中不能得到有效去除;虽然常规工艺能部分去除水中致突变物质,但对水中氯化致突变物不仅不能去除,反而因混凝剂的作用在处理过程中产生了部分移码突变前驱物和碱基置换突变前驱物,使出水氯化后的致突变活性有所增加;有预氯化的常规工艺不仅出水中卤代物增多,而且优先控制污染物及毒性污染物数量也有明显上升,出水的致突变活性比处理前增加了50%~60%。所以在水源受污染的情况下,常规净化工艺处理的生活饮用水水质安全难以保证。

那么,各类强化方法与深度处理技术的局限性又如何呢?前面曾说过,强化物理法、化学法处理效率较高,尤其是各种联用技术的开发,对一些难降解有机物的去除非常有效,通过高效氧化去除水中的大部分有机物,并有效降低饮用水致突变活性。但这些方法设备都相对复杂,运行和操作条件要求较高,尤其是成本问题严重制约了它们的推广使用。而且运行中还发现，以生物活性炭作为水处理中氯化前的最后一个处理工艺的深度处理工艺也存在问题：生长有细菌的细小活性炭颗粒会在水力冲刷作用下，流入最后的氯化处理环节，由于附着在活性炭颗粒上的细菌聚体比单个的细菌细胞对消毒剂有更大的抗性，一般的氯化消毒往往难以杀灭这些细菌，从而引发更大的生物卫生安全问题。

相比之下，生物预处理是一种经济有效且在毒理学上安全的方法，对分子质量小于1 500的低分子量、亲水、易生物降解有机物特别有效；它对氨氮和其他有机污染物有良好的处理效果，尤其在与传统工艺（混凝、沉淀、过滤、消毒）联用后，对降低饮用水致突变活性效果也很好。而且该法投资少，见效快，适合我国国情。因此，生物预处理、对强化常规工艺的生物化及深度处理的生物化，是微污染水源水处理的一项十分重要的技术措施，其次生物预处理与各种工艺的科学合理组合也是目前国内水厂改善出水水质的重要方法。

10.2 微污染水生物处理基本原理

10.2.1 痕量*有机物生物降解

污染水源水中有些有机物浓度非常低（痕量*：指极小的量，少得只有一点儿痕迹，化学上将含量等于或小于$1\,000\times10^{-6}$的任何一种元素称为痕量元素），而且很难降解，因此生物对其利用的方式与一般污水处理的情况有所不同。水源水中一些物质不易被生物降解，一方面是由于其作为唯一的碳源和能源不能为微生物提供足够的能量，但是如果水中还存在一些其他物质（这些物质能满足细胞的能量需要）时，这些不易降解的物质或许就能被微生物利用。另一方面，原水浊度太高也会覆盖生物膜，降低微生物的氧化效率，影响出水水质。所以要先进行混凝沉淀然后再进行生物氧化处理。

生物膜工艺常用在微污染水源水预处理中。生物膜对有机物的降解一般通过稳态方式运行，其对基质的利用会经过三个基本过程：基质从液相穿过液膜向生物膜的扩散过程；生物膜内活性细菌的基质利用过程；生物膜的生长及自身氧化过程。稳态生物膜理论认为：要使生物膜稳定运行，出水基质浓度必须维持一最小值$S_{\min}$。换言之，在稳态生物膜法水处理工艺中，出水基质浓度不可能小于$S_{\min}$。

在对微生物的研究中，曾发现微生物具有一种应激性表现，即如果微生物前期处于相对高水平的营养环境中，当进水基质浓度突然减小后，微生物为维持其自身生长需要，就会发挥自身潜能，尽量多地摄取外界环境中的有机物，从而使出水有机物的浓度降低到一个新的水平。根据这一现象，人们提出了非稳态生物膜处理理论：如果进水中有机物浓度比原先维持稳态生物膜时的有机物浓度低,就能激发生物的应激反应,使生物膜可以将进水中有机物浓度降解到 S_{min} 以下,且能获得小于 S_{min} 的出水水质。这种非稳态生物膜工艺原理说明非稳态生物膜工艺具有较高的有机物去除能力,能使出水降至很低的浓度水平。

非稳态生物膜工艺的实际操作为:首先利用有机物浓度高的水对生物膜进行短期培养,然后用它处理低浓度的进水,这样就可以获得有机物浓度非常低的出水,并能维持一段时间,当生物膜开始脱落,出水中有机物浓度升高,去除率下降时,再用有机物浓度高的水对生物膜进行短期培养、活化。然后再用于处理低浓度有机物的进水,这样周而复始,就可以达到利用非稳态生物膜提高对水中浓度有机物的去除效率。

以陶粒曝气生物滤池为例,首先使曝气滤池处于降流式运行,达稳定状态后(对有机物去除保持恒定),再改为上流式运行。当运行一段时间后,出水的有机物浓度大于稳态运行时的出水有机物浓度时,再改为降流式,如此反复。对整个曝气滤池来讲,运行状态可分为两种:一是靠近进水端处,在此处进水有机物浓度始终大于或等于微生物对有机物的需求量,为稳态运行;二是远离近水端,靠近出水端处,曝气生物滤池中有机物浓度沿水流方向降低,在此处微生物对有机物的需求量大于水中有机物的实际供给量,为非稳态运行。这样,通过不断地交换水流运行方向,形成曝气滤池的稳态—非稳态运行工艺。

10.2.2 分子量与可生化特性以及分子量对处理单元的影响

微污染水源中可生物降解有机物是指能被微生物降解、并作为微生物生长的物质和能量来源的部分,其中溶于水的部分一般以 BDOC 表示,而难生物降解但却溶于水的有机物相应以 NBDOC 表示。去除 BDOC 应该选用生物处理技术,水中可生物降解有机物的含量能决定后续的水处理工艺的选择和处理后水质;因为饮用水中的 BDOC 作为微生物的营养基质会促进细菌在给水管网中生长,使输配水质下降,其含量不能过高。

一般相对分子质量小于 1 000 的有机物尤其是小于 500 的有机物其芳香度较低,非腐殖酸类有机物占很大成分。这部分有机物由亲水酸、蛋白质、氨基酸、小分子糖类等非腐殖质酸类有机物组成,而且亲水性强,为水源水中可生物降解有机物的主要成分。腐殖质本身是微生物合成的相对稳定的化合物,所以一般的生物处理由于接触时间较短,很难去除这部分有机物。此外由于 BDOC 主要是相对分子质量低于 1 000 的有机物,因此超滤技术难于去除可生物降解有机物,必须将超滤技术与生物处理技术联用,方可得到良好的出水水质,这就是目前流行的膜生物法技术的理论依据之一。

单从分子量看,没有哪一种处理单元对有机物具有广谱的去除能力,各单元对溶解性有机物的去除均具有明显的互补性。有人曾采用原水──→混凝沉淀──→陶粒曝气生物滤池──→活性炭吸附的小试工艺进行试验,研究各个水处理单元对不同相对分子量区间有机物的去除,结果如下:

1)相对分子质量为 0~500 的有机物主要在生物处理单元去除。生物处理对这部分有机物的去除率约有 60%,活性炭吸附对其去除很有限(去除率为 16.2%);从这部分有机物在总溶解性有机物中比例来看,生物处理单元出水浓度最低,也说明生物处理对其去除能力最强。

2)相对分子质量为 500~1 000 的有机物主要经过活性炭吸附去除。活性炭对这部分有机物的去除非常有效,去除率为 86.7%。生物处理对这部分有机物也有一定去除(去除率近 30.0%),组合工艺的总去除率为 83.1%。

3)相对分子质量在 1 000~3 000 的有机物主要在活性炭单元去除,去除率近 70%,混凝沉淀及生物处理对这部分有机物的去除能力较低(去除率约 17%),组合工艺总去除率为 78.2%。

4)相对分子质量在 3 000~10 000 的有机物主要在混凝沉淀及曝气生物滤池单元被去除。

5)相对分子质量在 10 000~100 000 的有机物主要在混凝沉淀过程去除,去除率为 86.2%。

综上所述,在选择工艺时,需要根据水源水质特点和处理后水质要求将各单元工艺组合起来,以便有效提高整个工艺对有机物的去除效率。

10.2.3 生物对藻类的净化

目前,除藻的技术有多种物化法:如化学药剂法、微滤机过滤、混凝气浮法、多层滤料过滤、高梯度磁分离法等,采用生物处理也是一种有效除藻、并全面改善水质的经济可行的方法。

各种生物处理工艺对藻类的去除效果一般在 50%~70% 范围,而且,即便用同一种生物处理法对不同藻类也有不同的去除效果,对绿藻的去除效率较低,试验效果只有 40% 左右;对硅藻的去除效果较好,达 70% 左右。

关于生物处理除藻的机理研究虽有报道,但以何种作用机理为主,至今尚未有权威性的结论。一般认为,生物处理除藻可能通过以下几种作用完成:生物膜的附着、吸附,微生物的氧化分解,填料间生物絮凝与机械截留,原生动物的捕食作用,脱落生物膜对藻类的生物絮凝、沉淀等。

生物膜对藻类的生物絮凝、附着、吸附等作用,减少了水中游离藻数量,再通过脱落的生物膜(包括膜的自然脱落与冲洗强制脱膜)絮凝沉降,随生物污泥排出,这是生物除藻的重要途径。从填料上生物膜、脱落膜、生物池底泥中存在的藻的空壳判断，藻附着到生物膜后存在生物氧化分解作用。大量的原生动物、后生动物对藻也具有捕食作用。根据试验结果分析推断，生物膜除藻主要靠生物膜对藻类的吸附去除，后两种除藻作用贡献要小得多。

生物膜越厚，除藻效率越高。但过厚的生物膜的脱落将影响出水的水质。必须优化调控生物膜的厚度，以综合考虑除藻效果及水质改善问题。

10.2.4 生物过滤除铁除锰

富含铁锰是北方地下水水质的主要特点，如何将铁锰去除，是地下水水源除铁锰工艺所要解决的主要问题。地下水中铁锰主要以 Fe^{2+}、Mn^{2+} 的形式存在，锰的氧化还原电位高于铁，当 pH 大于 7.0 时，地下水中 Fe^{2+} 氧化为 Fe_2O_3 的化学氧化速率已较快，而 Mn^{2+} 氧化为 MnO_2 的化学氧化速率，要到 pH>9.0 才明显地加快，而 pH>9.0 是难以通过曝气的条件达到的，所以地下水中的 Mn^{2+} 的氧化去除较困难。

采用生物过滤除铁除锰，主要靠滤池中铁锰细菌，这些细菌大部分为自养菌或兼性菌。它们与生物硝化滤池中的硝化菌一样，生长较为缓慢，其工艺条件也大体相似，但生物除铁除锰滤池对水的 pH 值更敏感。此外，生物除铁与除锰的工艺条件有较大不同，除锰比除铁要求更严格，一般而言生物除锰要求水中溶解氧浓度高于 5 mg/L，氧化还原电位大于 300～400 mV 或者 pH 大于 7.4～7.5。在传统生物过滤中，由于工艺条件的差别，对铁、锰含量均较高的地下水源一般采取二级生物过滤，一级除铁，二级除锰，否则铁、锰的去除率难以达到最佳水平。

铁、锰的化学性质相似，在自然界中常常共存，地下水中的 Fe^{2+}、Mn^{2+} 离子往往相伴而生，而且在含量上相当稳定，Fe^{2+} 的浓度大致高于 Mn^{2+} 浓度一个数量级。Fe^{2+} 在无菌接触氧化滤层中的氧化是自催化氧化，接触催化剂是 Fe^{2+} 氧化反应的生成物(含水氧化铁)，属于化学氧化。Mn^{2+} 在 pH 中性条件下几乎不能被溶解氧所氧化，只能在生物滤层中进行生物氧化。已证实，Fe^{2+}、Mn^{2+} 离子可以在生物滤层中同时被去除，突破了一级除铁、二级除锰的传统工艺技术。但如果单纯含锰的水通过成熟生物滤层，运行几小时后就开始漏锰，充分说明了生物滤层的除锰能力与 Fe^{2+} 的存在和氧化有关。漏锰的原因是滤层中以除锰菌为核心的生物群系的平衡遭到破坏，丧失了除锰能力。而在进水中加入一定量的 Fe^{2+} 后，滤层除锰能力就渐渐得以恢复，可以断定 Fe^{2+} 参与了生物滤层中的代谢。有资料表明，当 Fe^{2+} 浓度大于 0.4 mg/L，除锰效率可达 99% 以上。Fe^{2+} 虽然在无菌滤层中也可以迅速地通过接触氧化而去除，但是在生物滤层中确实也参与了除锰菌的代谢，并且在维持生物滤层的生态平衡上是不可缺少的。因此，可以说，难以发生化学氧化的锰，主要是通过铁细菌的生物氧化作用得以去除的。同时，生物滤层对进入滤层前曝气过程中已经

氧化的 Fe^{3+} 所形成的小颗粒胶体，有很好的截滤去除作用。滤层经接种、培养成熟后，对 Mn^{2+} 具有很强的氧化性能，在培养成熟的滤层中存在着大量的铁、锰氧化细菌和其他的一些微生物群落。单锰过滤漏锰现象表明，这一微生物群系的生态稳定是需要铁的参与来维持的。

近年来，国内外学者认识到铁细菌对除锰的贡献，开展了一系列生物法除锰的研究。结果表明，铁的氧化是以化学氧化为主，而难以发生化学氧化的锰，则主要靠铁细菌的生物氧化作用得以去除，这种生物除锰的作用是因铁的存在而诱发的。铁细菌除锰本质上是生物酶的催化作用，反应活化能低。反应速率远比化学催化高，而且其工艺运行条件与化学接触氧化法是完全不同的，在经较大曝气后，pH 较低的条件下即能发生锰的生物氧化作用（pH 4～8 时有 90% 的去除率，而 pH 6.8 时除锰率为 100%），且能达到铁、锰的同时去除效果。

近期研究纯化的铁细菌在不同培养基中的生长情况表明，铁细菌在仅含铁培养基中生长良好，在仅含锰培养基中较差，在铁锰共存的培养基中最好。这说明铁细菌可以直接以铁为氧化底物，而不能直接以锰为氧化底物，但铁锰共存的情况下，便可以铁锰为双氧化底物而获得较多的能量生长，铁的存在使铁细菌产生了氧化锰的功能。因此，铁不仅是作为铁细菌的氧化底物，而且充当了"酶激活剂"的角色。Fe^{2+} 离子与某种酶结合后，使 Mn^{2+} 更有利于同该酶的催化部位和结合部位相结合，激活了氧化锰的功能，加速了反应进行，反应式如下：

$$Mn^{2+} + O_2 + 2e \xrightarrow{\text{酶}} MnO_2 + \text{能量} \qquad (10\text{-}1)$$

地下水一般有铁锰共存，铁细菌在铁锰共存环境下生长良好，所以利用铁细菌生物酶的催化作用实现高效率的生物除铁除锰工艺是可行的。

对溶解氧的控制是生物除铁除锰的一个重要的工艺条件。生物滤池的除铁除锰过程中，每一个运行因素都与共存在的微生物相关。成熟的生物除铁除锰滤层实际是一个复杂的生态系统，铁锰氧化细菌的种类繁多，去除铁锰的机理也各不相同。但有一点是肯定的，即在满足滤层中微生物需要的前提下，有较小的氧过剩系数即可达到生物滤层的稳定运行；而且有很大一部分铁锰氧化细菌属微好氧细菌，过度的曝气不仅造成能量的浪费，还会抑制某些细菌的活性，产生负面影响。在生物除铁除锰滤层中，铁、锰的氧化都在 pH 值中性的条件下进行，不要求通过强烈曝气散除 CO_2，同时 CO_2 还是自养菌繁殖代谢的重要碳源。

从除铁方面考虑，太高的曝气强度将使原水中大量的 Fe^{2+} 在进入滤层前氧化成 Fe^{3+}，形成絮凝体。这种 Fe^{3+} 絮凝体很容易堵塞滤层和穿透滤层，而且其沉积在滤料表面，会妨碍滤料表面微生物对铁锰的吸附氧化，造成出水铁锰含量升高，出水水质降低。

综上所述,溶解氧在一定范围内的变化对生物除铁除锰效率的提高无显著影响。从经济和微生物角度考虑,相对于传统工艺,生物滤池的除铁除锰可大大降低曝气强度,原水溶解氧维持在 3～5 mg/L 即可满足运行要求。

10.3 生物预处理

生物预处理是指在常规净水工艺之前增设生物处理工艺,借助于微生物的新陈代谢活动,对水源中包括腐殖酸在内的可生物降解的有机污染物及可能在加氯后致突变物质的前驱物、氨氮、亚硝酸盐及铁、锰等无机污染物进行初步的去除,这样既改善了水的混凝沉淀性能,使后续的常规处理更好地发挥作用,减轻了常规处理和后续深度处理单元的负荷,还可延长过滤或活性炭吸附等物化处理工艺的使用周期和使用容量,最大限度地发挥水处理工艺整体作用,降低水处理费用,更好地控制水污染。另外,通过可生物降解有机物的去除,不仅减少了水中"三致"前驱物的含量,而且避免预氯化引起的卤代有机物的生成,这对降低水的致突变活性,控制三卤甲烷物质的生成是十分有利的。

从目前国内外进行的研究和工程实践可以看出,生物预处理大多采用生物膜的方法。其形式在国外主要采用曝气生物滤池,国内主要为生物接触氧化法。可见,国内外的生物预处理工艺方法大致相同,区别就在于生物池内的生物填料,说明填料是生物预处理工艺的关键要素之一。利用填料作为生物载体,微生物在曝气充氧的条件下生长繁殖,富集在填料表面上形成生物膜,溶解性的有机污染物在与生物膜接触过程中被吸附、分解和氧化。常用的生物预处理方法有:曝气生物滤池(BAF)、生物接触氧化池(BCO)、生物活性炭(BAC)和膜生物反应器(MBR)。这些处理技术可有效去除有机碳及消毒副产物的前体物,并可大幅度降低氨氮,对铁、锰、酚、浊度、色、嗅、味均有较好的去除效果,费用较低,可完全代替预氯化。

1)曝气生物滤池(BAF) 滤池中装有比表面积较大的颗粒填料,填料表面形成固定生物膜,水流经生物膜,在与生物膜的不断接触过程中,使水中有机物、氨氮等营养物质被生物膜吸收利用而去除,同时颗粒填料滤层还有物理筛滤截留作用。常用的生物填料有卵石、砂、无烟煤、活性炭、陶粒等。此种滤池在运行时,可根据水源水质状况需要送入压缩空气,以提供整个水流系统循环的动力和提供溶解氧。BAF技术详见本书第 5.2 节。

2)生物接触氧化(BCO) 生物接触氧化工艺是利用填料作为生物载体,微生物在曝气充氧的条件下生长繁殖,富集在填料表面上形成生物膜,其生物膜上的生物相丰富,有细菌、真菌、丝状菌、原生动物、后生动物等组成比较稳定的生态系统,溶解性的有机污染物与生物膜接触过程中被吸附、分解和氧化,氨氮被氧化或转化成高价态的硝态氮。生物接触氧化法的主要优点是处理能力大,对冲击负荷有较强的适应性,污泥生成量少;缺点是填料间水流缓慢,水力冲刷小,如果不另外采取工程措施,生物膜只能自行脱落,更新速度慢,膜活性受到影响,某些填料如蜂窝管式填料还易引起堵塞,布水布气不易达到均匀。另外填料价格较贵,加上填料的支撑结构,投资费用较高。

现有生物接触氧化法在曝气充氧方式、生物填料上都有所改进。国内填料已从最初的蜂窝管式填料,经软性填料、半软性填料,发展到近几年的 YDT 弹性立体填料;曝气充氧方式也从最初的单一穿孔管式,发展到现在的微孔曝气头直接充氧以及穿孔管中心导流筒曝气循环式。在一定程度上,促进了膜的更新,改善了传质效果。

3) 膜生物反应器(MBR) MBR 是指以超滤膜组件作为取代二沉池的泥水分离单元设备,并与生物反应器组合构成的一种新型生物处理装置。由于超滤膜能够很好地截留来自生物反应器混合液中的微生物絮体、分子量较大的有机物及其他固体悬浮物质,并使之重新返回生化反应器中,这就使反应器内的活性污泥浓度得以大大提高,从而能够有效地提高有机物的去除率。MBR 技术详见本书第 8 章。

10.4 强化混凝生物化、强化过滤生物化

强化混凝生物化是利用沉淀污泥的循环来实现氨氮转化的。一般操作方法是在常规净水工艺反应池前设置预曝气池,原水和经过再生的回流污泥在预曝气池混合以后再进到常规净水工艺的混凝池中,在沉淀池排泥口和预曝气池之间再设置污泥再生池,以进行污泥流量和浓度的调节,提高污泥的溶解氧浓度,降低氨氮浓度。这种工艺不需要接触氧化池的填料和生物滤池的陶粒,可减少基建投资和运行费用。实验显示:水源水氨氮浓度低于 5 mg/L 时,出水氨氮浓度可以达到 0.5～1.5 mg/L,去除率可达 70%～85%,亚硝酸盐氮浓度少于 0.1 mg/L,能明显提高水质。

强化过滤生物化是在待滤水中进行曝气充氧,可在保证滤池对浊度去除效果的同时,使滤池具有去除水中氨氮、亚硝酸盐氮和有机物的能力。该法又称生物过滤池或生物活性滤池。该工艺不用在滤层内曝气,既在一定程度上提高了滤池对有机物的去除能力,又保持了滤池原有的对浊度的去除能力。而采用曝气生物滤池时则为了增强其对有机物的去除能力,要在滤层中曝气供氧,以充分满足微生物对溶解氧的需要,但会降低对浊度的去除能力。研究显示,生物活性滤池出水浊度较低并且有经济的运行周期,其效果优于常规滤池。如在正常过滤条件(滤层厚度为 0.75 m,滤速为 5～10 m/h,进水浊度为 1～4 NTU,水头损失为 1.5 kPa)下,生物活性滤池出水的平均浊度可达 0.5 NTU 以下,过滤周期可达 16～24 h 以上。但也有研究指出,生物活性滤池出水中悬浮微粒浓度略高于常规滤池,其水头损失增长稍快些,过滤周期稍短些。还有另一种生物化方法:在普通快滤池石英砂滤料表面培养附着生物膜,不

增加其他任何滤料,称为生物砂滤池。这种生物砂滤池扩展了传统快滤池去除浊度的功能,在保持传统快滤池过滤能力的同时,可以去除水源水中微量污染有机物。

10.5 深度处理生物化

深度处理也可以通过生物化来提高其性能。如利用生物活性炭(也称生物碳)、臭氧-生物活性炭等,使微生物、活性炭或者臭氧协同作用,达到对饮用水的更全面的深度净化处理。

10.5.1 生物活性炭工艺(BAC)

活性炭的应用由来已久,而生物活性炭法(BAC)是欧洲在利用臭氧和活性炭去除饮用水中的有机物时才发现的。目前在欧洲和美国,凡水源受到有机物污染的净水厂,大多采用BAC。在我国正处于试验性的运用中,还没有达到普遍工业化应用水平。不过在微污染水处理领域,BAC是很值得推广的技术。生物活性炭处理的前提条件是应避免预氧化处理,否则微生物就不能在活性炭上生长,而失去生物活性炭的生物氧化作用。

活性炭空隙多,比表面积大,能够迅速吸附水中的溶解性有机物,同时也能富集水中的微生物,而被吸附的溶解性有机物能为炭床中的微生物提供营养源。只要供氧充分,炭床中吸附的低分子有机物被好氧菌降解,好氧菌也大量生长繁殖,这样就在活性炭表面生长出了生物膜,形成挂膜生物炭,该生物膜具有氧化降解和生物吸附的双重作用。活性炭对水中有机物的吸附和微生物的氧化分解是相继发生的,微生物的氧化分解作用,使活性炭的吸附能力得到恢复,而活性炭的吸附作用又使微生物获得丰富的养料和氧气,两者相互促进,形成相对平衡状态,得到稳定的处理效果,从而大大地延长了活性炭的再生周期。活性炭附着的硝化菌还可以转化水中的含氮化合物,降低水中的NH_3-N浓度,生物活性炭通过有效去除水中有机物和嗅味,从而提高饮用水化学、微生物学安全性,是微污染水深度处理的一个重要途径。

关于活性炭中微生物对饱和活性炭吸附性能恢复的作用,也就是生物再生作用,已是不容置疑的事实,但迄今为止尚未有一种令人十分信服的方法来证实这一观点。首先是Rodman和Pommi等人于20世纪70年代提出的胞外酶再生假说。该假说认为细菌的个体较大,不能直接进入活性炭的微孔中。但细菌分泌的胞外酶比细菌小得多,其直径是纳米数量级,所以有一部分酶可以扩散进入炭的微孔,与炭内吸附位上的有机物形成酶—基质复合体,并进一步反应,使活性炭吸附位空出,得以再生。国内一些研究人员对活性炭进行了生物再生试验,从炭的比表面积、碘值、吸附等温线三个指标证明微生物能够部分地再生被酚类物质饱和的活性炭。比表面积、碘值的再生率分别为52%、45%。

实践证明,采用生物活性炭比单独采用活性炭吸附具有如下优点:①增加水中溶解性有机物的去除效率,提高出水水质;②延长活性炭的再生周期,减少运行费用;③水中 NH_3-N 和 NO_2^--N 可被生物氧化为 NO_3^--N,从而减少后氯化的投氯量,降低 THMs 的生成量;④有效去除水中可生化有机物(BDOC)和无机物(NH_3-N、NO_2^--N、铁和锰等),提高出厂水的生物稳定性。

人们在运用中已经发现,作为深度处理的生物活性炭处理也存在一定的缺陷。炭粒表面生物膜在水力冲刷作用下脱落,进入出水。由于生物膜上微生物的长期固定培养,它们对各种不利环境因素有较强的适应性,所以生物膜比单体细菌对消毒剂有更强的抵抗力,一般的后氯化消毒难以完全杀死这些微生物,这增大了最后消毒用氯量,会引起水中卤代物生成量增加,致突变活性升高。因此生物活性炭用于饮用水深度处理所产生的卫生安全性问题也应该引起重视。

10.5.2 臭氧/生物活性炭工艺

在所有的颗粒活性炭柱中,都会出现细菌的生长。德国人发现,创造一个无菌的活性炭柱是非常困难的,而通过提供大量的溶解氧的方法,或在炭柱前注入臭氧,进行 O_3 接触氧化,也能很好地去除有机物,而且活性炭很少需要再生。O_3 的强氧化性可以把水中难降解的有机物断链、开环,使其芳香性消失、极性增强,将大分子有机物氧化为较小的或含氧较多的有机分子。从而使这些分子更容易被生物降解,使原水中有机物的可生化性和可吸附性得到增强,也即的预处理作用可使被溶解的有机物变成易被细菌所吸收的养料。另外,O_3 氧化反应后生成的 O_2 为后续的活性炭中的微生物提供了足够的 DO,同时促进了微生物的新陈代谢作用。炭柱前预臭氧处理还有第三个作用:O_3 氧化可以把不易被生物氧化的腐殖质降解成低分子物质(这些物质很少与氯反应,从而减少了三卤甲烷前体物(THMFP)的形成),使细菌能够降解它们,炭的吸附能力即被再生,活性炭的有机负荷提高,活性炭的再生周期被延长。这种工艺中活性炭除了吸附水中的有机污染物并利用自身附着的微生物降解水中的有机物外,还具备另一个很重要的作用:吸附 O_3 的氧化副产物,去除水中残余的 O_3。

在实际水处理中臭氧的投加量只有几个 mg/L,只能部分氧化有机物,生成醛、酮、酸等中间产物,因而单独采用臭氧对有机物的去除效果不显著。但臭氧可使有机物分子质量减小,可生化性提高,有利于生物处理。因而臭氧与生物处理联用可以充分发挥各自对有机物的去除能力。特别是富营养化水源的主要问题是藻类多、色度高、嗅阈值高,可利用臭氧来进行脱色、除嗅。研究表明,采用臭氧氧化和生物活性炭处理对有机物的去除非常有效,比单独采用其中任何一个单元更具有优势:

1)臭氧-生物活性炭工艺流程比普通生物活性炭工艺更能有效地去除有机物,

COD平均去除率高达68%,而后者仅为34%。

2)臭氧-生物活性炭工艺流程对有机物的去除能力优于普通生物活性炭工艺,是臭氧化、生物氧化、活性炭吸附三者协同作用的结果。

3)臭氧化能够改变有机物生色基团的结构,并通过形成活性炭易于吸附的中间产物,强化了活性炭的脱色、除浊能力,使臭氧-生物活性炭工艺流程出水浊度、色度均低于普通生物活性炭工艺。

4)能使出水Ames致突变试验结果显示阴性。

臭氧-生物活性炭工艺运行中注意事项:

①反冲洗:反冲洗的关键是控制指标的确定。有反冲洗废水浊度、冲洗强度、滤层膨胀率等。在臭氧-生物活性炭深度处理技术应用中,生物活性炭滤池的反冲洗问题非常棘手又亟须解决。随着生物活性炭滤池运行时间的延长,炭粒表面和滤床中积累的生物和非生物颗粒量不断增加,导致炭粒间隙减小,影响滤池的出水水质和产水量,反冲洗方式与相关参数直接影响生物活性炭滤池的运行效果和成本。

②臭氧的投注点:臭氧投注点一般设在沉淀池前,也有设在砂滤池后的,也有两处都加臭氧的。如在滤前投加臭氧,水中Fe^{2+}被臭氧氧化成不溶性$Fe(OH)_3$而被过滤除去。而Mn^{2+}比Fe^{2+}难氧化,但臭氧也能迅速使其氧化成MnO_2沉淀,或被截留。臭氧也有氧化絮凝和氧化助凝等作用,有助于水中多种物质在过滤中去除,以减轻后面生物炭的负荷,延长活性炭的使用周期。

10.6 生物法组合工艺

由于微污染水源水中污染物的多样性和复杂性,采用单一的净水工艺很难制得安全、卫生的饮用水,目前常采用多个净水单元的组合,形成组合工艺,发挥各单元的优势和单元间的协同性来净化微污染水源水。在选择水处理工艺时,应将水厂、管网、用户作为一个系统,从水厂运行、饮用水水质、管网系统等多方面进行综合考虑。工艺选择应根据水源水质的特点和水处理单元对不同污染物的控制与去除能力来确定。

10.6.1 一般污染水源的组合净化工艺效果比较与选择

每一个单项工艺均有其特有的功能,当其组合在某一流程中,发挥的效能可能会有变化,应该在对它们进行组合前。进行实际的试验和考察。国内深圳、上海、北京等地曾对常规工艺和多种组合工艺流程进行了一定规模的对比试验,其结果对实际应用很有价值。在此仅介绍其主要研究结果。

(1)对比条件

地点为深圳H水厂;水源为深圳水库水,也包括西丽水库和铁岗水库水源。水质分析项目按照建设部规划的一类水司88项水质标准加上藻类和Ames试验共90项;常规分析项目包括水温、pH值、色度、浊度、嗅阀值、氨氮、高锰酸盐指数、亚硝酸盐氮、锰和藻类等指标。

(2)各种工艺组合流程

流程①:常规处理工艺

原水 —→（NaOH、碱铝）→ 混合、絮凝、沉淀、砂滤 →（后氯）→ 出水

流程②:生物预处理＋常规处理工艺

原水 —→ 生物预处理 —→（NaOH、碱铝）→ 混合、絮凝、沉淀、砂滤 →（后氯）→ 出水

流程③:生物预处理＋常规＋颗粒活性炭深度处理工艺

原水 —→ 生物预处理 —→（NaOH、碱铝）→ 混合、絮凝、沉淀、砂滤 → 颗粒活性炭滤池 →（后氯）→ 出水

流程④:常规＋颗粒活性炭深度处理工艺

原水 —→（NaOH、碱铝）→ 混合、絮凝、沉淀、砂滤 → 颗粒活性炭滤池 →（后氯）→ 出水

流程⑤:预臭氧＋常规处理工艺

原水 →（臭氧）→ 臭氧接触池 —→（NaOH、碱铝）→ 混合、絮凝、沉淀、砂滤 →（后氯）→ 出水

流程⑥:常规＋臭氧－生物活性炭深处理工艺

流程⑦:生物预处理＋常规＋臭氧－生物活性炭深度处理工艺

原水 —→ 生物预处理 —→（NaOH、碱铝）→ 混合絮凝、沉淀、砂滤 →（臭氧）→ 臭氧接触池 → 生物活性炭滤池 →（后氯）→ 出水

流程⑧:强化常规处理工艺

原水 —→（NaOH、碱铝）→ 混合、絮凝、沉淀、砂滤 →（后氯）→ 出水

前氯　选择性投加高锰酸钾、粉末活性炭或降低水力负荷等

(3)对比装置和参数

1)预处理主要包括生物预处理和臭氧预处理两部分,其中生物预处理共有三种类型:中心导流筒曝气生物接触氧化池、填料下直接曝气生物接触氧化池和陶粒曝气生物滤池。各生物预处理的主要设计参数见表10-1。

预臭氧系统由臭氧接触池和臭氧发生器组成,臭氧接触池有效水深5.7 m。

表10-1 三种生物预处理构筑物的设计参数

设计参数	导流筒集中曝气 生物接触氧化池(分流式)	填料下均布曝气 生物接触氧化池(混流式)	陶粒曝气生物滤池
设计流量(m^3/h)	5.0	3.3	3.0
水力负荷($m^3/(m^2 \cdot h)$)	1.0	1.0	—
空床滤速(m/h)	—	—	3.96
分隔级数	2	3	1
气水比	1:1	1:1	1:1
水力停留时间(h)	1	1	1
水深(m)	4.55	5.40	4.10
填料类型	YDT弹性填料	YDT弹性填料	陶粒
曝气方式	2个KBB-215微孔空气扩散器,后改为4个KBB-150	$DN15$ mm穿孔管曝气,孔径$\phi 4$改为$\phi 2$	$DN15$ mm穿孔管曝气,孔径$\phi 1$
池体平面尺寸(m×m)	0.8×0.8(2座)	0.48×0.48(3座)	0.87×0.87(1座)

2)常规处理由混合、絮凝、沉淀、砂滤池组成,混合时间6 s,反应时间23 min;沉淀池为斜管沉淀池,上升流速1.39 mm/s;砂滤滤速6.49 m/h,滤料为石英砂均质滤料,粒径0.8~1.0 mm;反冲洗方式为水冲,冲洗强度为21 L/($m^2 \cdot s$)。

3)深度处理由活性炭滤池和臭氧—生物活性炭滤池组成,两滤池的滤速均为9.66~9.99 m/h;臭氧—生物活性炭滤池的臭氧接触时间为9~11 min。

(4)主要对比结果

1)从各工艺流程的出水浊度看,出水平均值都低于0.5 NTU,整体去除率大都大于90%,出水浊度总体相差不大。这说明对深圳水库低浊度原水,在常规处理工艺基础上无论是增加生物预处理、预氧化、深度处理还是采用强化常规处理等措施,对降低出厂水的浊度影响均不大,浊度的去除主要还是靠常规工艺部分。

2)从氨氮和亚硝酸盐氮的去除情况看,含有生物预处理工艺的流程去除效果明显。由于常规＋臭氧－生物活性炭工艺也有一定的生物作用，故氨氮和亚硝酸盐氮的去除效果也较好，但低于含有生物预处理工艺约 10%，这说明对于去除氨氮和亚硝酸盐氮必须依靠生物的作用。值得注意的是，采用预臭氧工艺，对氨氮有一定去除率，但出水亚硝酸盐氮去除率为负，说明增加预臭氧处理使硝化反应的第二步进行得不彻底，造成出水亚硝酸盐氮大幅度增加。

3）对有机物的去除，含有深度处理的工艺流程出水效果要明显优于其他工艺流程，效果最明显的是④常规＋颗粒活性炭深度处理工艺和⑦生物预处理＋常规＋臭氧－生物活性炭深度处理工艺，分别高达 80% 和 75%。试验结果还表明，投加粉末活性炭和氧化剂以及降低砂滤负荷都能提高有机物的去除率。

4）对于嗅阈值、色度和锰，总体去除效果都比较好。嗅阈值的去除效果表明，活性炭和生物活性炭的工艺要明显高于含有生物预处理和预氧化的工艺。而对于色度去除来说，含深度处理、生物预处理、预氧化的工艺，其去除效果都比较好，各种工艺对锰的去除也较好，大部分都在检出限值以下。

5）几种工艺流程对于藻类的去除都在 90% 以上，但是常规工艺去除藻类以牺牲砂滤池的过滤周期来实现。采用各种预处理或深度处理都会提高藻类的去除率，从而降低砂滤池的负担，延长或保持砂滤池的正常过滤周期。

各工艺流程的出水达标情况见表 10-2。

表 10-2 各工艺流程的出水达标情况

流程	超标数量	超标项目
①常规处理工艺	3～5	氨氮、亚硝酸盐氮、有机氯（总量）、苯并(a)芘、萘
②生物预处理＋常规处理工艺	1	有机氯（总量）
③生物预处理＋常规＋颗粒活性炭深度处理工艺	1	萘（荼）
④常规＋颗粒活性炭深度处理工艺	1～3	氨氮、亚硝酸盐氮、有机氯（总量）
⑤预臭氧＋常规处理工艺	3～4	氨氮、亚硝酸盐氮、有机氯（总量）、苯并(a)芘
⑥常规＋臭氧－生物活性炭深度处理工艺	1	萘
⑦生物预处理＋常规＋臭氧－生物活性炭深度处理工艺	0	—
⑧强化常规处理工艺	3～4	氨氮、亚硝酸盐氮、有机氯（总量）、酚

通过比较各种流程的总体达标情况可以看出，⑦生物预处理＋常规＋臭氧－生物活性炭深度处理工艺的总体出水效果最好，其次是②生物预处理＋常规处理工艺、⑥常规＋臭氧－生物活性炭深度处理工艺和③生物预处理＋常规＋颗粒活性炭深度处理工艺，三种组合分别只有一项不合格。含有生物预处理工艺流程的优势是可去

除氨氮和亚硝酸盐氮,而含有深度处理工艺流程的优势是去除有机物和嗅阀值。

(5)结论

1)对各工艺流程的常规项目测定分析表明,浊度的去除主要是靠常规处理工艺;而对氨氮和亚硝酸盐氮的去除必须靠生物作用才能获得满意效果;采用深度处理工艺对有机物的去除效果最优;采用生物预处理、预氧化和深度处理措施,对提高出水水质的锰、色度、嗅阀值和藻类等指标都有较好的效果。

2)各工艺的 Ames 试验结果表明,虽然原水均呈阴性,但在所有工艺流程中,常规工艺的致突变活性最强,而其他工艺都可以改善出水水质的致突变活性,其中以含有深度处处理颗粒活性炭和生物活性炭工艺的出水致突变活性最低。这一结论与颗粒活性炭、生物活性炭对有机物去除率最高相一致。

3)综合考虑经济技术因素,生物预处理+常规处理工艺最具竞争力,该工艺的特点是 88 项指标中只有 1 项不合格,而且运行成本低。对经济条件较为优越的地区如深圳特区,为全面提高水质,在深圳的东圳水源厂的生物预处理工程已经运行的条件下,无疑在常规处理工艺上增加臭氧-生物活性炭深度处理工艺是提高水质的最佳选择。

10.6.2 重有机污染水源的组合净化工艺的选择

在前面 8 个组合工艺的对比试验中,结果显示生物预处理+常规处理工艺是比较经济有效的,但其缺点是生物预处理效果在低温时受温度影响较大,而且污染物负荷较高时抗冲击负荷能力不够。为此,取消常规处理中的过滤单元,采用粉末炭和超滤作为深度处理的方法,是较为实用、运行灵活和抗冲击负荷能力较强的工艺组合。但它仍然离不开生物预处理。该流程主要适用于冬天地表水源水温较低,而水中有机污染较重的地区。该流程试验也取得了较有价值的结果,现介绍如下。

(1)工艺流程

原水 —NaOH→ 混合、絮凝、沉淀 —粉末活性炭→ 生物预处理 → 超滤 —后氯→ 出水

流程中超滤前的生物预处理采用投加粉末活性炭的悬浮型生物法。水力停留时间为 1~2 h。超滤膜为中空纤维,材质为聚砜,截留相对分子质量分别为 20 000 和 50 000,以 PS500 表示,主要分析指标为膜通水量、COD、氨氮。

(2)试验结果

源水中氨氮浓度的变化幅度特别大。特别是在气温明显转换的时期,氨氮浓度一般在冬季或初春季节较高,其余时间较低,该水质变化特征非常不利于:生物预处理 → 混凝沉淀 → 过滤工艺。由于冬天水温低,生物预处理的效率较低,因此,对

于重污染地区,该工艺有可能满足不了去除氨氮的饮用水水质要求。

为了保证生物硝化作用及时顺利进行,也为了减轻超滤膜的污染程度,延长清洗周期,对污染源水首先采用混凝沉淀,去除大部分的胶体和高分子有机物,但混凝沉淀的出水有机物含量还是很高,一般在 9 mg/L 左右。在随后的生物预处理——→超滤膜分离,需对生物预处理池中混合液进行适当排放,以控制曝气生物池中的有机污染物的累积,膜透过液中的有机物才能明显下降。尽管进水的氨氮浓度很高,变化在 0.54~20.10 mg/L,但出水氨氮的浓度始终处在一个较低水平上。大部分在 1 mg/L 以下。从相对分子质量大小考虑,氨氮完全能够顺利透过超滤膜,但膜透过液的氨氮浓度如此低,说明膜表面截留的硝化细菌起了作用,在投加粉末活性炭以后,不仅能提高有机物的去除率和对氨氮和亚硝酸盐氮的去除能力,而且能提高超滤膜的通水量。

(3)研究结论

1)当源水污染物主要为氨氮、COD 且浓度相对较低时,采用生物预处理——→超滤膜工艺,不仅可以有效去除氨氮污染,而且可进一步降低有机污染物浓度。

2)当源水污染物中氨氮和 COD 均较高时,需采用混凝沉淀——→生物预处理——→超滤组合工艺。其氨氮和 COD 去除效果分别如下:

① 氨氮 当源水浓度低于 10 mg/L 时。组合工艺出水氨氮少于 1.0 mg/L,亚硝酸盐氮少于 1.0 mg/L,硝酸盐氮少于 5.0 mg/L。

② COD 当源水 COD 在 11.0~15 mg/L 时,组合工艺在合理控制条件下,其出水 COD 低于 6 mg/L,当向生物预处理池内投加 10 mg/L 粉末活性炭形成活性炭污泥时,出水 COD 低于 5mg/L;投加量增加到 40 mg/L 时,出水 COD 可以降到 3.5 mg/L;投加量继续增加到 50 mg/L 时,出水 COD 低于 3.0 mg/L。

研究结果还表明,中空纤维超滤膜完全可以应用于混凝沉淀——→生物处理——→超滤工艺中,而且活性炭的投加有利于膜通水量的提高。

10.6.3 富营养化水源的组合净化工艺的选择

富营养化水源水的净化工艺与有机污染水源水的情况不同,富营养化水源水的主要特点是藻类含量高,有机物含量高。所以,对富营养化水源水的净化应主要增加对藻类的去除。藻类引起的麻烦是干扰混凝过程和堵塞滤池;有机物则不仅影响水厂运行,只会使矾耗增加,更关系到饮水质量(由嗅味、色度、Ames 试验致突变活性等表征)和管网水的生物稳定性(由可同化有机碳表征)。因而对于富营养化水源水,在从水厂运行、饮用水质量及管网服务年限等方面考虑净水工艺选择时,需要考虑以下几方面的问题:①采用必要的预处理,将藻类数量控制在不干扰传统净水工艺的数量范围内;②使常规水质指标(浊度、色度)达到国家饮用水水质标准;③控制"三致"

物质的含量,使 Ames 试验致突活性尽量降低;④控制营养物(可同化有机碳、氨氮)含量,提高管网水生物稳定性。

不过,任何一种处理单元都不是万能的,没有哪一种单元工艺对水中各种污染物具有广谱的去除能力。水源水中污染物种类繁多,性质千差万别,决定了净水处理需采用"多级屏障",以生产安全可靠的饮用水,并维持水厂正常运行,延长管网服务年限。

从本章前面几节的介绍可知:①生物预处理在水源水中藻类数量不是很高时,可以将藻类数量控制在不干扰混凝过程的范围内;②常规处理对大分子有机物有很好的去除效果,并可去除部分 Ames 试验氯化致突变先质;③活性炭吸附是去除 Ames 试验致突物和氯化致突变先质的主要单元,对可同化有机碳也有较好的控制能力。

因而,生物处理、传统处理、活性炭吸附这几种单元工艺在富营养化水源水的净化过程中发挥着不同的、不可替代的作用,将三者组合起来可以获得较为安全合格的饮用水。根据水源水的水质不同,对富营养化水源水推荐如下几种净水工艺:

- ① 进水→生物预处理→混凝沉淀→过滤→颗粒活性炭吸附→消毒→出水
- ② 进水→生物预处理→混凝沉淀→过滤→消毒→出水
- ③ 进水→预臭氧→生物预处理→混凝沉淀(气浮)过滤→颗粒活性炭吸附→消毒→出水
- ④ 进水→生物预处理→混凝沉淀(气浮)→过滤→消毒→出水

当水源水中藻类数量不是很高而致突变活性较强时,可选用工艺①;如果水的致突变活性不强,可以选用工艺②;当水中藻类数量很高而致突变活性较强时,可选用工艺③;如果水的致突变活性不强,可选用工艺④。

实践证明,气浮除藻效果优于混凝沉淀,因而水中藻类数量很高时,可将沉淀池改造成气浮池,以取得更好的涂藻效果。

参考文献

[1] 张忠祥,钱易. 废水生物处理新技术. 北京:清华大学出版社,2004.
[2] 白润英,肖作义,宋蕾. 水处理新技术、新工艺与设备. 北京:化学工业出版社,2012.
[3] 刘斐文,王萍. 现代水处理方法与材料. 北京:中国环境科学出版社,2003.
[4] 吴婉娥,葛红光,张克峰. 废水生物处理技术. 北京:化学工业出版社,2003.
[5] 徐亚同,谢冰. 废水生物处理的运行与管理(第二版). 北京:中国轻工业出版社,2007.
[6] 张林生. 水深度处理与回用技术(第二版). 北京:化学工业出版社,2009.
[7] 李圭白,张杰. 水质工程学(第二版). 北京:中国建筑工业出版社,2013.
[8] 曲久辉. 饮用水安全保障技术原理. 北京:科学出版社,2007.
[9] 许保玖. 给水处理理论. 北京:中国建筑工业出版社,2000.
[10] 许保玖,龙腾锐. 当代给水与废水处理原理(第2版). 北京:高等教育出版社,2000.
[11] 顾夏声,胡洪营,文湘华,王慧. 水处理生物学. 北京:中国建筑工业出版社,2011.
[12] 苏俊峰,王文东. 环境微生物学. 中国建筑工业出版社,2013.
[13] 姜湘山,詹友良. 污(废)水处理技术与工程实例. 北京:机械工业出版社,2012.
[14] 格雷迪(美),戴吉尔(美),林(美)著. 张锡辉,刘勇弟译. 废水生物处理(第2版改编和扩充). 北京:化学工业出版社,2003.
[15] 贾学斌. EGSB反应器温度效能关系及研究方法. 哈尔滨:黑龙江大学出版社,2011.
[16] 温泌雪,陈志强,吴昌勇. 废水处理生物膜. 北京:化学工业出版社,2011.
[17] 古贺著(日). 时颖,邢丽贞译. 手册中找不到的污水处理管理经验. 北京:清华大学出版社,2014.
[18] 株式会社,西原环境著[日]. 赵庆祥,长英夫译. 污水处理的生物相诊断. 北京:化学工业出版社,2012.
[19] GeorgeTchobanoglous,franklin L, H. David Stendel修订. 秦裕珩等译. 废水工程:处理与回用(第四版)北京:化学工业出版社,2004.
[20] 顾夏声. 废水生物处理数学模式(第二版). 北京:清华大学出版社,1993.
[21] 吕炳南,陈志强. 污水生物处理新技术. 哈尔滨:哈尔滨工业大学出版社,2005.
[22] 谢冰,徐亚同. 废水生物处理原理和方法. 北京:中国轻工业出版社,2007.
[23] 余溢申. 生物接触氧化处理废水技术. 北京:中国环境科学出版社,1992.
[24] 顾国维,何义亮. 膜生物反应器. 北京:化学工业出版社,2003.
[25] TomStepHenson,Simon Judd, Bruce Jefferson, Keith Brindle 编著. 张树国,李咏梅译. 膜生物反应器污水处理技术. 北京:化学工业出版社,2003.

[26] 曾一鸣．膜生物反应器技术．北京:国防工业出版社,2007.
[27] 叶建锋．废水生物脱氮处理新技术．北京:化学工业出版社,2006.
[28] 张自杰．废水处理理论与设计．北京:中国建筑工业出版社．2003.
[29] 钱易,米祥友.现代废水处理新技术.北京:中国科学技术出版社,1993.
[30] 张自杰.排水工程下册(第四版).北京:中国建筑工业出版社,1998.
[31] 徐宏英．厌氧颗粒污泥的吸附特性及工程应用．北京:化学工业出版社,2012.
[32] 谢倍珍,刘红,闫怡新．低强度超声波强化污水生物处理理论和技术．北京:科学出版社,2013.
[33] 刘辉．全流程生物氧化技术处理微污染水源．北京:化学工业出版社,2003.
[34] 周云,何仪亮．微污染水源净水技术及工程实例．北京:化学工业出版社,2003.